AMI-SCHLITTEN

Muscle Cars und US-Straßenkreuzer

Sönke Priebe

Motor buch Verlag

IMPRESSUM

Einbandgestaltung: Luis dos Santos (verwendete Fotos: © Hardy Mutschler, Mitch Faber)

Bildnachweis: Sofern Bilder nicht gemeinfrei sind oder aus dem Archiv des Autors stammen, befinden sich die Bildquellen unter den jeweiligen Abbildungen; die Rechte an den Bildern verbleiben bei den Urhebern.

ISBN 978-3-613-04643-6

1. Auflage 2024

Sie finden uns im Internet unter **WWW.MOTORBUCH-VERLAG.DE**

Lektorat: Georg Otto
Innengestaltung: Luis dos Santos
Druck und Bindung: Graspo CZ, Zlin
Printed in Czech Republic

INHALT

American Standoff: Mopar-Straßenkrieger gegen GM F-Body-Stoßtruppen, fast 50 Jahre nach dem Ende der Muscle Car Wars. (Foto: © Mario Brunner, Slg. Sönke Priebe)

VORWORT

GETTING THE JOB DONE

Amerika ist anders. Die Klimazonen der USA reichen vom Polarkreis bis in die Wüsten des Südens, mehr als 5000 Kilometer liegen zwischen den beiden Küsten, und weite Teile des Inlandes sind spärlich besiedelt und müssen auch heute noch ohne geschlossenes Händler- oder Werkstättennetz auskommen, manchmal sogar ohne befestigte Straßen. Im Osten und Westen liegen dafür im Verkehr ertrinkende Großstädte, in denen Automobile oft zu einem Dasein bei Schrittgeschwindigkeit verdammt sind.

Obendrein hat das Automobil in der US-Gesellschaft den Status eines Grundrechts. Autofahren ist in der unendlichen Weite des amerikanischen Kontinents die eine essentielle Fortbewegungsmethode, deshalb ist Automobilbau in den USA seit den Anfängen der Fließbandproduktion vor über 100 Jahren grundsätzlich auf eines ausgerichtet: Bezahlbarkeit. Obendrein müssen die amerikanischen Autohersteller eine gigantische Nachfrage bedienen: Mehr als 10.000.000 Neuwagen produzierten sie Mitte des 20. Jahrhunderts pro Jahr, inzwischen geht diese Zahl in Richtung 20.000.000. Die jährliche Neuwagenproduktion der USA beträgt seit den Sechzigern, sehr grob gesagt, traditionell etwa die Hälfte des gesamten Pkw-Bestandes der Bundesrepublik – anders ausgedrückt: Innerhalb von nur zwei Jahren könnte die US-Autoindustrie jeden einzelnen deutschen Autofahrer mit einem Neuwagen ausstatten. Schwindelerregende Anforderungen an das Produkt Automobil, gepaart mit mindestens genauso schwindelerregenden Produktionszahlen, haben das »amerikanische Auto« auf dem Weltmarkt zu einem Exoten gemacht – einem Exoten, der im kleinen, engen Europa und im noch viel kleineren und engeren Japan oft wie der Vertreter einer fremden, seltsamen Spezies betrachtet wird.

Bis zum heutigen Tag schert sich der kontinentalamerikanische Automobilbau wenig um die Verwirrung, die er in der Alten Welt oft hervorruft. Bis zum heutigen Tag genügt sich der US-Automobilbau weitgehend selbst und produziert Fahrzeuge für Einsatzzwecke und Ansprüche des Heimatmarkts, in einem ganz eigenen, ganz amerikanischen Größen-, Klassen- und Ausstattungslevel-System, das den Käufern diesseits des Atlantiks und jenseits des Pazifiks immer fremd geblieben ist.
Tatsächlich ist auch Amerika im ersten Viertel des 21. Jahrhunderts keine Insel mehr, tatsächlich sind US-Autohersteller auf den neuen Exportmärkten im fernen Osten aktiver, als sie es in Europa je gewesen sind, und tatsächlich ist auch der amerikanische Markt offener für Importe als je zuvor. Im 20. Jahrhundert allerdings, dem Jahrhundert, in dem die Legende des Automobils geschrieben wurde, waren Autos aus Amerika dramatisch anders und Nicht-Amerikaner selten in der Lage, diesen Umstand zu begreifen.

In Europa, besonders in der Bundesrepublik Deutschland, mag der bekittelte und hochgebildete Ingenieur sein Haupt schütteln ob der Verarbeitungsqualität, der zügellosen Motorisierung, der »Tried-and-Proven«-Herangehensweise, der teilweise über Jahrzehnte immer weiter recycelten Technologie, der ehemaligen Kampfflugzeugpiloten in den Chefentwicklerpositionen – aber er übersieht dabei oft eines: Für jedes technische Automobil-Meisterwerk »Made in Germany« hat Amerika zehn Fahrzeuge produziert, für ein Viertel des Preises und ausgelegt für das Dreifache an Belastungen durch Einsatzzweck, Klima, Straßen- und Verkehrsverhältnisse. Hätte man die Automobilisierung des amerikanischen Kontinents zwischen 1899 und 1999 deutschen Ingenieuren überlassen, dann hätten sie mit Sicherheit technologisch überwältigende Kontinentalautomobilisierungsmaschinen von allerhöchster Fertigungsqualität mit vernünftiger Motorisierung entworfen und auf hochwertigsten Maschinen für zahlungskräftige Käufer gefertigt – und wahrscheinlich wären dann bis heute gerade einmal 50 Prozent des Landes automobil erschlossen.

Aber die Automobilisierung des amerikanischen Kontinents wurde nicht deutschen Entwicklern überlassen, sondern amerikanischen Ingenieuren (und amerikanischen Haudegen, Entrepreneuren und Kampfflugzeugpiloten), und deren Fahrzeuge waren teils wild, teils gefährlich, oft über-, selten untermotorisiert, kaum jemals »vernünftig« im europäischen Sinne, meist so simpel und stabil wie Lkw und fast immer nur so

Dieser 69er Dodge Polara 500 gehört zu der zeitlos-schönen Mopar C-Bodys der Fuselage-Ära. (Foto: © Mario Brunner)

hochwertig, wie es ein für jedermann erschwingliches Produkt eben sein kann. Und sie haben die Aufgabe erledigt – die totale automobile Erschließung eines Kontinents, der um 1900 größtenteils noch aus Wildnis bestand.

Wer auch immer den europäischen Automobilbau dem amerikanischen gegenüberstellen möchte, darf nicht vergessen, dass er versucht, gesetzte, seriöse, satte, wohlhabende Stadtbewohner mit wilden, hungrigen Waldmännern zu vergleichen. Ja, wahrscheinlich sind erstere besser gekleidet – aber letztere sind sicher schneller mit dem Revolver.

Aus dem bequemen Europa heraus ist es einfach, über Art, Weise, Qualität, Quantität und Was-auch-immer des US-Automobilbaus zu urteilen – aber steigen Sie doch einmal in ihren soliden deutschen Mittelklassewagen, biegen sie nach 1960 ab und versuchen Sie, den nordamerikanischen Kontinent von Ost nach West, Süd nach Nord oder in jede andere beliebige Richtung zu durchqueren. Sie werden eingeborenen Automobilen begegnen, die zweimal größer, viermal günstiger und sechsmal stärker sind als ihr »Europäer«, die -35 °C am nördlichen Rand von Alaska genauso wegstecken wie +55 °C im Tal des Todes, die tagelang ohne Tankstelle und jahrelang ohne Werkstatt überleben können und trotzdem im Neonlicht der Boulevards in den Millionenstädten eine wesentlich bessere Figur machen als ein vernünftiges Mittelklasse-Automobil aus der Alten Welt.

Es ist einfach, den »Low-Priced« Chevrolet der späten Fünfziger mit dem Spitzenprodukt ihres deutschen Lieblingsherstellers zu vergleichen und auf die Idee zu kommen, europäische Automobile wären den amerikanischen per se überlegen – bis jemand daran erinnert, dass »der Chevrolet« ein Arme-Leute-Auto war. Mit Chrom, Servolenkung und Klimaanlage, wie bei Arme-Leute-Autos in den USA üblich. Vergleichen Sie den Chevrolet lieber mit dem deutschen Kabinenroller, dann liegt Ihr Ergebnis wesentlich näher an der Realität.

Fühlen Sie sich ab hier bitte genau daran erinnert – und beachten Sie eines: Dieses Buch soll in erster Linie ein grobes Verständnis für das Konzern-, Marken,- Klassen- und Trimlevelsystem des US-Automobilbaus vermitteln, ohne dass sich der Leser dabei zu Tode langweilt. Es ist weder eine absolut vollständige Aufarbeitung der amerikanischen Automobilgeschichte, noch ist es 100 Prozent akkurat. Bestimmt kann es in etlichen Punkten verfeinert und verbessert werden, und sicher ist nicht alles neu daran – aber es ist bezahlbar, hat die Stückzahlen, sieht wilder aus und kann besser mit dem Revolver umgehen. Und am allerwichtigsten: It gets the job done.

SÖNKE PRIEBE

INTRO

INTRO I

Autos aus den USA? Beinahe in jeder europäischen Automobilnation ist man der Ansicht, in Nordamerika wären hauptsächlich riesige, billige Spritschlucker gebaut worden, die sich weder in Qualität noch in Technologie mit Fahrzeugen aus Europa oder Japan messen könnten. Die Wahrheit allerdings sieht völlig anders aus.
Seit der Erfindung des Automobils in einem verschlafenen süddeutschen Tal im Jahre 1885 sind 132 Jahre vergangen, etwa ab 1900 hat sich das Automobil zum Massenphänomen entwickelt, und etwa seit dem Jahr 2000 ist klar, dass der Verbrennungsmotor keine Zukunft hat und über kurz oder lang von alternativen Antriebsformen ersetzt werden wird. Die hundert Jahre dazwischen werden als das Jahrhundert des Verbrennungsmotors in die Geschichte eingehen, mit allen Vor- und Nachteilen, die der Verbrennungsmotor der Menschheit beschert hat. Und wer die Geschichte aufmerksam studiert, wird feststellen, dass die Geschichte des Verbrennungsmotors in erster Linie eine amerikanische Geschichte ist.
Natürlich sind es deutsche Erfinder gewesen, die dem jungen Automobil anno 1885 auf die Räder geholfen haben – aber beinahe alles andere, was in den hundert Jahren nach 1900 in Europa über Autos aus heimischer im Gegensatz zu Autos aus amerikanischer Produktion gesagt worden ist, verdient eine klare Bezeichnung: Propaganda. Tatsache ist, über weite Teile des 20. Jahrhunderts hinweg lebte der größte Teil der europäischen Automobilproduzenten in permanenter und panischer Angst vor dem Tag, an dem die amerikanischen Industriegiganten auf die Idee kommen würden, sich nach Exportmärkten für ihre Produkte umzuschauen.
Über zehn Millionen Neuwagen pro Jahr rollten Mitte des Jahrhunderts von nordamerikanischen Bändern – rund die Hälfte des gesamten deutschen Fahrzeugbestands, jedes Jahr. Hätten sie gewollt, die großen US-Autohersteller hätten Europa mit Exporten überschwemmt. Leider war Nordamerika nie daran interessiert, ihre Fahrzeuge auf dem europäischen Markt anzubieten, wo Autofahren bis weit in die Siebziger als Privileg galt, das teuer bezahlt werden musste, wo Benzinpreise mit massiver staatlicher Unterstützung hoch und die Erwartungen der Autokäufer niedrig gehalten wurden. Noch heute sind Leistung und Luxus hauptsächlich den »oberen Zehntausend« der europäischen Autokäufer vorbehalten, während dem braven Bürgern nahegelegt wird, sein Dasein mit sparsamen Kleinwagen zu fristen, die als Transportmittel gerade ausreichen.

Auto-Träume von Freiheit, Hubraum, Leistung und Luxus für alle haben keinen Platz in einer Automobilkultur, in der sich alle Auto-Legenden entweder rühmen können, völlig unerschwingliche Traumwagen zu sein – oder eben noch kleiner, noch billiger und noch sparsamer als die Produkte der Konkurrenz. Es ist unmöglich, sich den europäischen Automobilbau anzuschauen, ohne festzustellen, dass vom VW Käfer über den britischen Mini oder die französische Ente europäische Autos in erster Linie eins sind – Verzichtmobile, gerade eine Stufe über dem Rollbrett. Natürlich gab es auch europäische Klassiker wie den Porsche 911, die Mercedes SL oder die Produkte verschiedener britischer Luxushersteller, die allerdings ohne Ausnahme Autos waren, von denen normale Menschen höchstens träumen konnten.
In den USA waren Achtzylinder in günstigen Autos bereits 1932 erhältlich, Klimaanlagen und elektrische Fensterheber durfte der US-Autokäufer 40 Jahre vor den Europäern in einem Mittelklasse-Automobil erwarten, Insassenschutz wurde zum Thema, als Europa noch 30 Jahre davon entfernt war, Abgasreinigung wurde in den USA Pflicht, 20 Jahre bevor man in Europa dem Bürger saubere Luft zugestand. Und trotzdem waren Autos in den USA ein bezahlbares Konsumgut auch für den Geringverdiener, und zwar Autos von fünfeinhalb Metern Länge mit Platz für sechs Erwachsene, mit acht Zylindern und 300 PS, mit Klimaanlage, Servolenkung und Kofferraumvolumen für eine halbe Wohnungseinrichtung, während in Europa vier Erwachsene um Platz in einem 34-PS-Käfer ringen mussten, der als luxuriöseste Ausstattung eine Heizung besaß und sich trotzdem zehn Liter Benzin auf hundert Kilometer genehmigte.

Erinnerungen: So sehen die Dreissiger aus heutiger Perspektive aus – damals waren Weißwandreifen sicher kein gängiger Anblick auf dem günstigen Ford. (Foto: © Sicnag, CC BY 2.0)

Wendekreis: Der Nash von 1949 ist trotz ungewöhnlicher Radhäuser voll funktional – überlebt hat die Marke trotzdem nicht. (Foto: © CZmarlin, CC BY-SA 4.0)

Die Ford- und Mercury-Modelle der Jahre ab 1949 waren stilbildend – bis General Motors die Herrschafft über den amerikanischen Markt an sich riss. (Foto: © Sicnag, CC BY 2.0)

Automobile Realität von 1923: Der Wagen ist ein Ford Model T (von dem in diesem Jahr schon mehr als zwei Millionen hergestellt wurden), die Fahrbahn ist bestenfalls unbefestigt und das mitgeführte Gerät für den modernen Menschen nicht mehr identifizierbar. (Foto: © Ford Motor Company)

Die Stunde Null: Mit dem Chevrolet von 1955 beginnt der moderne Automobilbau – und die Herrschaft von GM über den Rest der Welt. (Foto: © gmmediaarchive.com.)

Botschafter: Der Ford Mustang ist heute das bekannteste Gesicht der amerikanischen Automobilgeschicht. (Foto: © Ford Motor Company)

1970 gilt bis heute als der Höhepunkt des amerikanischen Automobilbaus im letzten Jahrhundert. Die Aerodynamikhilfen des Plymouth Superbird sind funktional – und waren bei Rundkursgeschwindigkeiten von über 300 km/h tatsächlich erforderlich. (Foto: © Mario Brunner, Slg. Sönke Priebe)

INTRO II

Im 21. Jahrhundert zeichnet sich das Ende der Verbrennungsmotor-Ära ab – und wieder einmal sind es nicht die europäischen Automobilhersteller, die bei der Entwicklung zukunftsträchtiger Technologien die Nase vorn haben. Die nächste Generation automobiler Fortbewegungsmittel entsteht derzeit in Nordamerika – nicht in Stuttgart, nicht in Zuffenhausen. Während Amerika den Abschied vom Verbrennungsmotor vorbereitet, quält Europa den Bürger und seine Umwelt mit dem Dieselmotor – und Hersteller täuschen gezielt die Öffentlichkeit über dessen gravierende Nachteile und seine tatsächlichen Schadstoffemissionen.

Das darf niemanden überraschen – denn wer die rosarote Brille der europäischen Automobilbaupropaganda für einen Moment ablegt, wird feststellen, dass diese Verhältnisse mindestens seit dem Ende des Zweiten Weltkriegs bestehen. Mehr als 50 Jahre lang hat die amerikanische Automobilindustrie ihre Käufer mit geräumigen, schnellen, langlebigen, gut ausgestatteten, sparsamen, leistungsstarken und rundum spannenden Fahrzeugen versorgt, immer darauf bedacht, diese Fahrzeuge erschwinglich für alle zu halten.

Es ist völlig egal, ob der Käufer Wert auf Leistung, Haltbarkeit, Sicherheit, Komfort, Luxus oder Umweltfreundlichkeit legt – jede einzelne Errungenschaft des Automobilbaus war für normalverdienenden Autokäufer zuerst in Nordamerika verfügbar, vom V8-Motor über Automatikgetriebe, Servolenkungen, den elektrischen Selbststarter, versenkbare Stahldächer, Kurvenfahrlicht, sequenzielle Blinker, Klimaanlagen, Sitzheizung, unverbleites Benzin, Katalysatoren, Abgasnormen, Luftfahrwerke, Karosserieaufprallschutz, Crashtests, Überrollschutznormen, Sicherheitslenksäulen, Airbags, ABS, Gurtwarner... Egal was, die Amerikaner hatten als Erste.

Und das gilt keineswegs nur für die vernünftigen Erfindungen und Einrichtungen, im Gegenteil. Amerika ist auch das Land von dem, was Autofahren so spannend macht: Leistung und Drehmoment, Achtzylinder, ein PS pro Kubikzoll, Siebenliter, 400 PS in gewöhnlichen Limousinen, den stärksten Serienproduktionsmotor aller Zeiten, die schnellsten Rundkursrennwagen, die schnellsten Viertelmeilen-Renner, den meistgebauten Motor der Welt, den einzigen 9-Sekunden-Pkw der Geschichte.

Darüber hinaus kann Amerika auch das meistgebaute Automobil aller Zeiten für sich beanspruchen, die größte nationale Fahrzeugproduktion des gesamten bekannten Universums und die am längsten kontinuierlich fortentwickelte Fahrzeugbaureihe der Welt. Und nebenher war noch Zeit, die moderne Fließbandproduktion, den Geländewagen an sich und die tatsächlich nutzbare Elektromobilität zu erfinden – beinahe alles im 20. Jahrhundert. Ach übrigens, auch Flottenverbrauchsvorschriften für Hersteller sind eine amerikanische Erfindung, und im Pro-Hubraum-Vergleich sind US-Motoren schon immer sparsamer als die Produkte der europäischen Industrie.

EARLY

EARLY I

Um das Jahr 1900 waren in den USA mehr als 1000 Automobilhersteller tätig – von denen gerade einmal zwei das Jahr 2000 erlebten. Für eine kurze Zeit war Automobilbau eine Sache für jeden Kutschenhersteller, jeden Hufschmied, jeden Produzenten von Kochtöpfen – schließlich war das Produkt brandneu und revolutionär, die Regeln noch ungeschrieben, die Kunden frei von Erwartungen, Überzeugungen oder Erfahrungen. Wer konnte, produzierte Autos – was auch immer der jeweilige Hersteller darunter verstand – oder gründete zumindest ein Unternehmen mit dem Ziel, Autos zu bauen.

1955er Nash Ambassador – dumm nur, das Chevrolet in diesem Jahr in eine ganz andere Automobilzukunft aufbrach und der gesamte Markt in diese Richtung folgte, während Nash auf der Strecke blieb. (Foto: © CZmarlin, CC BY-SA 4.0)

Vergleichbar ist der Urzustand der Automobilindustrie vielleicht mit der Pionierzeit des massentauglichen Internets, in der jeder Computerbesitzer einen eigenen Suchdienst betreiben konnte, Urheberrechte nicht existierten und das weltweite Netz quasi einen rechtsfreien Raum darstellte. Nur 20 Jahre, etliche Pleiten, geplatzte Börsenblasen, zerstörte Hoffnungen, gestrandete Unternehmen und vor allem immense technologische Fortschritte später kontrolliert heute ein einziger marktbeherrschender Anbieter fast vollständig das kommerziell nutzbare Internet – und so ähnlich verschwanden mit fortschreitender Technik auch die meisten Autohersteller der Frühzeit, während die Erfolgreicheren von den noch Erfolgreicheren aufgekauft wurden.

Schon vor dem Zweiten Weltkrieg war der noch wachsende Markt damit weitgehend in der Hand der »Großen Drei« aus Detroit – General Motors (GM), Ford Motor Company (FoMoCo) und Chrysler Corporation. Sie hatten etliche ehemals unabhängige Autohersteller zu bloßen Marken innerhalb ihrer Konzerne gemacht. Zwar waren wirklich unabhängige Firmen wie Hudson, Nash, Studebaker, Packard und Willys noch nicht von der Bildfläche verschwunden, aber die Rüstungsaufträge des Zweiten Weltkriegs stärkten die großen Konzerne weiter – die FoMoCo verdankte solchen Kommissionen das Werk Willow Run, den größten ummauerten Raum der Welt.

Dabei hatte Ford nach dem Zweiten Weltkrieg nicht einmal mehr Bedarf an diesem Werk, weshalb es 1947 an den 1945 gegründeten unabhängigen Automobilhersteller Kaiser-Frazer überging, zusammengesetzt aus Kaiser und Frazer. Frazer war verwurzelt in Graham-Paige, das wiederum aus den Unternehmen Graham und Paige-Detroit hervorgegangen war. Paige hatte in den Zwanzigern die Automobilmarke Jewett produziert... Niemand weiß, wie viele Autohersteller schon in Kaiser-Frazer und deren Vorgängermarken aufgegangen waren, als man das Werk Willow Run übernahm. Schon 1953 wurden die Fabrikationsanlagen weitergereicht an GM, während Kaiser-Frazer, da schon nur noch Kaiser, sich mit Willys Overland zu Willys Motors zusammenschloss, aus denen 1963 Kaiser Jeep wurde.

Auch andere unabhängige US-Hersteller versuchten sich durch teils waghalsige Zusammenschlüsse vor der Marktmacht der großen Konzerne zu schützen – aus Packard und Studebaker etwa wurde erst Studebaker-Packard, dann nur Studebaker, dann stellte das Unternehmen 1966 die Automobilproduktion ein. 1954 wurde aus den unabhängigen Herstellern Hudson und Nash die American Motors Corporation, kurz AMC, die ihrerseits wiederum 1970 Kaiser Jeep aufkaufte, bevor AMC 1977 teilweise in die Kontrolle von Renault überging und 1987 als letzter unabhängiger Automobilhersteller der USA von der Chrysler Corporation aufgekauft wurde – bevor Chrysler 1998 zu einem Teil von DaimlerChrysler wurde.

Womit General Motors und die Ford Motor Company tatsächlich die einzigen beiden US-Automobilkonzerne waren, die die Jahrtausendwende erlebten. Von den über 1000 Autoherstellern am Beginn des 20. Jahrhunderts sind mindestens 998 verschwunden, und selbst an die unabhängigen Marken, die nach dem Zweiten Weltkrieg noch existierten – Hudson (†1957), Nash (†1957), Packard (†1958) und Studebaker (†1966) – erinnert sich kaum noch jemand, da niemand unter 70 Jahren noch als Zeitzeuge ihrer Existenz gelten kann. Die Geschichte des amerikanischen Automobilbaus ist, auch wenn es den Fans anderer Marken oft nicht gefällt, die Geschichte von General Motors, der Ford Motor Company und der Chrysler Corporation.

Ford? Oder doch Buick? Keine Sorge, das ist ein 1958er Packard. Stilistische Anlehnungen an die großen Drei waren für alle Unabhängigen Hersteller schon aus Kostengründen überlebensnotwendig. (Foto: © Jeremy , CC BY 2.0)

Museumsstück: Studebaker aller Jahrgänge sieht man heute kaum noch in anderen Umgebungen oder ohne Absperrungen – die ehemals unabhängige Marke existiert seit mehr als 50 Jahren nicht mehr. (Foto: © Michael Barera, CC BY-SA 4.0)

Der letzte Hudson: Die Detroiter Marke war einmal einer der größten Automobilhersteller der USA – 1957 stellte sie die Produktion ein. (Foto: © Sicnag, CC BY 2.0)

Locomobile ist als Autohersteller heute ebenso selten anzutreffen wie amerikanische Ureinwohner. Der Mann rechts im Bild ist Geronimo, letzter kämpfender Häuptling, zum Zeitpunkt der Aufnahme Gefangener der US-Regierung. (Foto: © PD)

Terraplane, ein Hudson-Vorläufer des Ein-Modell-Pro-Marke-Konzepts, aus dem Jahr 1934. Terraplane existierte nur von 1932 bis 1939. (Foto: © Cmasonwhf, CC BY-SA 3.0)

Willys-Overland stellte ab 1914 den Willys-Knight her – da waren schon mehr Autohersteller in Willys aufgegangen, als heute noch existieren. (Foto: © William Creswell, CC BY 2.0)

Die allererste Präsidentenlimousine war ein White Model M – wohlgemerkt nicht mit Verbrennungsmotor, sondern mit Dampfmaschine. White wurde später zu einem reinen Nutzfahrzeughersteller. (Foto: © PD)

EARLY II

Deutsche haben das Automobil erfunden, grob gesagt im Jahr 1885, teils in einem Nebental oberhalb des Neckars im heutigen Baden-Württemberg, teils ein paar Kilometer weiter westlich und nordwestlich, in einem Fall vielleicht sogar außerhalb Baden-Württembergs. Daimler, Benz, Maybach und Otto haben die Grundlagen für die Automobilisierung der Welt geschaffen – und dann getan, was schwäbische Ingenieure und Assoziierte immer tun: Die heimische Nachfrage bedient und gleichzeitig an der Verbesserung ihrer Produkte gearbeitet. Die tatsächliche Automobilisierung der Welt war im Streben nach dem perfekten Automobil zuerst nur Nebensache.
So war es ab etwa 1899 ein ambitionierter irischstämmiger Amerikaner, der sie quasi zu seiner Lebensaufgabe erhob: Henry Ford. Er beschloss, Automobile zu bauen. Genug Automobile, dass jeder eines besitzen könne, und machte sich tief in Michigan ans Werk. Heute tut sich die Automobilnation Deutschland schon schwer damit, nur zuzugeben, dass die deutsche Erfindung Automobil von Amerikanern großgepäppelt werden musste – geschweige denn anzuerkennen, unter welchen Bedingungen Henry Ford ab 1903 die gezielte Massenproduktion eines bezahlbaren Automobils in Angriff nahm: Das Model T entstand in einem Land, das zu diesem Zeitpunkt weder über einen nennenswerten Industrialisierungsgrad noch über Forschungs- und Entwicklungskapazitäten verfügte.

1903 verfügten die USA noch nicht einmal über eine ernstzunehmende Armee, geschweige denn über eine Flotte oder Luftfahrtbestrebungen. So etwas wie ein nationales Identitätsgefühl gab es nicht, von Nationalstolz ganz zu schweigen. Der Bürgerkrieg und die Abschaffung der Sklaverei lagen keine 40 Jahre zurück, selbst die transkontinentale Eisenbahn war erst seit 34 Jahren Realität. 27 Jahre zuvor hatten die Sioux, Cheyenne und Arapaho das 7. Kavallerie-Regiment am Little Bighorn vernichtet, und Geronimo, der »letzte Häuptling« der Apachen hatte sich erst 17 Jahre zuvor ergeben, im gleichen Jahr, in dem die Freiheitsstatue errichtet wurde. Und nur fünf Jahre vorher hatten sich die USA im Krieg mit Spanien befunden. New York war wenig mehr als eine Art Urlaubsinsel für wohlhabende Europäer, der Rest des Landes je nach Perspektive Freizeitpark oder Agrarland, in dem vereinzelt Menschen wohnten.

Anfangs mit dem widerwilligen Eintritt der USA in den Ersten Weltkrieg im Jahre 1917 (mit geliehener britischer Ausrüstung) begann eine Phase der geplanten Industrialisierung und der infrastrukturellen Vernetzung – da war Ford bereits größter Automobilproduzent der Erde. Bis dahin waren die USA ein weitgehend unregiertes Agrarparadies, und erst mit dem Zweiten Weltkrieg erreichten sie das industrielle Niveau der europäischen Kernländer – während der Lebensstandard der Europäer dann kriegsbedingt bis in die Sechziger brauchte, um die inzwischen vorauseilenden USA wenigstens annähernd wieder einzuholen.

Die Geschichte der »frühen Jahre« der amerikanischen Automobilindustrie ist ohne Zweifel die Legende von Ford. Nahezu alle Konkurrenten der ersten Jahre haben schon die Anfangsphase nicht überstanden oder sind (wie etwa Packard) irgendwann im 20. Jahrhundert untergegangen oder wurden wie White und REO zu reinen Nutzfahrzeugherstellern. Ernsthaft aufnehmen konnte es mit Ford zwischen 1910 und 1920 eigentlich niemand – auch wenn verschiedene Hersteller, die sich unter dem General-Motors-Banner zu versammeln begannen, in einigen Jahren Achtungserfolge im Stückzahlenabsatz erringen konnten. Buick zum Beispiel, denen es im glorreichen Jahr 1910 gelang, fast so viele Automobile zu verkaufen wie Ford. Bevor Ford die Fließbandproduktion einführte und seine Stückzahlen in den folgenden zehn Jahren vervierzigfachte. 1921 hatte die Ford-Jahresproduktion bereits die Millionengrenze überschritten – eine Zahl, die die gesamte deutsche Fahrzeugindustrie erst 1957 erreichte, fast vier Jahrzehnte nach Ford. Und über 70 Jahre, nachdem im Schwabenland der Grundstein für diese Entwicklung gelegt worden war.

HOT RODS

Mehr als 130 Jahre nach der Erfindung des Automobils gerät die Frühzeit der vierrädrigen Fortbewegung langsam in Vergessenheit. Automobile aus den »Vorkriegsjahren« werden kaum noch auf der Straße bewegt, weil sie zu selten, zu teuer oder schlicht zu kompliziert oder gefährlich zu fahren sind. Nur eine einzige Gruppe von Fahrzeugen aus der ersten Hälfte des 20. Jahrhunderts nimmt noch heute in größerem Umfang am weltweiten Straßenverkehrsgeschehen teil: Amerikanische Pkw und Kleinlaster aus den Dreißigern und Vierzigern, Autos, die sich ganz langsam auf ihren 100. Geburtstag zu bewegen, während anderswo moderne Fließbanderzeugnisse ihr eingebautes Mindesthaltbarkeitsdatum nach neun Jahren erreichen. Fairerweise sollte man festhalten, dass diese Fahrzeuge, heute unter der Bezeichnung »Hot Rods« populär, so gut wie nie dem Originalzustand entsprechen, schon gar nicht in der Antriebstechnik.

Genau in diesem letzten Punkt allerdings sind sie ihrem Vorbild dann eigentlich doch treu geblieben. In den Vierzigern und Fünfzigern, noch bevor die Konzerne ihr Augenmerk auf den Normalverdiener als Hauptabnehmer für Neuwagen richteten, war Autorennsport in den USA bereits ein Volkssport. Gefahren wurde mit allem, was verfügbar war, zum Beispiel zehn Jahre alten Gebrauchtwagen. Bei denen wurde alles abmontiert, was schwer und nicht unbedingt nötig war: Kotflügel, Motorhauben, Dächer. Als Rennstrecke diente alles, was hinreichend flach war: Straßen, Salzseen, Strände, Flussbetten. Motorisiert waren die frühen Volksrennwagen mit allem, was verfügbar, günstig und vor allem leistungsstark war, von Fords »Flathead«-V8 in den frühen Jahren bis hin zu Chevrolets revolutionärem Small-Block-V8 aus dem Jahr 1955.

In den Sechzigern wandelte sich nicht nur das Automobildesign, sondern auch die Motorisierung: Rennwagen für jedermann standen bei jedem Händler. Für einen kurzen Moment mag da die Zukunft der selbst gebauten 30er- und 40er-Jahre-Sportwagen unklar gewesen sein, aber wie viele historische Fahrzeug lebten auch die frühen Hot Rods in den Sechzigern weiter – gepflegt von Enthusiasten, die 30 Jahre alte Automobile zu schätzen wussten.

In den Siebzigern kam es in den USA zum ersten Revival einer Automobilkultur, die zu diesem Zeitpunkt schon über 40 Jahre alt war und ihren ersten Höhepunkt um mehr als 20 Jahre überschritten hatte, In den Neunzigern folgte ein zweiter Hot-Rod-Boom – der jetzt zwei historische Vorbilder zitieren konnte: Die »originalen Rennwagen« der Dreißiger und Vierziger und die Altrennwagen-Subkultur der Sechziger und Siebziger – als zweites Revival einer zu diesem Zeitpunkt fast 70 Jahre alten Nische der Automobilwelt.

Nach zwei solchen Revivals sind Hot Rods eines mit Sicherheit: zeitlos. Da jeder der einzelnen Höhepunkte der Hot-Rod-Kultur sich als »original« versteht, hat das Fahren von »Sportwagen« aus der Frühzeit des 20. Jahrhunderts inzwischen eine so breit gefächerte Basis, das jede Spielart, vom reinen selbst gebauten High-Performance-Salzsee-Renner über die chrombeladene Paradesänfte bis hin zum matt geschwärzten, absurd tiefergelegten und oftmals kaum fahrbaren modernen »Rod« heute über eine Geschichte und damit über eine historische Rechtfertigung verfügt – während spätere Epochen der Automobilgeschichte, etwa die Fünfziger, ihr erstes Wiederaufleben erst kürzlich verzeichnen konnten und möglicherweise kein zweites erleben werden.

Vielleicht kommt den verschiedenen Spielarten der Hot-Rod-Bewegung auch noch ein Umstand zugute, der zwar physikalisch immer, faktisch aber nur manchmal richtig ist: Viel Leistung macht ein Auto auf der Geraden schnell, wenig Gewicht hingegen überall. Kombiniert man dieser Tatsache entsprechend eine beinahe eigengewichtsfreie Pkw-Karosserie von 1934 mit einem der von 1955 bis 2003 seriengefertigten Chevy-Small-Blocks, entstehen unter Umständen fürchterlich schnelle Automobile – auch weit nach der Jahrtausendwende. Und am Ende ist Schnellfahren immer noch das Hauptziel der meisten Automobilenthusiasten des 21. Jahrhunderts. Auch 70, 80, 90 Jahre, nachdem die Hot-Rod-Rezeptur zum ersten Mal mit genau diesem Versprechen gelockt hat. Sicher gibt es heute andere Arten, schnell (und auch noch viel schneller) zu fahren – aber keine mit einer solchen Geschichte.

Historische Rennwagen wie dieser 1932er Ford kommen meist ohne jeden Zierrat aus. Chrom spielt in der ersten Generation dieser Fahrzeuge keine Rolle. (Foto: © Sicnag , CC BY 2.0)

Ernsthaftes historisches Rennfahrzeug: an diesem 1934er Ford ist nichts mehr, was nicht absolut zwingend für den Salzsee-Renneinsatz gebraucht wird. (Foto: © Sicnag, CC BY 2.0)

Ursprünglich von Drag Racern für ihr geringes Gewicht geschätzt haben sich Willys Coupés um 1940 als unwiderstehlich für Customizer herausgestellt – was dem Wagen eine Art Doppelleben beschert hat. (Foto: © Greg Gjerdingen, CC BY 2.0)

Nächste Generation: Inzwischen zitieren Hot Rods oft nicht mehr nur die eigenen Vorfahren, sondern die gesamte vergangene Automobilkultur. Anders wären Weißwandreifen auf einem Rennwagen nicht zu erklären. (Foto: © Joachim Kuch)

Neuinterpretation: Spätere Generationen von »Hot Rods« zitieren die vorausgegangenen – mit mehr Chrom, mehr Reifen, mehr Detail – und weniger Renneinsatz. (Foto: © Arild Vågen , CC BY-SA 4.0)

DeSoto war bis 1961 eine Marke des Chrysler-Konzerns. Die Erinnerung an die Nachkriegsgeschichte verblasst bereits, ganz zu schweigen von den Vorkriegsmodellen.
(Foto: © AlfvanBeem, CC0)

Der Packard Clipper von 1941 hat eine für seine Zeit aktuelle Front – alles dahinter könnte für den Betrachter aber auch direkt aus den Zwanzigern stammen.
(Foto: © RexGray, CC BY SA 2.0)

Der Willys MB, bekannt geworden als »Jeep«, gehört zu den bedeutendsten Automobilen des 20. Jahrhunderts. Von den beteiligten Unternehmen hat dennoch nur eines überlebt.
(Foto: © Jean Housen, CC BY-SA 3.0)

Dezenter Chromschmuck, leicht kantig: Studebakers letztes Vorkriegsmodell. Die Marke blieb immerhin bis 1966 erhalten, trotzdem sind Studebakers sind heute kaum noch zu finden. (Foto: © Bob P. B., CC BY 2.0)

EARLY III

In den Zwanzigern war Ford unerreichbar und uneinholbar – aber erstmals nicht ohne (entfernte) Konkurrenz. 1918 war Chevrolet in den General-Motors-Konzern übernommen worden (oder umgekehrt), und brauchte nur zwei kurze Jahre, um auf Rang zwei der Verkaufsstatistiken vorzurücken. Weitere sieben brauchte es um Ford erst ein- und dann zu überholen. 1928 mischte sich Plymouth ein, als Marke des kurz zuvor gegründeten Chrysler-Konzerns, gezielt geschaffen, um Ford- und Chevrolet-Kunden anzulocken. Ähnlich wie Chevrolet für GM legte die günstigste der Chrysler-Marken einen Blitzstart hin und war bereits 1932 drittgrößter amerikanischer Automobilproduzent hinter Chevrolet und Ford. Diese Konstellation stellte sich als die finale Aufteilung des US-Automobilmarkts der Vorkriegs- und unmittelbaren Nachkriegsjahre heraus: Chevrolet, Ford und Plymouth, die »günstigen« Drei, bildeten fast ohne Ausnahmen die Spitzengruppe der amerikanischen Stückzahlen-Ranglisten, bis in den Sechzigern Plymouths Dritter Rang zu bröckeln begann.

Der Aufstieg der »Low Priced Three« mag nicht exakt das gewesen sein, was Henry Ford sich vorgestellt hatte, als er begann, die Automobilisierung der Welt anzustreben – aber er kommt dieser Idee sehr nahe. In den ersten 30 Jahren des 20. Jahrhunderts hatte die Ford Motor Company sowohl in der Technik als auch in der Produktionsweise die Beispiele gegeben, an denen sich alle anderen Automobilhersteller zu orientieren begannen. Gleichzeitig hatte sie sich auch noch an der Spitze der Hersteller behauptet und das einstmalige Luxusgut Automobil der breiten Öffentlichkeit zugänglich gemacht. Noch 1941 standen die Dinge gut, Plymouth saß Ford im Nacken und Chevrolet konnte im Rennen um Platz 1 nicht wirklich davonziehen, als der Eintritt der USA in den Zweiten Weltkrieg die Pkw-Produktion in Nordamerika praktisch innerhalb eines einzigen Modelljahres fast zum Erliegen brachte.

Der Modernisierungs- und Industrialisierungsprozess, den die USA im Zuge des Ersten Weltkriegs erlebt hatten, lag mehr als 20 Jahre zurück, und wieder hatten die USA eigentlich nicht in den »europäischen« Krieg eingreifen wollen – ihre Streitkräfte und besonders deren Fahrzeuge befanden sich in einem kaum kriegstauglichen Zustand. Alle Industriekapazitäten des Landes wurden gebraucht, um die amerikanische Armee einsatzfähig zu machen, und zwar nach dem Ford-Prinzip günstig, einfach, viele. Als amerikanische und deutsche Truppen 1944 erstmals auf europäischem Boden aufeinandertrafen, hatten die deutschen Panzer Maybach-Motoren und Porsche-Fahrwerke – die Amerikaner dagegen eine Zahlenüberlegenheit von 10:1. Das Ford-Prinzip, nachdem eine Erfindung nicht sich selbst, sondern ihrer Verbreitung dient, hatte sich erneut bewahrheitet.

Zwischen 1942 und 1945 produzierte Amerika beinahe gar keine Pkw, und selbst 1946, nach dem Ende des Krieges, stehen zunächst nur Vorkriegsmodelle bei den Händlern, deren Produktion da aufgenommen worden war, wo die Hersteller sie 1942 beendet hatten.

Die Umstellung der Produktionsanlagen, die Normalisierung des Rohstoffmarktes und vor allem das Design und die Entwicklung neuer Modelle nahm weitere drei Jahre in Anspruch, so dass es bis 1949 dauerte, bevor die ersten wirklich neuen Pkw-Modelle erschienen. Spätestens 1950 hatten alle US-Hersteller nur noch Neues im Programm.

Noch immer bildeten Chevrolet, Ford und Plymouth die Spitzengruppe – gleichzeitig wurde das Jahrzehnt zwischen 1950 und 1960 zur letzten Epoche in der Automobilgeschichte, in der neben den »Großen Drei« Konzernen auch unabhängige Automarken noch eine messbare Rolle spielten. Zu ihnen gehörten unter anderem Hudson, Studebaker und Packard, die aber allesamt bereits kurz vor dem Ende standen. Oder auch Willys Overland, ehemals zweitgrößter Automobilhersteller der USA und schärfster Konkurrent der Ford Motor Company in ihren Anfangsjahren.

HORSE-POWER
1949–1974

Fast exakt ein Vierteljahrhundert lang, zwischen dem Ende der Weltkriegswirren und der Katalysator- und Ölkrise, kannte die US-Automobilindustrie nur eins: Mehr Pferdestärken. Weder vorher noch danach produziertet eine Automobilnation so schnelle, so hochmotorisierte Fahrzeuge für so viele völlig normale Käufer.

1969 konnte man den Camaro mit vier Scheibenbremsen und ungedämmter Auspuffanlage bestellen – und mit sieben Litern Hubraum, wenn es sein musste. (Foto: © Slg. Sönke Priebe)

1949–1974

1949–1974

Um zu verstehen, warum die Jahre zwischen 1949 und 1975 als die »goldenen Jahre« des amerikanischen Automobilbaus gelten, muss man das Ergebnis des Zweiten Weltkriegs betrachten: Nahezu alle Industrienationen der Welt lagen nach 1945 samt ihren Fabrikanlagen in Trümmern – und waren oft von amerikanischen Entscheidungen abhängig. Die USA selbst hingegen hatte während des Zweiten Weltkriegs gigantische Produktionsanlagen geschaffen, um Panzer, Schiffe und Flugzeuge in Massen herzustellen. Nicht nur wurden mit dem Ende des Krieges und dem Ende der Rüstungsproduktion immense Kapazitäten für zivile Güter frei – es gab auch eine Vielzahl an potenziellen Abnehmern für »Friedensgüter«.

Während man in Europa noch damit beschäftigt war, die zerbombten Städte wieder aufzubauen und Luxusanschaffungen sicher nicht oberste Priorität von Bürgern waren, die alles verloren hatten, mussten sich die im eigenen Land von Zerstörung verschont gebliebenen Amerikaner überlegen, wofür sie ihr in den Kriegsjahren – in denen die Produktion von Konsumgütern beinahe zum erliegen gekommen war – angespartes Geld ausgeben wollten. Automobile waren dabei nur eine von vielen Möglichkeiten, vom Fernseher über den Staubsauger bis zum Kühlschrank sollten die 50er in den USA zum Jahrzehnt der Luxusartikel werden. Fahrzeuge waren im Amerika des Zweiten Weltkriegs zuletzt kaum noch hergestellt worden, und wenn, hatten die Hersteller sich darauf beschränkt, ihre Vorkriegsmodelle weiterzubauen. Aber 1949 war Schluss mit den mageren Zeiten. Zum ersten Mal seit dem japanischen Überfall auf Pearl Habor standen brandneue Nachkriegsmodelle bei den Händlern.

Die Firmen hatten die technischen Möglichkeiten, die Käufer hatten das Geld, ganz Amerika war der Absatzmarkt. Und: die Kunden waren nicht länger nur Männer. Frauen, die in den Kriegsjahren arbeiten geschickt worden waren, wollten diese Unabhängigkeit nicht wieder aufgeben – und hatten zum ersten Mal in der Geschichte das nötige Einkommen dazu. Die Anfänge des Nachkriegsautomobils waren 1949 noch recht zahm, aber binnen weniger Jahre veränderte sich der Markt dramatisch. Bisher hatten die verschiedenen Marken der Konzerne größtenteils jeweils nur ein einziges Modell produziert – wer Luxus wünschte, kaufte GMs Cadillac oder den Lincoln der FoMoCo, die Polizei fuhr den Ford, Autokäufer mit begrenztem Budget entschieden sich für den Chevrolet, den Plymouth oder den Ford. Taxis waren DeSotos oder Packards, und wer ein bisschen mehr Geld übrig hatte, der suchte sich den Buick, den Chrysler oder den Mercury aus. Bis Chevrolet 1954 plötzlich für die kriegsmüden, konsumhungrigen Kunden nicht länger nur den vernünftigen und bezahlbaren Chevrolet (in den »Ausstattungslinien« 150, 210 und Bel Air) anbot, sondern auch noch einen beinahe frivolen Sportwagen mit dem kriegerischen Namen »Corvette«.

Ford konterte 1955 mit dem zweisitzigen »Thunderbird«, wo bislang nur »der« Ford in den Ausstattungsvarianten Mainline, Customline und Crestline erhältlich gewesen war, und schon 1960 hatten etliche der etablierten Hersteller in den USA nicht länger nur ein Modell im Portfolio, sondern mindestens zwei: Chevrolet bot neben dem traditionellen »Chevrolet« nun auch noch die sportliche Corvette und den kleinen Corvair an. Ford hatte den althergebrachten Ford, den Thunderbird und ein kleines Auto im Angebot, den Ford Falcon (für Frauen, junge und finanziell schwächere Käufer). Bei Plymouth-Händlern konnte man ab 1960 den kompakten »Valiant« erstehen, der noch als eigene Marke angeboten wurde, Dodge hatte den mittelgroßen Dart. In den Sechzigern etablierte sich in Amerika erstmals ein Automobilangebot, das nicht länger auf einer einzigen Fahrzeugklasse aufgebaut war. Nach und nach begann sich die Bezeichnung »Fullsize« oder »Regular Size« für die bisher angebotenen Traditionsmodelle durchzusetzen, die neuen Kleinwagen wurden unter der Bezeichnung »Compact« zusammengefasst, und spätestens ab 1964 war »Midsize« ein Begriff für die Klasse der großen Autos, die nicht ganz Fullsize, aber sicher auch nicht Compact waren.

Pony Cars sind ein Phänomen der Sechziger, zu denen auch dieser 1969er Chevrolet Camaro gehörte. (Foto: © Greg Gjerdingen, CC BY 2.0)

Chevrolets Fullsize-Baureihe dominierte die frühen Performance-Jahre – und wurde bis zum Ende der traditionellen Automobilproduktion bei GM 1996 kontinuierlich weiterentwickelt. (Foto: © Greg Gjerdingen, CC BY 2.0)

Unbekanntes Tier: Die Chevelle am Rande des Abgrundes. So sah der bestverkaufte Midsize der Performance-Jahre aus, kurz bevor die Automobilwelt in den Abgrund der Ölkrise stürzte. (Foto: © Bull-Doser)

Mit Pontiacs GTO begannen die Ära der Muscle Cars, Chevrolets Chevelle machte sie massentauglich – Plymouth und Dodge aber schufen die Legenden. (Foto: © J.-H. Janßen, CC BY-SA 3.0)

Ford war der erste amerikanische Massenhersteller und der letzte, der echte Fullsizes produzierte. Der letzte, der Body-on-Frame-Pkw baute und der einzige, der eine bis heute ununterbrochene Modellreihe aus den Sechzigern produziert.

1974, als alles bereits zu spät war, sollten Streifen ersetzen, was die Ölkrise, Katalysatoren und der Verbraucherschutz den Automobilherstellern in kurzer Folge genommen hatten: Hubraum, Leistung, Design.
(Foto: © dave_7, CC BY 2.0)

1949–1974

Als Ford einen Weg gefunden hatte, »COBRA« auf den Mustang zu schreiben, war das Krisenjahrzehnt bereits in vollem Gange. (Foto: © Sicnag, CC BY 2.0)

Im April 1964 schuf Ford mit dem Mustang noch eine weitere Fahrzeugkategorie, die, angelehnt an den Namensgeber, unter der Bezeichnung »Pony Cars« in die Geschichte einging. Bis fast zum Ende der Siebziger wurde diese klar abgegrenzte Klassengesellschaft aufrecht erhalten – alle großen amerikanischen Hersteller hatten künftig je ein Fullsize-, ein Midsize- und ein Compact-Modell im Lineup, Die günstigen Marken und ein Teil des mittleren Segments (Chevrolet, Pontiac, Ford, Mercury, Plymouth und Dodge) traten zusätzlich in der Pony-Klasse an. Die Luxushersteller Cadillac, Lincoln und Chrysler verzichteten lange vornehm darauf, Midsize- oder Compact-Modelle anzubieten. Luxus kann man bekanntlich nicht verkleinern.

Chevrolet hingegen, günstigste GM-Marke am anderen Ende der Preishierarchie, blieb systemwidrig mit der Corvette bis in die Neunziger ganz allein in der Sportwagenklasse. Auch wenn die US-Hersteller binnen zehn Jahren nahezu jede Tradition über Bord geworfen hatten, blieben sie sich bei der Klassifizierung der neuen Modelle erstaunlich treu: Bis in die 90er konnte der amerikanische Käufer fast jedes Modell von jedem der große Hersteller in meist drei unterschiedlichen »Trimleveln« erwerben. Am günstigsten wurde das Entry-Level angeboten (bei den Fullsize-Chevrolets im Jahr 1965 der günstige »Biscayne«). Das waren Autos mit spartanischem Interieur und ohne Annehmlichkeiten wie Servolenkung oder Klimaanlage, manche sogar mit Sechszylindern, ausgerichtet auf Flottenkunden und budget-orientierte Käufer. Darüber folgte »Midlevel«-Normalausstattung (1965 bei Chevrolet in der großen Klasse »Bel Air« genannt) für »normale« Autokäufer, abgerundet nach oben von der teuren Luxusversion (»Impala«, um beim Beispiel zu bleiben). Nicht selten legten die Hersteller zudem »Sondertrimlevel« auf. Wer den luxuriösen 65er Impala noch extravaganter wünschte, der konnte im Modelljahr 1965 den »Impala Caprice« ordern.

Wer hier befürchtet, er könne den Überblick verlieren, muss noch einen weiteren Umstand im Auge behalten: Schon in der Wirtschaftskrise von 1929 hatte der US-Automobilmarkt den Punkt erreicht, an dem »Neukunden« für die noch junge Erfindung praktisch nicht mehr existierten – Zielgruppe waren nicht länger Umsteiger (vom Pferd aufs Auto), sondern Wiederholungskäufer, die ihr erstes Fahrzeug durch ein neues ersetzen wollten. Um diese Art von Neuanschaffung den Käufern schmackhaft zu machen, begannen die US-Hersteller angeführt von General Motors, mit jährlichen Änderungen. Jedes Modelljahr sah sichtbar anders aus, auch wenn die Technik sich nicht verändert hatte. Dieses Prinzip, auch »geplante Obsoleszenz« genannt, führte nicht nur zu den besonders in den späten Fünfzigern und den Sechzigern erstaunlich unterschiedlichen Jahrgängen der US-Automarken, sondern auch zur Verbreitung des »Modelljahrs«, welches vom Kalenderjahr abweicht. US-Automobile eines Modelljahres werden grundsätzlich ab drei Monate vor Beginn des Kalenderjahrs hergestellt – ein 65er Chevrolet also tatsächlich von Oktober 1964 bis September 1965. Bei europäischen Autos geht das Modelljahr meist von August bis zum Juli des Folgejahres.

Jede Veränderung, jedes neue Design, jedes neue Modell und jeder neue Name wurde auf dem nordamerikanischen Markt fast ohne Ausnahme zu diesem Modelljahresbeginn im Herbst des Vorjahres eingeführt, von einigen populären Abweichungen abgesehen: Der Ford Mustang etwa wurde zur Halbzeit des Modelljahres 1964 vorgestellt, weshalb er auch als 1964 ½-Modell bezeichnet wird. Damit ist aber nicht die Mitte des Kalenderjahres gemeint, sondern die des Modelljahres, der April 1964. Wahrscheinlich wäre so der gesamte US-Markt des 20. Jahrhunderts strukturiert gewesen – hätte 1975 nicht eine jähe Wende gebracht. Zum Modelljahr 1975, so hatte es der Gesetzgeber schon 1966 in Grundzügen beschlossen, mussten alle in Nordamerika verkauften Pkw mit Katalysatoren ausgerüstet sein. Zum Kalenderjahr 1975 durften US-Tankstellenbetreiber nur noch bleifreies Benzin verkaufen. Mitten in diese drastische Umstellungsphase hinein platzte der Yom-Kippur-Krieg zwischen Israel, Ägypten und Syrien, der zum Erdölembargo und damit zur Ölkrise in den USA führt.

AMC

AMC entstand erst in der zweiten Hälfte des 20. Jahrhunderts – und verschwand auch bald wieder. Der letzte unabhängige Automobilhersteller der USA war nie in der Lage, den großen Drei ernsthaft Konkurrenz zu machen. Entsprechend gering sind die Spuren, die er in der Automobilgeschichte hinterlassen hat.

Der Leuchtturm von Kenosha in Wisconsin, wo sich der Sitz der American Motors Corporation (AMC) befand.

Der AMC Javelin ist das selten erwähnte vierte Pony Car nach Plymouth Barracuda, Ford Mustang und Chevrolet Camaro. Außerdem zählten zu dieser Fahrzeugklasse der Pontiac Firebird, der Mercury Cougar und der Dodge Challenger. (Foto: © CZmarlin, PD)

Der Jeep Grand Wagoneer begann sein Leben 1963 unter dem Kaiser-Jeep-Label, wurde nach Übernahme durch AMC von 1970 bis 1986 gebaut und dann noch unter Chrysler-Ägide bis 1991. (Foto: © ampnet)

Der von 1975 bis 1978 gebaute AMC Pacer ist so bemerkenswert anders als die gesamten übrigen US-Automobile, das man sich fragen muss, was passiert wäre, wenn AMC fortbestanden hätte. (Foto: © Charles01, CC BY-SA 3.0)

Nash, Hudson, AMC – der Rambler ist nicht nur ungewöhnlich klein, er entstand auch unter einer verwirrenden Anzahl von Herstellern, ohne dass sich sein Erscheinungsbild wesentlich verändert hätte. (Foto: © CZmarlin, CC0)

Beim AMC Gremlin (1970 bis 1978) handelt es sich um einen gekürzten, kofferraumlosen Hornet und damit um einen auf das Nötigste reduzierten Kleinwagen – der wie viele AMC-Produkte – seiner Zeit weit voraus war. (Foto: © Barnstarbob, CC BY-SA 3.0)

Mit dem Eagle, einer Mischung aus Geländewagen und Straßenfahrzeug, hat die American Motors Corporation weit in die Zukunft geschaut. Leider hat die Marke nicht mehr erlebt, wie das Crossover-Konzept am Ende des 20. Jahrhunderts aufzublühen begann. (Foto: © dave_7, CC BY 2.0)

Unter der Modellbezeichnung Matador produzierte AMC nicht nur normale Midsizes, sondern von 1974 bis 1978 ein luxuriöses Midsize-Coupé, ein Fahrzeugtyp, der in der zweiten Hälfte der Siebziger große Popularität genoss. (Foto: © dave_7, CC BY 2.0)

AMC I

AMC gilt als der letzte unabhängige amerikanische Autohersteller. Und auch als der letzte, der gegründet wurde, denn AMC entstand erst 1954 aus den Automarken Hudson und Nash. 1987 ging AMC im Chrysler-Konzern auf und verschwand fast spurlos. Ob und wie weit der neben den Großen Drei einzige große unabhängige Autohersteller der USA in den rund 30 Jahren seiner Existenz den amerikanischen Pkw-Markt beeinflusst hat, ist schwer zu ermessen. Nicht nur, weil ehemals bedeutende Hersteller wie Hudson und Nash in der DNA des Konzerns verschmolzen waren, sondern auch, weil Willys Overland ebenso in der Ahnenreihe von AMC stand wie die weniger bekannte Marke AM General.

Die Chrysler-Marke Jeep produziert bis heute Fahrzeuge, die durch AMC auf Willys Overland zurückreichen – der Jeep Wrangler etwa ist ein weitergeführtes AMC-Design – während AM General für den HUMVEE verantwortlich ist. Und Jeep selbst hat seine Geschichte bei Chrysler als Jeep-Eagle begonnen, eine Referenz an die erstaunliche, geländegängige Limousine AMC Eagle, die ihrer Zeit um Jahre voraus war. Noch schwerer wiegt allerdings, dass die AMC-Marke Rambler einmal drittgrößte Automobilmarke der USA war, direkt hinter Chevrolet und Ford. Und AMC verkaufte mit dem Rambler American ab 1958 den ersten Kleinwagen Amerikas – eine simple Wiederauflage des Nash Rambler und später Hudson Rambler aus den Jahren 1950 bis 1955. So produzierte AMC zwar bis weit in die Achtziger einzelne absolut konkurrenzfähige Automodelle für den US-Markt, die mitunter sogar – wie der AMC Matador von 1972 bis 1974 als Streifenwagen des Los Angeles Police Departments – prestigeträchtig im Straßenbild auftauchten, verfügte aber gleichzeitig nicht über die geballte Markenmacht und Marktdominanz der Großen Drei, die nötig gewesen wäre, um mit den eigenen Designs den Markt langfristig zu beeinflussen.
In den Sechzigern und Siebzigern erinnern die AMC-Fahrzeuge deshalb in erstaunlicher Regelmäßigkeit an die dominierenden Konkurrenzprodukte der Ära, manchmal auch an mehrere – oder im Falle des Javelin sogar an alle vergleichbaren Wettbewerber gleichzeitig, was für sich genommen vielleicht die größere Designleistung ist. Während die großen Konzerne darauf bedacht waren, Trends zu setzen, war AMC gezwungen, sich den von den Großen Drei geschaffenen Marktströmungen anzupassen.

AMC mag zwar im Ölkrisenjahr 1974 über 400.000 Fahrzeuge verkauft haben, aber diese Zahl verblasst vor dem Hintergrund, dass die GM-Marke Chevrolet allein fast 2.500.000 Fahrzeuge im gleichen Zeitraum absetzte. Und GM besaß noch drei weitere Marken in der Stückzahlenklasse über 500.000! Zu allem Übel fehlte AMC auch die wirtschaftliche Kraft, den jährlichen Modellwechsel der Großen Drei mitzugehen. Und obwohl sich dieser kostenintensive Rhythmus in den Siebzigern verlangsamte und AMC sogar eigenständige Designs auf den Markt brachte, denen die Großen Drei wenig entgegenzusetzen hatten – etwa den klassenlosen Pacer von 1975 – ging der Einfluss von AMC auf das Erscheinungsbild der US-Marken gegen Null und der Niedergang begann sich abzuzeichnen.

Die Zusammenarbeit mit Renault ab 1978 und der Vertrieb von Renaults mit AMC-Emblemen ab 1983 brachte beiden Marken keinen messbaren Vorteil. Im Gegenteil, AMC hatte sich damit in die Nähe der vielen (insbesondere japanischen) Importhersteller gerückt, die seit den späten Siebzigern auf dem US-Markt um Marktanteile rangen – neue Hersteller ohne Geschichte, ohne gewachsene Kundenloyalität. Auch der europäische Markt brachte keine Rettung. Zwar hatte Renault schon seit den Sechzigern AMC-Produkte unter dem Renault-Label vertrieben, aber die Kunden dort wusste in der trüben Wirtschaftslage der Achtziger wenig mit den AMC-Modellen anzufangen. So verlor sich AMC – abgesehen vom Geländewagensegment – in der Orientierungslosigkeit der damaligen Zeit, bis Chrysler AMC 1987 aufkaufte und zerschlug, um die immer noch profitable Marke Jeep vermarkten zu können.

AMC

AMC II

Vielleicht wird die Erinnerung an AMC dadurch behindert, dass man noch konsequenter als die FoMoCo darauf bestand, Modelle als Marken zu behandeln und gleichzeitig deren Namen hin- und herzuschieben. Mehr oder weniger durchgängig sind die Bezeichnungen Ambassador und American für die AMC-Produkte. Sie kamen der gängigen Fullsize- und Compact-Definition am nächsten, während der Midsize-Beitrag von AMC 1961 als Rambler Classic das Licht der Welt erblickte, bevor er 1967 zum Rambler Rebel, 1968 zum AMC Rebel und 1971 zum AMC Matador wurde. Vorletzter nicht zu verwechseln mit dem originalen Rambler Rebel, einem merkwürdigen, bentleyesken Gefährt, mit dem AMC 1957 versucht hatte, die Konkurrenz zu verwirren.

Anders als die großen Hersteller näherte sich AMC dem Thema »Kleinwagen« ohne Furcht. Der Rambler American war der erste Compact, und wie selbstverständlich in jeder üblichen Karosserieform zu haben – auch als Cabrio. (Foto: © CZmarlin, CC BY-SA 4.0)

Der Beitrag zur Kompaktklasse war von 1958 bis 1969 der Rambler American, der 1970, als AMC probierte Ordnung im Line-up zu schaffen, zum AMC Hornet wurde. Schon 1966 mutierte der Rambler Ambassador, der einst ein Nash Ambassador (mit Wurzeln in den Dreißigern) gewesen war, zum AMC Ambassador, was er bis zum Ende von AMCs »Big Car«-Produktion 1974 blieb. Zwischen 1965 und 1967 hatte man zusätzlich ein Fahrzeug im Line-up, das auf dem kompakten American aufbaute, aber als eine Art Personal Luxury Coupé positioniert war. Dieses Zweitürer hieß erst Rambler Marlin, später AMC Marlin, und machte aus manchen Perspektiven den Eindruck, als habe man einen 63er Ford gegen seinen Willen mit einem 66er Dodge Charger gekreuzt, einen Chevy II beigemischt und das ganze am Ende mit der Front der 68er bis 70er Plymouth-Midsizes garniert.
Dem Marlin folgte der ebenfalls kurzlebige, etwas holprig benannte zweisitzige AMC AMX (1968 - 1970), der offenbar die Corvette nebst dem gesamten Pony-Car-Segment bekämpfen sollte. Nicht, dass AMC noch kein Pony im Stall gehabt hätte: Der AMC Javelin spielte seit 1967 diese Rolle und brachte es fertig, Stilelemente von Plymouths Barracuda, Camaro, Mustang und Dodge Challenger gekonnt zu vereinen. Die Javelin-Produktion endete 1974 – zusammen mit den Chrysler E-Bodys.

Von '70 bis '78 wurde das AMC-Portfolio um den kompakt-kurzen AMC Gremlin ergänzt, der auf einem Hornet basierte, dem man die Kofferraumpartie abgetrennt hatte. Aber nicht ausschließlich aus Kostengründen, sondern auch infolge einer Verkettung bizarrer Designentscheidungen: Der Gremlin-Entwurf war an den AMX angelehnt, der wiederum auf einen frühen Gremlin-Entwurf gestützt war. 1979 wurde aus dem Gremlin der AMC Spirit, der bis '83 als kleiner Sportler erhalten blieb.
1978, als die Großen Drei mit dem Downsizing beschäftigt waren, hatte AMC den Concord als Nachfolger des kompakten Hornet als auch dem Midsize-Matador vorgestellt. Nicht ganz Midsize, aber auch nicht Compact, sollte der Concord beide Klassen ersetzen, ähnlich wie die »großen kleinen« Autos der FoMoCo auf der Fox-Plattform. Auf dem Concord basierte auch der allradgetriebene AMC Eagle, der zum Modelljahr 1980 erschien und in seinem letzten Jahr, 1988, noch von der Jeep-Eagle-Division des Chrysler-Konzerns produziert wurde. Von 1975 bis 1979 bot AMC zusätzlich den kleinen Pacer an.

In den Achtzigern begann der stetige Niedergang der Marke, und mit ihrem Ende verschwand die AMC-Produktpalette spurlos – bis auf die Fahrzeuge der Marke Jeep, die von der Chrysler Corporation nahezu unverändert weitergebaut wurden und als Jeep Cherokee und Jeep Wrangler bis heute existieren. Mit dem Cherokee blieb auch ein anderes AMC-Produkt erhalten: Der AMC-Reihensechszylinder, ein Design von 1964, wurde unter Chrysler-Herrschaft bis 2006 weiterproduziert – und besonders in der 242 cui Variante (4,0 Liter) zu einem der populärsten amerikanischen Motoren des ausklingenden 20. Jahrhunderts. Übrigens auch oder gerade in Europa, wo die für Amerika ungewöhnlichen Entwürfe des Unternehmens AMC mit dem kleinen Cherokee und dem großartigen Vierliter-Reihen-Sechszylinder ein unerwartetes, aber beinahe perfektes neues Zuhause fanden.

Die Marke AMC wurde 1987 eingestellt – und lebt doch in der Erinnerung ihrer Fans fort. Allerdings werden diese Enthusiasten nicht jünger und AMC-Fahrzeuge oder -Teile immer schwerer zu finden. Leider ohne sich dabei der Preisentwicklung der bekannteren Klassiker der Konkurrenz zu erfreuen. (Foto: © CZmarlin, CC BY-SA 4.0)

Der Ambassador war das AMC-Spitzenmodell für die Fullsize-Klasse. 1969 gab auch AMC die vertikale Scheinwerferanordnung auf. (Foto: © CZmarlin, CC BY-SA 4.0)

AMC JAVELIN

Der AMC Javelin ist möglicherweise der bekannteste AMC – abgesehen vom Gremlin, dem Pacer und dem Jeep Cherokee, an dessen AMC-Ursprünge sich aber fast niemand erinnert. Dass der Pacer aussieht wie ein von Volvo entworfener Honda, der in einem Gewächshaus von Clowns gebaut wurde, während der Gremlin schlicht schlicht ist, hat beide daran gehindert, als mehr wahrgenommen zu werden als automobile Kuriositäten.

Der Javelin hingegen ist seinerzeit nicht nur in der etablierten, hart umkämpften Pony-Car-Klasse angetreten, er war auch für einen kurzen Moment Dienstfahrzeug der Alabama State Police. 1971 und 1972, sieben Jahre bevor die berühmte California Highway Patrol das erste Mal mit uniformierten Pony Cars experimentierte, und volle elf Jahre, bevor der Mustang SSP zum ersten »offiziellen« Polizei-Pony der Automobilgeschichte wurde. Dieser Umstand hat dem Javelin unter Streifenwagensammlern zu einer Berühmtheit verholfen, die ihm in der eigentlichen Zielgruppe verwehrt geblieben ist – und das, obwohl das Javelin-Rezept eigentlich alle Zutaten beinhaltet, aus der AMC eine Legende hätte stricken können.

Erschienen war der Javelin im Modellahr 1968. Wie es die ungeschriebenen Regeln der Pony-Car-Klasse verlangten, war er auf der Bodengruppe eines Kompakwagens (dem Rambler American) aufgebaut, in der Basis-Version mit einem Reihensechszylinder ausgestattet und nur als Zweitürer erhältlich. Der optionale 343 cui (5,6 Liter) V8 mit 280 PS positionierte den Javelin auf Augenhöhe mit Chevrolets 350 cui (5,7 Liter) Small Block, der eben erst für den Camaro herausgebracht worden war und sich rapide zu GMs »Konzernmotor« entwickelte. Noch im ersten Jahr folgte ein 390 cui (6,5 Liter) V8 mit 315 PS – genug, um sich mit fast allem zu messen, was FoMoCo-, GM- und Chrysler-Pony-Cars 1968 zu bieten hatten.

Bis 1970 war der 390 cui V8 auf 330 PS angewachsen, für 1971 wurde er durch eine 401-cui-Variante mit 335 PS ersetzt – leider hatte GM sich zu diesem Zeitpunkt bereits aus dem Horsepower-Wettrennen zurückgezogen. Außerdem hatte AMC dem Javelin für 1971 ein Redesign verpasst, bei dem die klaren Linien der ersten Modelle zugunsten geschwungener Radkästen aufgegeben worden waren. Besonders 1970, kann man dem Javelin eine ganze Menge Ähnlichkeiten anhängen: Camaro-Frontpartie, Ford-Hüften, Ford-Fastback, C-Säulen vom Charger mit GTO-Vergangenheit, Grill und Haube vom 'Cuda – aber keiner dieser Vorwürfe wiegt schwer, da selbst der mächtige 'Cuda eine atemberaubende Analogie mit dem Camaro von 1969 entwickelt, wenn man seinen markanten Grill ausblendet ...

Aber für 1971 scheinen die AMC-Stylisten zu sehr in Richtung der Corvette geschaut zu haben, während sie dem Javelin auch noch einen opulenten, geräumigen, asymmetrischen Bootsführerstand anstelle des konventionellen Cockpits verpassten. Das Resultat war AMC-DNA in Reinstform: Ein schnelles, fortschrittliches, interessantes Auto, das einfach nur ein kleines bisschen zu merkwürdig war, als dass man darin hätte gesehen werden wollen. Das der Javelin obendrein, zumindest aus der Perspektive des Fahrers, ein seltsam französisches Flair ausstrahlt, ist ein mögliches Zeichen der Dinge, die da für AMC kommen sollten. Geholfen hat es jedenfalls nicht, um Stückzahlen abzusetzen. Amerikaner, die europäische Autos bevorzugten, kauften damals wie heute auch europäische Wagen, und selbst der letzte große Hersteller rein amerikanischer Pony Cars, die Chrysler Corporation, hatte nach 1971 Probleme, ihre kleinen Performance-Coupés an den Mann zu bringen.

Die Karriere des Javelins endete nach dem Modelljahr 1974 – in der Ölkrise, vor der Katalysatorkrise, zusammen mit dem gesamten amerikanischen Performance-Automobilbau. Erst 1979 wurde dieser Abwärtstrend gebrochen – von jenem Fox-Body-Mustang, der in der Special Service Package (SSP) Version als erstes uniformiertes Pony Car der Geschichte gilt. Und da der neue Mustang des Jahres 1979 zu Recht als der Retter des US-Automobilbaus gelten darf, wird selten auf diesen kleinen Fehler in seinem Lebenslauf hingewiesen: Der Javelin war das erste uniformierte Pony Car. Ford hat sich nur daran erinnert. Bei dem Tempo, mit dem AMC in den Tiefen der Vergangenheit verschwindet, muss man aber für jede Erinnerung dankbar sein.

1969er AMC Javelin SST mit 6,4 Litern Hubraum – ein Schelm, wer aus dieser Perspektive an einen Buick-Midsize denken muss... (Foto: © Greg Gjerdingen, CC BY 2.0)

Der Javelin SST musste sich 1970 vor keinem Konkurrenten verstecken. Für die Pony-Car-Klasse war der SST großzügig motorisiert – was die Drei-Buchstaben-Performance-Namen-Theorie ein weiteres Mal bestätigt. (Foto: © CZmarlin, CC BY-SA 4.0)

Durch seine gesamte Karriere wurde der Javelin von leichten Identitätsproblemen geplagt. Manchmal sieht er aus wie ein Mustang, manchmal wie ein Camaro – besonders die Modelle ab 1971. (Foto: © CZmarlin, CC BY-SA 4.0)

Die Aufmachung ist nicht für Showzwecke: Die Javelins, hier ein 1968er, wurden oft und erfolgreich im Rennsport eingesetzt. Hauptsächlich auf Rundkursen stellten sie sich dabei den direkten Mitbewerbern von Ford (Mustang) und Chevrolet (Camaro). (Foto: © Missvain, CC BY-SA 4.0)

Etliche Personal Luxury Cars können driften – aber nur bei Dodge stand es schon im Entwicklungsauftrag. (Foto: © Mario Brunner, Slg. Sönke Priebe)

CHRYSLER CORP.

Die Chrysler Corporation war mit weitem Abstand der kleinste der drei großen Detroiter Automobilkonzerne. Während die General Motors und die Ford Motor Company um Massenmarkt-Anteile rangen, gedieh die Chrysler Corporation im 20. Jahrhundert in der Nische. Und produzierte Autos, die sich die Konkurrenz nie getraut hätte auf den Markt zu bringen.

New Yorks Beitrag zur Automobilentwicklung bestand darin, abertausende Taxis zu verschleißen. Trotzdem wurde dort das Chrysler-Building erbaut. (Foto: © craig Cloutier, CC-BY-SA-2.0)

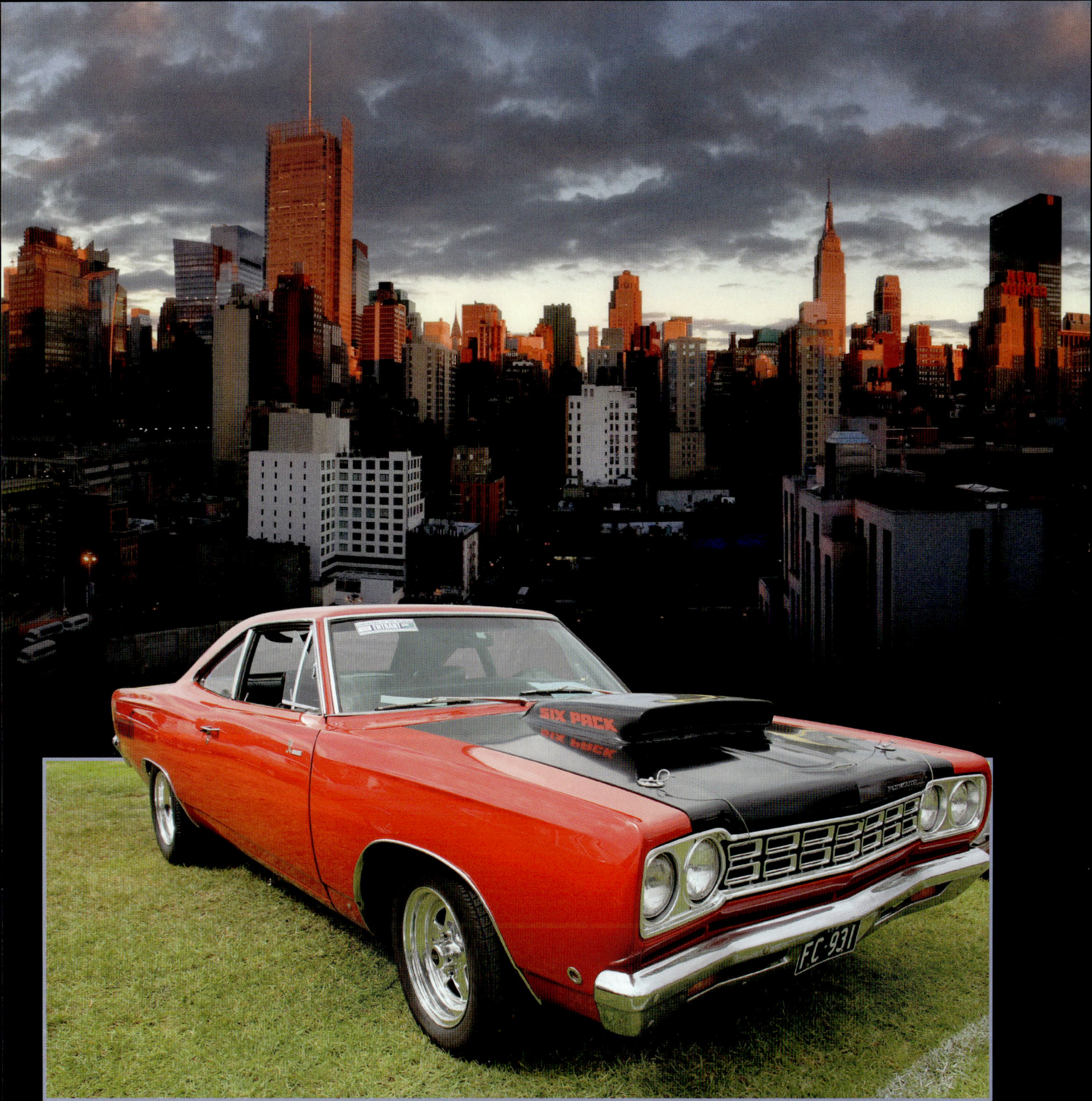

Der Plymouth Roadrunner ist eine Ikone, der Motor ist eine Ikone, selbst die Motorhaube ist eine Ikone – willkommen bei der Chrysler Corporation. (Foto: © Sicnag, CC BY 2.0)

Chrysler 1955: Etwas europäischer, etwas luxuriöser und etwas weniger aggressiv im Gebrauch von Chromschmuck als die meisten US-Marken. (Foto: © Jeremy, CC BY 2.0)

Warum ausgerechnet der kleinste Konzern die größten Autos – wie diesen C-Body im Fuselage-Stil – baute, ist bis heute nicht restlos aufgeklärt. (Foto: © Georg Otto)

In den Zwanzigern war der weltweite Pkw-Markt noch nicht klar national abgegrenzt – aber ein Chrysler trug schon mehr Chrom als die günstigen Marken.
(Foto: © M.Rejha, CC BY-SA 3.0)

Im Rückblick erscheint oft vieles angenehmer, als es tatsächlich war: 1934 gehörte der Plymouth zu den günstigen Transportmitteln, höchstwahrscheinlich ohne Weißwandreifen.
(Foto: © GPS 56, CC BY 2.0)

Der 1955er Chrysler C-300 gilt als eins der ersten echten High-Performance-Autos für die Straße – sichtbar sogar an der reduzierten Chromlast. (Foto: © Greg Gjerdingen, CC BY 2.0)

Über Chrysler stand nur noch Imperial. Reich sein war nicht genug, um einen Imperial zu besitzen, musste man auch noch exzentrisch sein – besonders 1961. (Foto: © AlfvanBeem)

CHRYSLER CORPORATION

Die Chrysler Corporation aus Auburn Hills (Michigan) trat 1925 als letzter der »Großen Drei« US-Autohersteller auf den Markt – und blieb für den Rest des 20. Jahrhunderts der kleinste unter ihnen. Kaum die Hälfte der FoMoCo-Stückzahlen, weniger als ein Viertel der GM-Pkw-Produktion erreichte der dritte Konzern in seinen guten Zeiten. Für ein paar Jahre war die Chrysler Corp. mit Experimentieren beschäftigt, nur um festzustellen, dass in einer von General Motors nach Belieben dominierten Welt gute Ideen nicht immer profitable Ideen sind.

Dann kam ein Weltkrieg dem internationalen Automobilbau in die Quere. Vielleicht der bemerkenswerteste Chrysler-Beitrag zum Atomzeitalter sollte eine Luftschutz-Sirene sein, angetrieben von einem Achtzylinder-Pkw-Motor, der man nachsagt, sie sei 80 Kilometer weit zu hören gewesen und ihr Schalldruck wäre noch in 15 Metern Entfernung für Menschen tödlich. Erst in der Neuorganisation der Nachkriegsindustrie zeigte sich, dass Kleinsein nicht immer von Nachteil sein muss – anders als die Ford war Chrysler fast gar nicht darauf angewiesen, Marktführer GM zu kopieren. Chrysler konzentrierte sich mit drei Marken – Chrysler, Dodge und Plymouth – auf das US-Pkw-Kerngeschäft (unter anderem DeSoto und Imperial blieben auf der Strecke) und ganz besonders darauf, eigene Wege zu gehen. Wo GM (und damit die FoMoCo) auf Leiterrahmen setzte, experimentierte die Chrysler Corp. mit selbsttragenden Karosserien, statt GMs Schraubenfedern kamen Drehstäbe zum Einsatz, und wo die beiden großen Konzerne vernünftige, familientaugliche Werte demonstrieren wollten, konterte die Chrysler Corp. mit irren Hubräumen und noch wahnsinnigeren PS-Zahlen.

Man kann argumentieren, der Chrysler C-300 von 1955 sei der erste High-Performance-Pkw der Geschichte gewesen – und das war nur der Anfang. 1965 zementierte der Konzern seinen Hochleistungsruf für die Ewigkeit, und zwar mit dem 426 cui (sieben Liter) HEMI-V8, den man den »Elefant« nannte, gefolgt von einem feuerspeienden 440 cui (7,2 Liter), der heute als »der« Motor der Sechziger gilt. Wahrscheinlich auch deshalb, weil die Chrysler Corp. nicht zögerte, dieses Triebwerk in wirklich jedem Fahrzeug des Konzerns anzubieten, vom Panzerspähwagen über die »Midsize«-Pkw bis hin zu den Leichtgewichten der Kompaktklasse. Mit dem Ende der Performance-Ära wäre auch beinahe das Ende von Chrysler gekommen und von den drei Marken überleben – unter wechselnden Eigentümern – bis heute nur noch Dodge und Chrysler. Insbesondere Dodge allerdings ist seinen Wurzeln treu geblieben, wie die jüngste Entwicklung um die Challenger- und Charger-Baureihen zeigt.

Zeichen der Zeit: Der 68er Dodge Charger ist bei Weitem nicht das einzige Auto der Sechziger mit Scheinwerferklappen – aber das mit der konsequentesten Umsetzung. (Foto: © Mario Brunner, Slg. Sönke Priebe)

Road Runner 2-Door Hardtop

CHRYSLER CORP. PLYMOUTH

Plymouth war die Volumenmarke der Chrysler Corporation, verantwortlich für Stückzahlen und Massenware. Für einen kurzen Moment mischte die Marke allerdings kräftig im High-Performance-Segment der späten Sechziger mit und schuf eins der definierenden Muscle Cars des 20. Jahrhunderts.

1971 setzte im amerikanischen Automobilbau ein Trend zu üppigen Hinterteilen ein, der selbst die moderne US-Musikindustrie in den Schatten stellt. (Foto: © Chrysler Cooperation)

Exzentrisches Scheinwerferdesign war ein Chrysler-Spezialgebiet – auch der 1959er Plymouth blieb davon nicht verschont. (Foto: © SarahStierch, CC BY 4.0)

Plymouths waren bei Behörden sehr beliebt – auch zu politischen Zwecken, wie dieser 1974er Satellite-Dienstwagen des kalifornischen Gouverneurs Jerry Brown. (Foto: © Cullen328, CC BY-SA 3.0)

Einer für Alles: Sechs-Meter-Wagon mit Heckflossen von Plymouth – dem Hersteller im günstigsten Preissegment! (Foto: © Bene Riobó, CC BY-SA 4.0)

Generationskonflikt: Am Ende des 20. Jahrhunderts befand sich Plymouth auf historischem Kurs und ließ sich selbst von modernen Aufprallschutzvorschriften nicht aufhalten. (Foto: © Alexandre Prévot, CC BY-SA 2.0)

PLYMOUTH

Plymouth war die »günstige« Marke der Chrysler Corp., platziert als Gegner zu den beiden »Low Price«-Marken Chevrolet und Ford. Keine beneidenswerte Position, denn in dieser Klasse zählten nur Stückzahlen – und Plymouth gehörte zum kleinsten (und finanziell schwächsten) der »Großen Drei« Konzerne. Fahrzeuge in diesem Segment ohne starken finanziellen Rückhalt zu produzieren, die trotzdem preislich konkurrenzfähig waren, bedeutete oftmals Material-, Qualitäts- und Verarbeitungsprobleme. Zu allem Übel musste die Marke sich innerhalb des Chrysler-Konzerns auch noch an die herrschende Hierarchie halten und durfte nie sportlicher, leistungsstärker oder luxuriöser auftreten als die Schwestermarke Dodge – selbst wenn sie gekonnt hätte.

Beinahe wäre Plymouth so zu einer belanglosen Existenz als reiner Fortbewegungsmittelhersteller verdammt gewesen, wenn der Marke nicht in den Sechzigern eine Reihe von Umständen in die Hände gespielt hätte: Aus Kostengründen hatte die Chrysler Corp. die technische Entwicklung der Marken Plymouth und Dodge weitgehend gleichgeschaltet – gerade, als sich auf dem US-Markt die junge »Midsize«-Klasse zu etablieren begann. Auf diesem Spielfeld waren die traditionellen Hierarchien längst nicht so fest verankert wie in der Fullsize-Klasse – und obendrein war Plymouth als Marke der Chrysler Corp. nicht in das uralte Duell zwischen GM und Ford verwickelt, sondern konnte nach eigenen Regeln spielen. Besser noch, Auto-Amerika war dabei, »Performance« zu entdecken und damit den »Jugendmarkt«. So fand sich Plymouth Mitte der Sechziger auf einmal in der Lage, ein Midsize-Auto anbieten zu können, das technisch nahezu identisch war mit den Modellen der »Mittelklasse«-Marke Dodge, jedoch ohne an das von GM und Ford ausgerufene Hubraumlimit für Midsize-Autos gebunden zu sein. Noch dazu war es in der günstigen Klasse angesiedelt – der Klasse, die sich rasant auch zur »Jugendklasse« entwickelte.

1964 hatte die Marke schon einmal einen Angriff auf den Jugend- und Freizeitmarkt gestartet, mit dem kleinen und leichten Barracuda, der nur deshalb nicht zum Erfolg wurde, weil Ford seinen eigenen Sportler – den Mustang – nur wenige Wochen nach Plymouth mit wesentlich höherem Werbeaufwand auf den Markt warf. 1968 aber war Plymouth bereit. Zwar durfte die Marke den 7,2-Liter (440 cui) V8 des Konzerns nicht uneingeschränkt verwenden (um Dodge einen Marketing-Vorteil zu bieten), aber sie hatte den 6,3-Liter (383 cui) und den 426 HEMI, später auch den 7,2-Liter mit »6-BBL« Sechsfach-Vergaser (der bei Dodge als »Sixpack« verkauft wurde) – und niemand zögerte, dieses Arsenal einzusetzen.
In einer Zeit, in der GM ein selbstauferlegtes Hubraumlimit von 400 cui (6,6 Liter) in der Midsize-Klasse einhielt, baute Plymouth den gewaltigen 375 PS 7,2 Liter in den kleinen Barracuda, und erfand dann auch gleich noch den »Econoracer«: Das günstigstes Midsize-Coupé im Programm wurde etwas sportlicher getrimmt und gleichzeitig noch geringer ausgestattet, bekam serienmäßig den 6,3 Liter und ging als Plymouth Roadrunner in die Geschichte ein. Zielgruppe des 335-PS-Nullausstatter-Bigblock-Coupés: Der »Jugendmarkt«, die 16- bis 24-Jährigen. Für einige wenige glorreiche Jahre hatte Plymouth die größten, stärksten und günstigsten Midsizes auf dem Markt – dann suchten die Ölkrise den US-Markt heim.

Die Chrysler Corp. nutzte die Marke daraufhin zunächst, um Klein- und Kleinstwagen ihrer europäischen Töchter auf dem US-Markt zu vertreiben. 1989 stieg Plymouth dann mit dem Rest des Konzerns aus dem traditionellen US-Pkw-Geschäft aus und baute kleine Fronttriebler und Minivans. Ganz zu Ende des 20. Jahrhunderts erregt Plymouth aber noch einmal kurzes Aufsehen mit dem Prowler, einer modernen hot-Rod-Interpretation. Beinahe hätte es einen weiteren »Retro«-Plymouth gegeben – aber dann stellte die ehemalige Chrysler Corp., die ab 1998 DaimlerChrysler hieß (heute Stellantis), im Jahr 2001 die gesamte Marke Plymouth ein und das geplante Retro-Auto wurde als Chrysler PT Cruiser verkauft.

PLYMOUTH

PLYMOUTH A-BODY

A-Body, oder A-Karosserie ist die Plattformdesignation, unter der die Chrysler Corp. in den Sechzigern und Siebzigern Fahrzeuge der »Compact«-Klasse produzierte. Obwohl Chrysler – wie die anderen Hersteller auch – in den Sechzigern fleißig daran arbeitete, die einzelnen Marken des Konzerns auf identische technische Plattformen zu stellen, wurde Plymouths erstes »Compact«-Fahrzeug noch unter einem anderen Stern geboren: Für das Modelljahr 1960, als sich der Bedarf an einem »kleinen« Fahrzeug bei den Pkw-Käufern abzeichnete, stellte die Chrysler Corp. den Valiant vor. Eine eigenständige Marke für den neuen Compact-Sektor, ganz so, wie die US-Hersteller seit 60 Jahren ihre Fahrzeuge vermarkteten: ein Modell pro Marke, eine Marke pro Zielgruppe.

Der Valiant wird heute oft als »nicht das schönste Auto, das Chrysler gebaut hat« bezeichnet. Tatsächlich erinnert er fast schon an Imperial dieser Epoche. (Foto: © AlfvanBeem)

War die Plymouth-Kundschaft bisher traditionell eher Budget-bewusst, sollte die Marke Valiant den neuentdeckten Kleinwagen-Käufer anlocken. Tatsächlich aber, so zeigte sich, waren Autokäufer um 1960 nicht unbedingt scharf auf neue Marken. Die FoMoCo hatte das bereits zu spüren bekommen und ihre erst 1956 eingeführte Marke Edsel zum Modelljahr 1961 wieder eingestellt. GM hatte schlicht darauf verzichtet eine eigene Kompaktmarke zu erfinden, und den neuen, kleinen Corvair gleich als Chevrolet auf den Markt gebracht.

Die Marke Valiant wollte nicht recht ins Zeitgeschehen passen, da half auch die Tatsache nicht, dass der Valiant von Dodge produziert und über das Plymouth-Händlernetz vertrieben wurde. Schon 1962 wurde aus dem Valiant deshalb der Plymouth Valiant, bis 1976 wurde diese Verkaufsbezeichnung als A-Body beibehalten, bevor die alternde Plattform vom neuen F-Body abgelöst wurde.

Im April 1964 erschien auf Basis der A-Karosserie parallel der kleine, leichte, sportliche Barracuda, der sich zwar das Chassis, nicht aber das Karosseriedesign mit dem günstigen Kleinwagen Valiant teilte. Beinahe wäre der Barracuda ein ganz großer Erfolg geworden, doch leider präsentierte die Ford Motor Company nur 16 Tage später – und mit erheblich größerem Werbeetat – ein ganz ähnliches Fahrzeug auf Basis des Fords-Kleinwagen Falcon: den Mustang. Gegen dessen Erfolg konnte sich der kleine Barracuda nicht durchsetzen, auch nicht, als Chrysler den 440-cui-V8 in den Barracuda verpflanzte. Dass ein Kleinwagen mit einem 7,2-Liter-Motor möglicherweise nicht nur etwas übermotorisiert ist, sondern eventuell weder vernünftig zu steuern noch zu bremsen sein könnte, spielt keine Rolle. Im High-Performance-Amerika des Jahres 1968 ist ein 440 cui A-Body durchaus nicht fehl am Platz. Erst 1970, als der Name »Barracuda« auf eine gekürzte Midsize-Plattform umzog, wurden die Chrysler-Raubfische zur Legende – da waren sie aber schon keine A-Bodys mehr.

Alles in allem verlief die Karriere der Plymouth A-Bodys wenig glamourös, vom holprigen Start bis zum unwürdigen Ende im Modelljahr 1976, als Plymouth den alten A-Body parallel zum neuen F-Body-Kleinwagen mit dem Namen »Volare« anbot. Ironischerweise sollte die Geschichte des Valiant genauso enden, wie sie angefangen hatte: mit erheblicher Marken- und Namensverwirrung. Die Gründe dafür mögen vielfältig gewesen sein, Tatsache ist, dass Plymouth im Modelljahr 1970 eine »Sport«-Variante des Valiant unter dem Namen »Valiant Duster« angeboten hatte, eine Art kleines Einsteiger-»Muscle Car« als Ergänzung zu den neuen großen E-Body-»Pony Cars« des Konzerns. Dieser Duster verkaufte sich hervorragend – so wie die gesamte Valiant-Reihe übrigens auch.

Aber das Ende der Horsepower-Ära und die kommende Katalysatorkrise zeichneten sich bereits ab, und davon sollte auch der Compact-Markt betroffen sein. Plymouth bekam ab 1971 den »Cricket« als neuen Kleinstwagen – und so wurde der A-Body zu guter Letzt noch einmal gewinnmaximierend aufgemöbelt: 1971 wurde der Valiant weiterhin als biederer Pkw angeboten, der Duster war zum eignen Modell avanciert, und dazu gesellte sich der Scamp – wobei es sich eigentlich nur drei unterschiedliche Valiant-Karosserievariationen handelte.

Ungerecht: 1964 erschien der Plymouth Barracuda – und geriet prompt unter die Hufe des Ford Mustang. Als der Barracuda 1967 zu seiner definitiven Form fand, schob ihn der Camaro aus dem Rampenlicht. (Foto: © Muercae)

Der Plymouth Cricket sieht nicht rein zufällig aus wie ein Engländer – er ist tatsächlich. Es handelt sich um einen umgelabelten Hillman Avenger. (Foto: © JOHN LLOYD, CC BY 2.0)

Der 1970er Plymouth Duster 340 war ein Versuch der Chrysler Corp. das abnehmende Interesse am Muscle-Car-Segment durch eine Ausweitung des Themas auf noch kleinere, noch günstigere Fahrzeuge am Leben zu halten. (Foto: © Greg Gjerdingen, CC BY 2.0)

1965 ist das Jahr, in dem aus der ehemals großen Plymouth-Karosserie die »offizielle« Midsize-Plattform des Chrysler-Konzerns wurde, mit der die Marke drei Jahre später Geschichte schrieb. (Foto: © sv1ambo, CC BY 2.0)

1962 hatte Chrysler mit der Verkleinerung der »Regular Size«-Modelle experimentiert und den ohnehin schon etwas kleineren Plymouth auf die noch gar nicht erfundene Midsize-Größe geschrumpft. (Foto: © CZmarlin, CC BY-SA 4.0)

Klarer Blick, gerade Linien: 1967 war der Plymouth GTX nur noch Wochen davon entfernt, in die aufflammenden Muscle Car Wars hineingezogen zu werden – doch bevor es ernst wurde, erschien der Roadrunner auf der Bildfläche und warf sich in die Bresche. (Foto: © Greg Gjerdingen, CC BY 2.0)

1978 war das letzte Jahr, in dem Plymouth »große« Midsizes produzierte – da war der Markt aber schon weitergezogen, und der Fokus der Käufer verschob sich in Richtung der neuen, kleineren, vorderradgetriebenen Autos. (Foto: © J. Maierle, PD)

PLYMOUTH B-BODY

B-Body war die Bezeichnung für Chryslers »mittelgroße« Pkw-Plattform ab 1962, neben dem kleinen A-Body und den C-Body-Fullsizes. Die Plattformbezeichnung wurde von 1962 bis 1979 hauptsächlich von Plymouth und Dodge verwendet, ab 1975 war auch ein B-Body-Chrysler erhältlich. Wie die Compact-Klasse ist auch Plymouths »Midsize« das Kind einer etwas konturlosen Modellpolitik im Hause Chrysler. Plymouth war die »günstige« Marke des Konzerns und baute als solche traditionell etwas kleinere Autos als die in der Preisskala höher angesiedelte Dodge-Division. Als sich der Pkw-Markt in den USA Anfang der Sechziger von der althergebrachten Marken- und Modellstruktur weg entwickelte, versuchte Chrysler zunächst, seine günstigen bis mittleren Marken als eine Compact-, eine Midsize- und eine Fullsize-Marke zu positionieren. Valiant sollte die kleine Marke mit dem kleinen Auto werden, Plymouth sollte sowohl in Preis als auch in Größe die mittlere Marke sein, und Dodge sollte in der Tradition der Marke ein großes Automobil bauen. Oberhalb von Dodge hätten DeSoto, Chrysler und Imperial sich das Luxussegment geteilt, in dem es keine kleinen oder mittleren Autos gab.

Diese klaren Grenzen begannen bereits 1960 zu verschwimmen, als der Konzern als Alternative für Dodge-Käufer, die kein ganz großes Fullsize-Auto wollten, unter dem Namen Dodge Dart ein zweites, geringfügig kleineres Modell auf Basis des Plymouth ins Programm nahm (nicht zu verwechseln mit dem späteren A-Body Dodge Dart!). Das Jahr 1961 brachte das Ende der Marke DeSoto und einen kompakten Dodge auf Valiant-Basis, 1962 wurde der Valiant zum Plymouth, zeitgleich wurden die großen Modelle von Dodge und Plymouth tatsächlich zusammengelegt und als kleine Fullsizes unter der B-Body-Designation produziert – vermeintlich, um einer radikalen Verkleinerung der Modelle des Konkurrenten GM am Markt zuvorzukommen. Da diese erwartete Verkleinerung tatsächlich noch rund 15 Jahre auf sich warten ließ und sich die Dodge-Käuferschaft ob des plötzlichen Wegfalls von statusrelevanter Größe wenig erfreut zeigte, stellte die Chrysler Corp. unter erheblichem Zugzwang im Januar 1962 einen »neuen« Fullsize-Dodge in echtem Fullsize-Format vor. Dabei handelte es sich eigentlich um das nächstgrößere Auto im Konzern, den Chrysler, der in aller Eile mit Dodge-Grill und Insignien versehen worden war. Als zum Modelljahr 1965 dann ein »richtiger« Fullsize-Dodge erschien, behielt die Marke den »mittleren« Dodge bei – und Plymouth bekam das eine Modell, das in seinem Line-up noch fehlte: den Fullsize.

Nach den Irrungen und Wirrungen der frühen Sechziger kehrte mit dem Modelljahr 1965 absolute Ruhe in die Modellpalette des Chrysler-Konzerns ein. Zu diesem Zeitpunkt unterschieden sich die Modelle der Marken Plymouth und Dodge technisch überhaupt nicht mehr. Bodengruppen, Fahrwerke, Motoren, Getriebe, Bremsen und Hinterachsen waren komplett standardisiert. Von 1965 bis 1970 veränderte sich die B-Plattform kaum noch, auch wenn die Karosserien für jedes Jahr ein verändertes Erscheinungsbild erhielten. Rückblickend scheint es fast, als habe Chrysler geahnt, dass die Midsize-Generation von '65 bis '70, insbesondere die Modelljahre '68, '69 und '70, den absoluten Höhepunkt des Konzerns im 20. Jahrhundert darstellen würden, und habe deshalb so lange an ihr festgehalten. Für 1971 wird die B-Plattform sanft überarbeitet, dann beginnt der lange Absturz der Marke Plymouth.

In jenen fünf »goldenen« Jahren allerdings reitet Plymouth die Performance-Welle wie kein zweiter. 1964 hat Pontiac mit dem GTO die Horsepower Wars von den sanktionierten Viertelmeilen auf die öffentliche Straße getragen – und dabei auch gleich die Midsize-Klasse als den neuen Leistungsträger des amerikanischen Automobilsports etabliert. Große Motoren waren lange großen Wagen vorbehalten – der High-Performance GTO aber hatte 6,5 Liter Hubraum unter der Midsize-Haube. Plymouth hatte zwar selbst (noch) kein Performance-Modell mit 6,5 Litern – aber den super-soliden 6,3-Liter (383 cui) »B«-V8 (der nur zufällig auch »B« hieß) – und der war in allen Trimleveln der Midsize-Klasse verfügbar.

HEMI hat vier Buchstaben, nicht drei, wie es die Performance-Automobilnamen-Theorie gebietet – aber keine Angst, der HEMI heißt mit Vornamen 426, nach seinem Kubikzoll-Hubraum, ausgesprochen »Four-Twenty-Six«. (Foto: © Greg Gjerdingen, CC BY 2.0)

HEMI. Wie bei Chevrolets 409 ist alles andere Nebensache. Nur der Vollständigkeit halber, dieser HEMI ist ein 1969er Dodge Charger R/T. (Foto: © Greg Gjerdingen, CC BY 2.0)

HEMI

HEMI. Das Wort allein ist genug, um Muscle-Car-Fans vor Ehrfurcht erstarren zu lassen – auch solche, die keine Chrysler-Fans sind. Selbst wenn man sich hervorragend über das Für und Wider der einzelnen US-Konzerne, Marken und Modelle streiten kann, in einem Punkt herrscht unter den Anhängern des US-Automobilbaus beinahe einstimmige Einigkeit: Der Chrysler 426-cui-V8, besser bekannt als 426 HEMI oder auch als »Elephant«, ist der Motor der Muscle Car Wars. Vergleichbar, wenn überhaupt, nur mit GMs unerreichbarem 409.

Wer in den späten Sechzigern jung und autobegeistert war, der wusste genau, dass man sich besser nicht mit Chrysler-Midsize-Coupés anlegte, die klangen, als würde man Steine in einer Kaffeemühle mahlen. So oder so ähnlich wird der unverwechselbare Klang des Siebenliters mit den hemisphärischen Brennkammern beschrieben. Wer Erdbebenvergleiche lieber mag, der sollte sich das Geräusch vorstellen, mit dem zwei tektonische Platten mit dem Gewicht von Kontinenten aneinanderschrammen, bloß auf Pkw-Dimension reduziert.

Seinen Namen hat der HEMI von den halbkugelförmigen Brennräumen in den Zylinderköpfen – mit der Zündkerze nahe am oberen Mittelpunkt, um den Verbrennungsvorgang möglichst »symmetrisch« zu gestalten. Nüchtern betrachtet war der »Elephant« weder der erste noch der einzige Motor mit dieser Technik, noch nicht einmal der erste aus dem Hause Chrysler. Aber wie so oft in der Automobilgeschichte zeigte sich, dass die Chrysler Corp. schon Mitte der Sechziger begriffen hatte, was andere Autohersteller teilweise heute noch nicht begreifen: Mit nüchternen technischen Fakten kann man Autos vielleicht an Buchhalter verkaufen – aber es braucht etwas mehr als nur Daten und Zahlen, um Legenden zu schaffen.

Eigentlich hatte 1964 die Geschichte des 426 beinahe vernünftig angefangen. Der Motor wurde als reines Renntriebwerk für die NASCAR-Serie konzipiert, als Hochdrehzahl-V8 ohne großes Augenmerk auf besondere Leerlaufqualitäten oder benutzerfreundliches Niedrigdrehzahlverhalten. 426 cui sind übrigens fast 6981 ccm – knapp unterhalb des 7-Liter-NASCAR-Hubraumlimits von 1963. Der Sporteinsatz des HEMI endete mit einer solchen Chrysler-Dominanz, sodass NASCAR Schritte einleitete, um das Gleichgewicht im Teilnehmerfeld wiederherzustellen. Darunter auch erhöhte Homologationsanforderungen, die Chrysler zwangen, den Rennmotor in vierstelligen Stückzahlen zu produzieren. Aber auch diese Idee zeigte wenig Erfolg, denn anders als GM oder die FoMoCo hielt sich Chrysler nicht mit irgendwelchen selbstauferlegten Hubraumlimits oder ähnlich moralischen Ansprüchen auf, mit denen die Gunst der »Familienkäufer« gewonnen werden sollte. Chrysler war eben Chrysler, und wenn man von Chrysler verlangte, Rennmotoren für die Straße zu homologieren – nun, dann machte man das eben.

Ab 1966 war der sanft entschärfte »Street Hemi« in den B-Body-Midsizes der Marken Plymouth und Dodge erhältlich, 1970 und 1971 auch in den kurzen E-Bodys. 426 cui, 425 PS und 664 Nm Drehmoment (bei 4000/min!) brachte der Street Hemi mit. Da spielte es nur eine sehr untergeordnete Rolle, dass die Motoren kaum in der Lage waren, Alltagsaufgaben zu bewältigen, oder dass normale Menschen die Drehzahlenbereiche, in denen dieser Rennmotor seine Stärken entfaltete, nur selten erreichten.

Selbst die Tatsache, dass Midsizes mit dem 440 cui mit Sechsfach-Vergaser in der Lage waren, Street-Hemi-Midsizes auf der Viertelmeile zu schlagen, ist vernachlässigbar. Spitzengeschwindigkeiten jenseits der 300 km/h und Schnittgeschwindigkeiten, die mehr als das Doppelte der heutigen europäischen Formel Eins betrugen – das war die Handschrift des mächtigen 426 HEMI Elephant auf den NASCAR-Strecken der späten Siebziger. Und jeder ganz normale Autofan, der fähig war, ein paar Kreuze auf einem Dodge- oder Plymouth-Bestellbogen zu machen (und den dadurch um rund 20 Prozent erhöhten Kaufpreis in Kauf zu nehmen), konnte sich einen HEMI-Midsize in die Garage stellen.

Nicht viele Käufer waren dafür mutig genug, nur etwa 10.000 Street Hemis in allen Modellen und Plattformen setzte der Konzern zwischen 1966 und 1971 ab, aber Rarität ist der Legendenbildung bekanntlich nicht abträglich – und bis zum heutigen Tag hat niemand mehr gewagt, einer breiten Öffentlichkeit einen derart dünn verschleierten Rennmotor auf die Optionsliste zu schreiben.

1967, da stand die finale Eskalation der Muscle Car Wars noch aus, konnte man sich den Plymouth GTX mit HEMI bestellen – wenn man schon mitbekommen hatte, dass der HEMI existierte. (Foto: © Greg Gjerdingen, CC BY 2.0)

Egal ob Fan oder Feind, aber das gehört zum Heißesten, was man bei Mopar auf den Markt gebracht hat: 1970er Dodge Challenger R/T 426 HEMI. Ende der Diskussion. (Foto: © Bull-Doser, PD)

Völlig vernünftig: Bis 1967 haftete den Plymouths noch ein gewisses Maß an Chrysler-Konservativität an, auch wenn sich bereits abzeichnete, wohin die Reise gehen würde. (Foto: © Mario Brunner, Slg. Sönke Priebe)

Für drei kurze Jahre – 1968, 1969 und 1970 – hatte Plymouth die perfekte Mischung aus mittlerer Größe, topaktuellem Design, niedrigen Preisen, wildem Marketing und brutalen Motoren. (Foto: © Mario Brunner, Slg. Sönke Priebe)

Am Ende wurden alle gültigen Definitionen über Bord geworfen – der M-Body Gran Fury ersetzte Midsize- und Fullsizeklasse gleichermaßen, obwohl er beinahe nur Compact-Ausmaße hat. Trotzdem wurde der Gran Fury eins der beliebtesten Polizeifahrzeuge der Achtziger. (Foto: © Greg Gjerdingen, CC BY 2.0)

Große Verwirrung: Der letzte Plymouth-Fullsize-Fury verwendete die Bezeichnung »Gran Fury« weiter, als der Name schon zurück auf die Midsize-Plattform zog. 1977 landete die gesamte Fury-Familie bei den M-Bodys. (Foto: © Granfury, CC BY-SA 3.0)

PLYMOUTH B-BODY II

Alle Chrysler-Marken, einschließlich des günstigen »Low Price«-Labels Plymouth, hatten der Konkurrenz – zumindest aus dem Hause Ford – immer eines Voraus: Die Fähigkeit, eine klare Modellpolitik mit einprägsamen Bezeichnungen zu betreiben. Zumindest fast immer, oder im Falle von Plymouth doch wenigstens manchmal...
Nach dem Zweiten Weltkrieg baute Plymouth nur ein einziges One-Size-Fits-All-Automobil, das groß war, aber kleiner als der höherwertige Dodge. Die verschiedenen Ausstattungslevel des Plymouth waren die der Vorkriegszeit, Deluxe und Special Deluxe. Dann folgte Chryslers »Englische Phase«, in der bis 1960 über Savoy, Concord, Cambridge und Cranbrook diverse Trimlevel- und Modellnamen ausprobiert wurden. 1960, als der Valiant das Plymouth-Line-up ergänzte, teilten sich Savoy, Belvedere und Fury (in dieser Reihenfolge aufsteigend) den einen großen Plymouth, während die Chrysler Corp. noch mit großen und kleinen Fullsize-Plattformen experimentierte.

1964 teilte General Motors den US-Markt neu auf – neben »Klein« und verschiedenen Größen von Groß wurde »Midsize« oder »Intermediate« zum Begriff. Die Chrysler Corp. zog nach – ab 1965 war der große Plymouth offiziell ein Midsize, die Plattform hieß jetzt B-Body, während für die Fullsizes des Konzerns der neue C-Body eingeführt wurde. Technisch gesehen waren die Plymouths schon vorher B-Bodys – nur nicht die Entwicklungsstufe, die nach 1964 Geschichte schreiben sollte. Der Belvedere blieb auf dem B-Body, der Name Fury zog um auf den C-Body, und als sich die Verwirrung lichtete, hatte die Plymouth-Midsize-Klasse den B-Body in den Trimleveln Belvedere I, Belvedere II und Belvedere Satellite zu bieten, ein weiteres kurzlebiges Arrangement. Schon 1967 hießen die Plymouths Belvedere, Satellite und GTX.
Belvederes waren »Economy«-Modelle für Flottenkäufer und die Polizei, der Normalbürger fuhr Satellite und luxuriös-sportlich Ambitionierte kauften den GTX. 1968 kam der Roadrunner dazu, ein hochmotorisiertes Coupé im Belvedere-Trimlevel, als Plymouths Beitrag für den Jugendmarkt. Der Roadrunner verkaufte sich weit, weit jenseits der optimistischsten Hoffnungen! Plymouth hatte den Econoracer erfunden.

Allerdings blieb Chryslers legendärer 440 cui vorerst dem GTX vorbehalten, Roadrunner mussten mit dem 383 cui auskommen. Weil Chrysler aber Chrysler ist, konnte der Käufer den 426 HEMI in jedem Midsize-Plymouth bestellen und mitten im Modelljahr 1969 war dann auch der »6-BBL« 440 cui mit drei Doppelvergasern erhältlich. Einer dieser »Six Barrel«-Roadrunner, ausgerüstet mit dem A833-Schaltgetriebe und einer 4,10:1 übersetzten Hinterachse, lieferte mit 12,91 Sekunden auf der Viertelmeile eine Zeit, an der noch heute alle Midsize-Autos der Ära gemessen werden. Im gleichen Modelljahr verkaufte sich der Roadrunner besser als die marktführenden Konkurrenten von GM. Plymouth hatte sein bestes Jahr! Mehr oder weniger unverändert blieb dieses Line-up bis 1970 erhalten (als dem Roadrunner noch der Superbird zur Seite gestellt wurde). Aber dann war der lichte Moment in der Plymouth-Modellpolitik auch schon fast wieder vorüber.

Bis 1974 blieb »Satellite« in verschiedenen Trimleveln neben dem Roadrunner der vorherrschende Midsize-Name. Dann setzte Plymouth der Modellreihe die Krone auf und benannte die Satellites in Fury um – nach dem Spitzen-Trimlevel aus den Pre-Midsize-Jahren, das seit 1965 die C-Body-Fullsizes bezeichnet hatte. Obendrein hießen die Fullsizes ebenfalls weiter Fury – allerdings jetzt Gran Fury. 1978 war das letzte Jahr für einen Plymouth B-Body-Midsize – danach wurde der M-Body zur Allroundplattform. 1980 und 1981 lebte der B-Body als R-Body auf – im Einklang mit dem Zeitgeschehen wurde er zu diesem Zeitpunkt aber schon als Fullsize bezeichnet. Den Fury hatte man bereits '78 zu Grabe getragen, der Gran Fury wurde auf dem R-Body und ab 1982 auf dem M-Body fortgesetzt, als der Konzern sich bereits im finanziellen Überlebenskampf befand. Mit dem Ende der M-Body-Produktion 1989 verschwanden die letzten Überbleibsel der einst legendären Plymouth-Midsize vollständig.

1970 setzte Plymouth einen aerodynamisch optimierten Roadrunner unter dem Namen »Superbird« auf den NASCAR-Ovalen ein – ohne dass zwischen NASCAR und der Street Racer-Welt echte Überschneidungen bestanden hätten. (Foto: © Skeensss, CC BY-SA 4.0)

Der Ikonen-Status der HEMI und 6-BBL-Roadrunner täuscht heute oft darüber hinweg, wie der Löwenanteil dieser Coupés endete: Als billiges Auto für den Jugendmarkt, zum Modifizieren, Schnellfahren und Wegwerfen. (Foto: © nakhon100, CC BY 2.0)

1970 zeigt der Roadrunner äußerlich schon erste Anklänge der sich unaufhaltsam nähernden Siebziger (nicht nur die »High Impact«-Außenfarbe). Unter dem Blech steckt allerdings Technik, die mit den Modelljahren 1968 und 1969 bis ins Detail nahezu identisch ist. (Foto: © dave_7, CC BY 2.0)

PLYMOUTH ROADRUNNER

1968 war die Midsize-Performance-Revolution in vollem Gange – seit die Midsize-Klasse 1964 mit dem GM-A-Body eine formelle Definition erhalten hatte, entwickelte sich das mittelgroße Automobil in den USA immer mehr zum Liebling des Marktes. Zwei der stückzahlstärksten Schlüsselfiguren dieser Entwicklung kamen aus dem Hause GM: Die Chevrolet Chevelle und der Pontiac GTO. Die Chevelle hatte die unfassbaren Stückzahlen (wie alles, was GM produzierte), der GTO hatte den legendären Ruf, der erste Performance-Midsize überhaupt gewesen zu sein. Der Begriff »Muscle Car« als solcher war noch gar nicht geprägt, aber zeitgenössische Bezeichnungen für solche Autos gab es viele, »Supercars« ist darunter eine der verbreitetsten. Nach vier Jahren mit den ersten Muscle Cars war die Zeit reif für eine neue Generation Autos. Sowohl von Chevrolet als auch von Pontiac wurde eine kräftige Überarbeitung ihrer Jugendmarkt-Straßenkämpfer für 1968 erwartet. Und wenn Marktführer und Zweitplatzierter neue Wege gingen, blieb dem Rest der Industrie wenig mehr übrig, als nachzuziehen.

Plymouth hatte 1967 den B-Body-Midsize als Belvedere, Satellite und GTX, und keiner der drei schien geeignet, die junge Käuferschaft in Begeisterung zu versetzen. Die Marke brauchte dringend ein Jugend-geeignetes Fahrzeug, das günstig, attraktiv und technisch überzeugend genug war, die Zielgruppe der 16- bis 24-jährigen Autofahrer anzusprechen.

»Günstig« war einfach: Grundlage bildete der Belvedere, der eigentlich auf den Flotten- und Taximarkt ausgerichtet war, mit Sitzbank vorne und ohne Extras. »Attraktiv« war auch nicht schwierig: Der neue Jugendmarkt-Eroberer war nur als Coupé erhältlich, und das impliziert grundsätzlich Sportlichkeit. Mit »technisch überzeugend« hatte Plymouth ebenfalls keine Schwierigkeiten: Der Belvedere war schon lange eine feste Größe auf dem Polizeiwagenmarkt und konnte eine sportliche Fahrwerksabstimmung liefern, außerdem hatte Plymouth den 383 cui V8, der problemlos 335 PS leisten konnte, was viel, aber wenigstens nicht übertrieben viel Leistung war. Die Kosten für diesen Motor konnten durch Verzicht auf Servolenkung oder Bremskraftunterstützung teilweise aufgefangen werden.

Etwas größer, aber nicht schwerer als die Leiterrahmen-Konkurrenz von GM waren die selbsttragenden B-Bodys ohnehin. Günstig, attraktiv, technisch überzeugend. Fehlt noch die Garnitur: Plymouth erwarb vom Mediengigant Warner Bros. Lizenzrechte an der Cartoonfigur »Roadrunner«, jenem koyotensicheren rasenden Supervogel, der aus dem Stand auf 240 km/h beschleunigen konnte und dessen Bremsweg bei null Metern lag. So stand neben Belvedere, Satellite und GTX ab 1968 der Roadrunner bei den Plymouth-Händlern, komplett mit Roadrunner-Logos und einer Hupe, die den »Meep-Meep«-Schlachtruf des gefiederten Straßenrenners imitierte.

Plymouth hoffte auf beachtlichen Erfolg – was der Roadrunner tatsächlich erzielte, war gigantischer, unfassbarer, unerwarteter Erfolg, besonders in seinem zweiten Modelljahr, als die Roadrunner-Stückzahlen Chevelle- und GTO-Sphären erreichten. Nicht jeder war über den wildgewordenen Zeichentrickvogel erfreut: Performance-Enthusiasten der ersten Generation stempelten den Roadrunner als »Spielzeug« und als »Kinderwagen« ab, als kommerzielle Ausbeutung von echtem Performance-Autofahren. Was aber den Roadrunner wenig juckte, denn der durfte sich einer alten GM-Philosophie erfreuen: Wer die Stückzahlen hat, hat automatisch Recht. Und obendrein war der Roadrunner ab Mitte 1969 mit dem 440 cui 6-bbl mit 390 PS und sowieso mit dem 425 PS starken 426 HEMI erhältlich. Motoren, denen niemand zu unterstellen wagte, sie wären irgendetwas anderes als bitterböser Street-Performance-Ernst. Der Roadrunner erlebte drei Modelljahre, bevor Plymouth 1971 einen runderen, üppigeren Nachfolger präsentierte, dessen Erscheinen mit dem Abstieg der Performance-Marken in die Katalysator- und Ölkrise zusammenfiel. 1971 war noch erträglich, aber spätestens 1972 brach der Markt zusammen, und Chrysler war bereits damit beschäftigt, die Rettungsboote auszubringen. 1976 zog der einst stolze Name auf die Kompakt-Plattform des Konzerns, bevor er 1977 ganz verschwand.

Die 1971 in Mode gekommenen Chrombrillen und ausladenden Hinterteile waren kein Problem – bis 1972 die großen Motoren verschwanden. (Foto: © Sicnag, CC BY 2.0)

Das 1970er Modelljahr der Plymouth-E-Bodys trägt am wenigsten Zierrat – zumindest, bis jemand den Wagen noch weiter aufrüstet, wie hier geschehen. Die »High Impact«-Sonderfarben-Palette hatte Chrysler erst 1969 für Pkw verfügbar gemacht. (Foto: © Bull-Doser)

Der 71er ´Cuda gehört zu den bekanntesten Modellen der Muscle-Car-Ära – auch als Cabrio, auch als Nicht-HEMI und trotz des »Nach 1970«-Stigmas. Die Vier-Scheinwerfer-Front macht das Modelljahr auf jeden Fall einzigartig. (Foto: © Greg Gjerdingen, CC BY 2.0)

Die E-Bodies existieren in einer merkwürdigen Zeitenklave, einer Ausnahme vom alten Muscle-Car-Dogma, nach dem 1970 das letzte akzeptable Modelljahr ist. Trotz allem ist der Coolness-Faktor der E-Bodies an ihr Modelljahr gebunden: 1972, ´73 und ´74 teilen sich den Grill mit der auffälligen Nase, 1970 und 1971 haben je eine eigene Frontpartie. (Foto: © Jeremy, CC BY 2.0)

Der unglückliche Vorgänger der E-Body-Barracudas war der erst vom Mustang und dann vom Camaro gedemütigte A-Body-Barracuda, der aber technisch nicht mit dem deutlich größeren E-Body verwandt ist. (Foto: © Bull-Doser)

PLYMOUTH E-BODY

Auch Plymouth hatte ein Pony Car in der Modellpalette – zumindest, wenn man die heute übliche Definition von »Pony Car« nur lose anwendet. Eigentlich waren es sogar zwei Pony Cars, angefangen mit dem Barracuda von 1964. Der war alles, was der berühmte Mustang später sein würde: Ein kleines, leichtes, ordentlich motorisiertes Coupé mi sportlichen Linien – was aber im von Ford angestrengten Medienrummel um den kurz nach dem Barracuda erschienen Mustang völlig unterging. Chrysler musste zusehen, wie Ford die Lorbeeren erntete, die in einer gerechten Welt dem Barracuda zugestanden hätten.

Das neue Pony erschien zum Modelljahr 1970 als Plymouth Barracuda (und als Dodge Challenger). Das waren die beiden einzigen Modelle, die die Chrysler Corp. auf einer extra für diesen Zweck konstruierten Plattform – dem E-Body – produzierte. Diese Plattform war – und hier unterscheiden sich Barracuda und Challenger deutlich von der gesamten Konkurrenz – eigentlich nur wenig mehr als ein gekürzter Chrysler B-Body, ein Midsize, der auf Pony-Car-Länge gestutzt worden war. Den Ponys der Mitbewerber, also Fords Mustang und dem geringfügig längeren Mercury Cougar, lag der Kleinwagen Falcon zugrunde, GMs Camaro und Firebird bedienten sich der kompakten X-Plattform.

Der Barracuda verfügte über denselben Motorraum wie die berühmten B-Body-Muscle-Cars des Konzerns mit einer kurzen Passagierkabine und einem sehr kurzen Kofferraum. Anders als der großer Roadrunner aber war der Barracuda nicht durch Marketing-Überlegungen behindert: 383, 440, 426 HEMI (6,3 Liter, 7,2, Liter 7,0 HEMI) – die volle Bandbreite der Chrysler-Angriffsmotoren stand für den kurzen Raubfisch zur Verfügung, und einmal mehr lieferte Chryslers gefürchtete Marketingabteilung Feuerschutz: Die »Performance«-Version des Barracuda hieß 'Cuda. Das war so cool, dass es mit einem halben Namen schon ausreichend beschrieben war, dass es schon mit einem Straßennamen vom Fließband rollte, bevor es sich einen Namen auf der Straße gemacht hatte. Sollte jemand daran gezweifelt haben, dass der Performance-E-Body sich einen solchen Auftritt verdient hatte, wurde er spätestens beim Blick unter die Haube der 'Cudas daran erinnert, dass hinter Chryslers großer Klappe in den Sechzigern die eisernen Fäuste der Chrysler-Big-Blocks und der formidablen Dreigang-Automaten und Viergang-Schaltgetriebe (bekannt als TF727 und A833) des Konzerns steckten.

Der Auftritt des E-Body-'Cudas muss auf Ford gewirkt haben, als wäre der große Bruder des vom Mustang gedemütigten A-Body-Barracudas von 1964 zurückgekommen, um seinen kleinen Bruder nach allen Regeln der Kunst zu rächen. Sogar an eine Rundkurs-Rennversion des Barracuda hatte Plymouth gedacht, der AAR 'Cuda war eine rennvorbereitete 340 cui (5,6 Liter) Version des E-Bodys, die auf die oft als »Trans Am« bezeichnete Rennserie des Sports Car Club of America (SCCA) zielte – in der der Mustang üblicherweise antrat.

Leider währte diese Phase der Plymouth-Geschichte nicht lange: Die E-Bodys waren technisch betrachtet die nächste Generation Pony Cars – aber die Konkurrenz war nicht mehr gewillt, sich in dieser Klasse auf ein weiteres Wettrüsten einzulassen. GM war bereits vollauf mit den Vorbereitungen für die drohende Katalysatoreinführung beschäftigt, Camaro und Firebird wurden auf den Design-Dornröschenschlaf vorbereitet statt gegen den 'Cuda aufgerüstet, und auch Ford machte sich bereits (mit wenig Enthusiasmus) daran, den Mustang zum Nutztier umzuerziehen. 1971 war der E-Body noch als Hemi oder als 440 cui mit Sechsfachvergaser erhältlich, dann musste sich auch die Chrysler Corp. der drohenden Katalysator-Realität stellen. Bis ins Modelljahr 1974 wurde der Barracuda mit immer weiter schwindender Motorleistung produziert, dann beendete Plymouth seine Karriere inmitten der Ölkrise ohne viel Aufhebens. Pony Cars hatten ausgedient und blieben bis ins Jahr 2005 eine Randerscheinung – aber da existierte die Marke Plymouth bereits nicht mehr.

PLYMOUTH

PLYMOUTH C-BODY

Der C-Body war Plymouths großes Modell. Das Erscheinen der C-Plattform im Modelljahr 1965 markierte das Ende einer Ära, die bis weit vor den Zweiten Weltkrieg zurückreichte: Bisher waren Plymouths zwar groß, aber grundsätzlich kleiner als ihre teureren Konzerngeschwister von Dodge und Chrysler gewesen. Nach einiger Plattformdurchmischung und Experimenten mit kleinen und großen Dodges machte der Chrysler-Konzern für 1965 Tabula rasa – alle Marken bekamen die gleiche Fullsize-Plattform (den C-Body). Die bisherige traditionelle Plymouth-Plattform wurde als B-Body zum Konzern-Midsize (was die gewaltigen Ausmaße der B-Bodys erklärt). Den C-Body gab es weiterhin mit verschiedenen Radständen, sodass Chrysler immer noch »große« Chrysler bauen konnte und Plymouth »kleine« Plymouths, obwohl sich die Karosserien in allen Dimensionen außer der Länge glichen.

Jedenfalls hatte Plymouth 1965 zum ersten Mal ein formell »großes« Auto im Programm – zu einem Zeitpunkt, als die Konkurrenz, sogar die aus dem eigenen Konzern, erstmals »Midsize«-Autos anbot. GM hatte erst im Vorjahr die konzernweite A-Plattform eingeführt und damit die amerikanische Midsize-Klasse geschaffen, in der mit dem brandheißen GTO soeben ein neues Performance-Feuer entzündet wurde – und Plymouth musste seinen Käufern ein neues Fullsize-Auto schmackhaft machen!

1969 rückten Plymouths C-Body-Fullsizes optisch in die Nähe der erfolgreichen B-Body-Midsizes und weg von den Luxusklasse-Anleihen der frühen Furys, für die sich die Käufer der Low Price-Marke nicht recht begeistern wollten. (Foto: © Georg Otto)

Plymouth reagierte mit einem klassischen Rumpelstilzchen-Zug: Die Marke spaltete ihr bisheriges One-Size-Fits-All-Trimlevel-Programm in der Mitte. Aus dem Spitzenmodell Fury wurde der C-Body-Fury, aus der Einstiegsausstattung Belvedere der B-Body Belvedere. Erschöpft von so viel kreativem Einsatz, vielleicht aber auch, um die Käuferschaft nicht weiter zu verwirren, wurden die verschiedenen Ausstattungslevel des Plymouth Fury zunächst überschaubar gestaltet: Einstiegs-Fullsize war der Fury I. Die gehobene Ausstattung hieß Fury II. Das Spitzenmodell wurde – wer hätte das gedacht – als Fury III verkauft. Käufer, die keine Zahlen mochten, konnten nur auf den »besonderen« Sport Fury ausweichen. Derart nüchterne Trimlevel-Benennung war und ist dem US-Automobilbau fremd. Sie spiegelt deshalb vielleicht am besten wider, dass Plymouth sich nie vollständig mit der Fullsize-Klasse anfreunden konnte. Ein Umstand, der auch dadurch unterstrichen wird, dass der Fury bis zum Ende seinen Namen behielt. Versuche, dem Modell durch Marketingkapriolen zu mehr Absatz zu verhelfen, fanden nicht statt.

Plymouth blieb eine Low Price-Marke, und der Midsize war alles, was Plymouth-Käufer erwarteten. Dass die Plymouth B-Bodys Ende der Sechziger von ihren Ausmaßen her näher an den Fullsizes der GM- und FoMoCo-Konkurrenz lagen, reduzierte den Bedarf an Plymouth-Fullsizes weiter – warum ein noch größeres Auto kaufen, wenn der Midsize schon so stattlich war? Dass die traditionelle Plymouth-Klasse jetzt »Midsize« genannt wurde, störte die Käufer kaum. Die Plymouths hatten weiterhin große Motoren, waren immer noch günstiger als die Konkurrenz, und trotz allem verkauften sich die großen Furys hervorragend – warum also Änderungen vornehmen? Noch 1974 waren Fury I, II und III Hauptbestandteil des Fury-Lineups. Dann versuchte Plymouth in der ausbrechenden Katalysatorkrise die Existenz eines Fullsizes-Modells im Programm erneut zu verschleiern und machte Fury zur Midsize-Modellbezeichnung, während die Fullsizes zum Gran Fury wurden, bevor sie 1977 eingestellt wurden.

Allerdings wurde der Name ab 1980 auf der ehemaligen Midsize-Plattform noch einmal verwendet, die jetzt die größte Plattform im gedownsizten Chrysler-Corp.-Lineup war. 1982 zog Fury auf den M-Body um, der zwar klein war, aber jetzt das größte Fahrzeug, das der Konzern noch hatte. 1989 endete die traditionelle Pkw-Produktion der Chrysler Corp., der M-Body war die letzte Plattform, die zu Grabe getragen wurde. Mit kleinem Vergaser-Achtzylinder, immer noch mit Blattfedern hinten und Drehstäben vorne, als Nachfolger des R-Body Gran Fury (der dem B-Body Fury folgte, der den Namen vom C-Body Fury übernommen hatte). »Fullsize« sollte nicht mehr zurückkehren und 2001 verschwand die Marke Plymouth komplett vom Markt.

Auch wenn der Name Sport Fury zusammen mit erheblichen Drag Racing-Modifikationen beinahe darüber hinwegtäuschen könnte – der C-Body ist ein sehr großes Auto, und »Sport« war in den späten Sechzigern ein Midsize-Geschäft. (Foto: © dave_7, CC BY 2.0)

Bis 1968 hatte der Fullsize-Fury »gestapelte« Scheinwerfer - dann folgte Plymouth auch mit dem Fullsize dem allgemeinen Trend zur vertikalen Anordnung, der die Midsizes schon zwei Jahre früher erreicht hatte. (Foto: © Mdave_7, CC BY 2.0)

Fortbewegungsmittel: Die großen Plymouth C-Bodys sind heute wieder, was sie damals schon sein sollten: geräumige, bezahlbare Transportmittel. (Foto: © Charles01, CC BY-SA 4.0)

Die horizontalen Scheinwerfer der Furys ab 1969 unterstreichen mit der 1970 dazugekommen Chromeinfassung des Kühlergrills die gewaltige Größe der bis 1973 gebauten Fuselage C-Bodys. (Foto: © Infrogmation, CC BY 2.5)

Plymouth war anfangs vom eigenen Fullsize so befremdet, dass die Fury-Trimlevel einfach nummeriert wurden: Fury III war das Spitzenmodell – neben dem sportlich orientierten Sport Fury. (Foto: © Infrogmation, CC BY-SA 3.0)

1968er Sport Fury – da stand dem ehemals einzigen nicht-nummerierte Trimlevel bereits der höher ausgestattete Fury VIP (Very Important Plymouth) zur Seite. (Foto: © Robotriot, CC BY-SA 3.0)

Auch Plymouth kam um die Scheinwerferklappen-Mode der späten Sechziger nicht herum und behielt diese Option auf den Fullsizes sogar bei, als der breite Grill 1972 durch das Brillendesign abgelöst wurde. (Foto: © Georg Otto)

1972 trug der C-Body (wie die B-Bodies auch) eine Chrombrille. Sie sah noch viel futuristischer aus, wenn der Wagen in einem Trimlevel mit »Hidden Headlamps« bestellt wurde, wie hier dieser Fury Sport Suburban. (Foto: © Carsten Müller)

SE
Special Edition

CHRYSLER CORP.

DODGE

Dodge sollte für Chrysler das Mittelfeld abdecken und sämtliche GM-Marken zwischen Pontiac und Buick in Schach halten. Eine unlösbare Aufgabe, die der Marke Höchstleistungen abverlangte – und ihr einen besondern Platz in der amerikanischen Automobilgeschichte bescherte.

Die Dame heißt eventuell Julia. Das PR-Büro stellte dem Charger immer gerne verschiedene junge Frauen in variierenden Entkleidungszuständen zur Seite. (Foto: © Chrysler Cooperation)

Strictly Business: Noch 1946 baute Dodge große, formelle Gebrauchsautomobile mit solidem technischen Ruf, als Marke für eine konservative Käuferschaft mit mittlerem Budget und höheren Ansprüchen. (Foto: © Steve46814, CC BY-SA 3.0)

1959, im Zenit des Flossenwettkampfs, ließ sich Dodge zwar noch auf keine Experimente ein, unterstrich aber optisch den Anspruch zu den höheren Marken zu zählen. (Foto: © Alf van Beem)

Signalfarbe: 1971 wurde gerettet, was gerettet werden konnte. Dodge Charger und Dodge Super Bee wurden zum Universal-Rettungsboot Charger Super Bee mit GTO- und Chevelle-Anleihen. Zu diesem Zeitpunkt befand sich GM bereits auf dem langen, harten Weg in die Achtziger und der Muscle-Car-Markt im freien Fall. (Foto: © Jeremy, CC BY 2.0)

Ende der Sechziger warf Dodge den chromglänzenden Schafspelz endgültig ab und zeigte der Welt schlanke, muskulöse Mid- und Fullsizes mit kaum zähmbaren Motorisierungen. (Foto: © Jeremy, CC BY 2.0)

DODGE

Dodge war die »mittlere« Marke der Chrysler Corp., nicht so günstig und einfach ausgestattet wie Plymouth, aber auch nicht so teuer und luxuriös wie Chrysler. Ursprünglich war Dodge in der Hierarchie der Nachkriegszeit recht weit unten angesiedelt (die Chrysler-Strategen hatten die Marken in der Reihenfolge Plymouth – Dodge – DeSoto – Chrysler – Imperial aufgestellt), aber nach dem Wegfall von DeSoto fiel Dodge auch die Aufgabe zu, das mittlere Marktsegment nach oben in Richtung Chrysler abzudecken. Mit dem Resultat, dass die Marke Dodge ungefähr da positioniert war, wo GM Pontiac und Oldsmobile aufgestellt hatte, und verschiedene Attribute in sich vereinte, die bei der Konkurrenz auf mehrere Marken verteilt waren.

Dodge war nicht günstig, aber auch nicht wirklich konservativ, nicht zu spartanisch für Käufer mit Ansprüchen, aber auch nicht zu extravagant für den Flottenmarkt, sportlich, aber mit einem gewissen Hang zum Luxus. Vielleicht war das nicht genau das, was man bei Chrysler eigentlich vorgehabt hatte – aber in den Jahren boomender Performance zwischen 1960 und 1970 traf Dodge damit den Nagel auf den Kopf. Die hochmotorisierten Midsize-Coupés der Marke waren schnell genug, um sich mit den Straßenkriegern der Low-Priced-Three zu messen, gleichzeitig aber exklusiver als die »Taxiklasse« und so auch für ältere Käufer interessant.
Anders als Plymouth hatte Dodge ab 1966 deshalb auch ein »Personal Luxury Car« im Lineup, womit in der Marketingsprache der US-Autohersteller ein großes, oft B-Säulen-loses Coupé gemeint war. Während sich die meisten der berühmten Muscle Cars mit derartiger Verwandtschaft herumschlagen mussten, leistete sich Dodge den »Personal Luxury« Dodge Charger, der so gut motorisiert wurde, dass zumindest seine zweite Generation (1968-1970) heute gerne als »Muscle Car« wahrgenommen wird, auch wenn »Personal Luxury« oder »Sports Luxury« in der Sprache der Zeit die treffendere Bezeichnungen gewesen wären.

Dodge war zusammen mit Plymouth verantwortlich für einen erheblichen Teil der Legenden, die sich heute um die Muscle Car Wars ranken – was die Marke zum einen der »heiligen Dreieinigkeit« der Chrysler-High-Performance-Achtzylinder (383, 426 HEMI und 440 cui) verdankt, die in identischen Ausführungen von beiden Marken verwendet wurden, zum anderen dem Marketing des Konzerns. Dort bewarb man die Fahrzeuge nämlich nicht nach dem gewohnten »Darum ist unser Produkt besser als das der Konkurrenz«-Muster der beiden Dauerkonkurrenten, sondern verpasste den Hochleistungs-Autos der Marken ein eher verwegenes Erscheinungsbild, um dann dieses Image gezielt in der Werbung weiter zu verbreiten.
Dodges blutrotes R/T-Logo (für Road/Track) erschien auf den Höchst- unter den Hochmotorisierten und wurde zur Ikone. Käufer der R/T-Modelle konnten dem markeneigenen »Scat Pack« beitreten und das Clubshirt erwerben, und als Dodge einen Gegner für Plymouths Roadrunner auf den Markt brachte, bekam dieser »Super Bee« ein eigenes Logo, das heute zu den bekanntesten Automobilmarkenzeichen des 20. Jahrhunderts zählt – eine Biene mit Helm und Achtzylinder auf dem Rücken.

Leider ließ sich das auf Performance aufgebaute Image der Marke nicht durch die Ölkrisenjahre retten. Dodge musste mit dem gleichen halblebigen Sortiment an Fahrzeugen durch die Achtziger kommen wie Plymouth und verlor mit dem Modelljahr 1989 alle heckgetriebenen Pkw. Mit Minivans sollte Dodge in eine glorreiche Zukunft starten, was auch relativ erfolgreich funktionierte, bis die Marke 1998 im Zuge der DaimlerChrysler-Konzernunion in deutsche Hände überging. Auf der Basis diverser Mercedes-Modelle wurde 2005 der Dodge Charger wiedergeboren, der erste echte neue heckangetriebene High-Performance-Pkw des Konzerns seit 1970. Mit der altbewährten Mischung aus bösartigen Motoren, brillantem Marketing, einer großen Klappe und bezahlbaren Autos hat sich Dodge seither wieder an die Performance-Spitze der verbliebenen US-Hersteller katapultiert.

DODGE

DODGE A-BODY

Das Erscheinen des A-Bodys im Dodge-Line-up des Modelljahres 1961 markiert einen Paradigmenwechsel in der Modellpolitik der Chrysler Corp.: Ein Modell reichte nicht mehr aus – zum großen Dodge gab es ab 1961 mit dem Lancer auch noch einen kleinen. Und zwar einen Dodge, der auf dem Valiant basierte, der 1960 als eigene Marke – als Kleinwagenmarke sozusagen – debütiert hatte, aber schon 1961 mehr oder weniger zum Plymouth geworden war. Es hatte sich nämlich herauskristallisiert, dass Käufer zwar kleine Autos wollten, aber auch gerne auf neue Marken verzichteten. Also wurde der Kleinwagen der Chrysler Corp. für höhere Ansprüche ein Dodge – auf Dodge-Produktionsstraßen wurde er der Valiant ohnehin gebaut. Ein weiteres Merkmal einer Zeit, in der flexible Produktion und Konzernplattformen so wichtig geworden waren wie noch nie.

Der Lancer blieb bis 1962, bevor er für 1963 den in den Wirren um den Dodge 880 freigewordenen großen Namen Dodge Dart erbte. Es stellte sich heraus, dass der Name »Dart« (Wurfpfeil) dem kleinen, agilen Compact wesentlich besser stand als dem Full-Midsize-Abenteuer, das er vorher bezeichnet hatte. Der Dart verkaufte sich hervorragend und blieb durch die gesamten Performance-Jahre im Dodge-Lineup, bis er sich 1976 das Feld mit dem neuen Compact, dem F-Body Dodge Aspen teilen musste, bevor er ganz vom Markt verschwand.

Ähnlich wie der Valiant bei Plymouth spielte der Dart bei Dodge eine tragende Rolle in der Umstrukturierung der Marke, eigentlich des gesamten Konzerns. Es ging weg von großen, hin zu immer kleineren Automodellen, besonders da, wo sich Chrysler mehr oder weniger im Alleingang einen Markt für Compact Muscle Cars geschaffen hatte. Als GM in der ersten Hälfte der Siebziger bereits auf den scheinbar sicheren »Economy«-Hafen zu ruderte, suchte Chrysler noch nach neuer Sportlichkeit.

Technische Eigenständigkeit oder sogar Unterschiede zwischen seinen einzelnen Marken hatte der Chrysler-Konzern zu diesem Zeitpunkt längst beseitigt. Die Wege, die Plymouth mit dem A-Body ging, insbesondere die späte Teilung in Valiant, Duster und Scamp, spiegelte Dodge mit einer kurzzeitigen »Aufteilung« des Basis-Darts in die »Modelle« Dart, Dart Swinger und Demon wider, bevor der Dart sich auf seine tugendhaften Wurzeln besann und den swingenden, dämonischen Lifestyle für die letzten drei Jahre des A-Bodys an den Nagel hängte. Denkwürdigerweise zeigt die Dodge-Werbefotografie der Ära den Dart sehr gerne am Strand, oft mit den Rädern bereits im Wasser (eins der Lieblingsmotive der Marketingabteilung ab etwa 1970) und häufig in Begleitung nur unvollständig bekleideter Damen.

Dabei hatte der Dart sich untadelig gehalten in der schwierigen Rolle des Kleinwagens einer Marke, bei der große Autos eigentlich den Mindestanspruch darstellten. Was nach dem A-Body kam, war jedenfalls nicht besser: Dem A-Body folgten die F-Bodys Plymouth Volare und Dodge Aspen, die von 1976 bis 1980 die Compact-Rolle bekleideten, bevor sie dem berühmt-berüchtigten K-Body wichen. Als Plymouth Reliant und Dodge Aries retteten die »K-Cars« zwar die Chrysler Corp. vor dem Untergang, zerstörten dabei aber jenes Image, das der Konzern und seine Marken in Sachen Größe, Performance und Qualität gehabt hatte.

Kleinwagengeschichte ist für Chrysler in den Achtzigern Rettungsbootgeschichte, ergänzt um ein Simca-Talbot-Peugeot-Produkt aus der europäischen Liaison des Konzerns, das als Plymouth Horizon und Dodge Omni in den USA verkauft wurde. Dazu kamen noch diverse Mitsubishi-Einflüsse, mit denen die finanziell stark angeschlagene Chrysler Corp. in den Achtzigern (als Dodge Daytona) auf dem neuen Pony-Car-Markt mitmischen wollte, den der Foxbody-Mustang begründete – und vollständig dominiert hatte, was aus zeitgenössischer Perspektive vielleicht nicht ganz so offensichtlich gewesen war.

Multitalent: Der Dodge Aries war für Chrysler Rettungsboot, Fallschirm und Spardose in einem. Kein Wunder, dass für herkömmliche Automobilqualitäten wenig Platz blieb.
(Foto: © IFCAR, PD)

Der Dodge Lancer war eigentlich ein Valiant und damit Plymouth-nah, obwohl er von Dodge gefertigt wurde... Das Kleinwagen-Geschäft war zu Anfang wild und unübersichtlich.
(Foto: © dave_7, Slg. CC BY 2.0)

Dass mittelgroße Autos leichter und damit schneller sind als ganz große, das leuchtete in den Sechzigern jedem Amerikaner ein. Diese Überlegung auf Kleinwagen zu übertragen war damit allerdings noch lange nicht akzeptabel. (Foto: © Antti, CC BY 2.0)

Der F-Body-basierte Dodge Aspen sollte ab 1967 den A-Body ersetzen. Vernünftiger Weise war er nach einem Skiort in Colorado und nicht nach einem Badeort in Italien benannt. (Foto: © AlfvanBeem)

Regionale Spezialität: Dodge-Kleinwagen waren auf dem südamerikanischen Markt (und in Spanien!) erstaunlich beliebt.

1969 verpasste Dodge dem Charger für die NASCAR-Ovale eine radikale Aerodynamik-Kur, ähnlich wie Plymouth ein Modelljahr später mit dem Roadrunner. Der »Charger Daytona« ist aber der seltenere der beiden »Winged Warriors«. (Foto: © Jeremy, CC BY 2.0)

Erste Generation: Der Charger der Jahre 1966 und ´67 war luxuriöser, seriöser, formeller und sichtbar ernster als sein Nachfolger. Erst die Spur Unberechenbarkeit, die Dodge der Charger-Formel für 1968 beimengte, brachte den Erfolg. (Foto: © Sicnag, CC BY 2.0)

In einer Phase des US-Automobilbaus, als beinahe jedes Modell mit irgendeiner Art von Scheinwerferklappen oder Klappscheinwerfern erhältlich war, lieferte Dodge den Geniestreich. Egal aus welchem Winkel betrachtet – einfacher und vollkommener als die Charger-Front kann man einen Pkw-Kühlergrill nicht gestalten. (Foto: © Mario Brunner, Slg. Sönke Priebe)

DODGE CHARGER

Die Chrysler Corporation mag nur der »dritte Konzern« gewesen sein, näher an der »unabhängigen« American Motors Corporation als am zweitplatzierten Ford – aber manchmal war genau das ein erheblicher Vorteil. Ab 1963/64 entbrannte auf dem amerikanischen Markt der Kampf um eine neue Nische: Pony Cars und Personal Luxury Cars. Ford hatte den Mustang und den Thunderbird, Buick den Riviera, Chevrolet den Camaro, Oldsmobile den Toronado, Pontiac den Firebird – Modelle, die Sport oder Luxus boten, bestenfalls sportlichen Luxus. Die uralte Tradition, nach der Ford stets einen »Gegner« für ein neues GM-Modell haben musste (und umgekehrt), führte schnell zu einer Menge vergleichbarer Fahrzeuge, besonders bei den Volumenmarken Chevrolet, Pontiac, Ford und Mercury, aber auch zu einem Mangel an Alternativen bei der Auswahl zwischen Sport oder Luxus.

Der Chrysler-Konzern war in das Duell der Giganten nicht verwickelt und konnte sich der Pony/Personal Luxury-Herausforderung von einer anderen Seite nähern. Genaugenommen hatte Plymouth mit dem Barracuda sogar schon ein Pony im Programm, nur war das im Rummel um den Mustang untergegangen. Dodge, die mittlere Marke, hätte den Weg von Pontiac und Mercury gehen und einen aufgewerteten Barracuda in die Läden stellen können. Alternativ wäre auch ein luxuriöser Technologieträger denkbar gewesen, als Konkurrent der großen Personal-Luxury-Produkte von Oldsmobile, Buick und Cadillac. Doch Dodge entschied sich für einen völlig anderen Weg: 1966 erschien auf der Basis des B-Body Midsize Dodge Coronet der Dodge Charger. Ein raumgleiterartiges Coupé mit einer bis zum hintersten Ende gezogenen Dachlinie, mit 383 cui (6,3 Liter) unter der Haube (oder einem 426 HEMI), mit einem komplexen Metallgrill samt Scheinwerferklappen und einer Instrumententafel, die bis heutig ihresgleichen sucht.

Dodge soll mit dem Charger auf Mustang-Käufer gezielt haben, sagen die einen, oder auf den Riviera, sagen die anderen. Die Vertreter beider Ansichten sollten sich den 66er Charger besser einmal aus der Nähe anschauen: Worauf auch immer Dodge damit zielte – es liegt jenseits unserer Milchstraße, außerhalb dieser Galaxie. Die oft behauptete Ähnlichkeit des 66er Chargers mit dem Rambler Marlin des Modelljahres 1965 passt ebenfalls in dieses Bild. AMC-Entwürfe hatten immer etwas Außerirdisches an sich.

Natürlich verkaufte sich der Dodge Charger, ganz wie man es von so einem komplexen, atemberaubenden, hochmotorisierten und dennoch bezahlbaren Midsize erwarten konnte, denkbar schlecht. Offenbar war er zu sportlich für die Luxusklasse, und so besann sich Dodge für die zweite Generation ab 1968 auf eigene Tugenden. Weniger Luxus: Metallgrill und elektrolumineszentes Cockpit wichen einer Plastikmaske und einem etwas lustlosen Anzeigeapparat mit sechs herkömmlichen Rundinstrumenten. Mehr Motor: Der 440 cui (7,2 Liter) wurde zusammen mit dem R/T-Paket verfügbar. Weniger Raumfahrt: Die Linien des Coupés wurden deutlich irdischer.

Fast könnte man meinen, Dodge habe den Charger für 1968 abgewertet – und auf dem Papier hat man das auch getan. Das Resultat aber vergleicht man vielleicht am besten mit Clint Eastwood: Allein und außerhalb jeder Kategorie, aber fähiger, besser aussehend und besser bewaffnet als alle anderen im Raum. Wer sich mit ihm anlegt, wird es bereuen und selbst im hohen Alter ist er noch in der Lage, die Jugend das Fürchten zu lehren.

Wer weiß schon, worauf Dodge dieses Mal gezielt hatte, aber was herauskam, war ein pfeilgerade geschnittenes, sportliches, hochmotorisiertes Coupé, bei dem jede Linie perfekt gezogen war, mit einer Ei-des-Kolumbus-Kühlermaske, einem Heckfenster, das wie eine Glanzleistung der Aerodynamik aussah (aber keine war), und gewaltigen B-Body-Midsize-Ausmaßen. Diesmal war die Mischung richtig, und das Nicht-Pony-, Nicht-Luxury- aber sicher auch Nicht-Muscle-Car verkaufte sich allein im ersten Jahr über 90.000 Mal. Und wer auf dem amerikanischen Markt die Stückzahlen hat, hat automatisch recht.

R/T, für Road/Track oder Straße/Strecke gehört zu den ernst zu nehmendsten Emblemen des US-Automobilbaus und war den hoch- und höchstmotorisierten Dodges vorbehalten. Natürlich besteht das Emblem aus drei Zeichen... (Foto: © Mario Brunner, Slg. Sönke Priebe)

DODGE

DODGE B-BODY

Midsize – noch 1963 war dieses Wort unbekannt. Amerikaner kannten »Regular Size«-Automobile und akzeptierten seit etwa 1960, dass finanziell schlechter gestellte Menschen auch Fortbewegungsmittel brauchten, sogenannte Compacts. Aber Midsize? Wofür? Für wen?

Dennoch: GM hatte 1964 eine Midsize-Plattform vorgestellt, die FoMoCo ebenfalls, wenngleich weniger klar abgegrenzt. Und auch Dodge würde nicht um ein Midsize-Produkt herumkommen. Dabei hatte die Marke schlechte Erfahrungen mit »kleinen« Dodges im Modelljahr 1962 gemacht, die in aller Eile um ein echtes Fullsize-Modell ergänzt werden mussten. Eigentlich war dem Abenteuer ein solider Plan vorausgegangen: 1960, als Plymouth den kleinen Valiant zur Seite gestellt bekam, nahm auch Dodge ein »kleines« Modell ins Lineup auf – den Dodge Dart. »Klein« bedeutete aus Sicht der großen Marke Dodge »Plymouth«: Der kleine Dodge Dart basierte auf der großen Plymouth-Karosserie! 1962 sollte Dodge dann nur den Dart anbieten – und musste eilig den Dodge 880 nachlegen, als die »Regular Size«-Käufer der Marke fernblieben. 1963 wurde der Name Dart an den Dodge-Kleinwagen abgegeben, während die Plymouth-Karosserie neben dem 880 im Line-up blieb. 1965 war Schluss mit dem Chaos: Aus der Dodge/Chrysler-Karosserie des 880 wurde die Fullsize-Klasse, die Plymouth-Karosserie ging in der Midsize-Plattform des Konzerns auf, dem B-Body, und das Trimlevel »Coronet« wurde zum Namen des neuen Dodge B-Bodys.

Coronet bedeutet so viel wie »Krönchen«, ein Überbleibsel aus der »Britischen Phase« der Chrysler Corp. Gleichzeitig wurde aber auch die Praktik des Trimlevel-Nummerierens weitergeführt, was zu Coronet am unteren und Coronet 500 am oberen Ende der Hierarchie führte. Absurderweise hieß das mittlere Trimlevel »440«, eine Steigerung des älteren Trimlevels 330, trotzdem mathematischer Unfug und nicht mit dem 440 cui V8 verwandt. Aber das »Krönchen« setzte sich durch und bekam dafür von Dodge 1967 das R/T-Paket spendiert. Das bescherte ihm größere Bremsen, ein strafferes Fahrwerk, rote R/T-Embleme – und 375 PS aus 440 cui (7,2 Litern). Plötzlich war es schwerer geworden, sich über den Namen des Dodge-Midsize lustig zu machen. 1968 rückte die Dodge-Midsize-Klasse enger zusammen: Der Coronet verlor allen noch vorhandenen Babyspeck, das 1966 eingeführte, auf dem Coronet basierende Raumschiff Dodge Charger landete nach einer zweijährigen Odyssee im Weltraum auf der Erde, und Dodge hatte mit dem Allrounder Coronet und dem sportlichen Charger plötzlich eine schlanke, hungrige, aggressive Midsize-Klasse, angeführt von den beiden Sportmodellen Coronet R/T und Charger R/T. Und Dodge hatte noch Verstärkung mitgebracht: Super Bee (oder Coronet Super Bee), ein Roadrunner-Pendant, günstigstes Trimlevel, großer Motor.

Dodge verzichtete auf jede sinnlose Änderung für das Modelljahr 1969 – die Marke lag zwar nur auf Platz Sieben der Verkaufsrangliste, als vorletzte der Volumenmarken – aber bei allen anderen Marken war »Performance« gleichbedeutend mit »Midsize«. Bei Dodge hingegen war »Midsize« gleichbedeutend mit Performance, und nicht wenige sind der Ansicht, dass die mittlere Chrysler-Marke in diesem Moment im Begriff war, die Muscle Car Wars zu gewinnen. Den wichtigsten Streifenwagen des Modelljahres baute Dodge ohnehin.

Ein erheblicher Teil der heutigen »Mopar«-Verehrung (nach MOtor PARts, der Chrysler-eigenen Service- und Ersatzteilorganisation) hat seine Wurzeln in den beiden »goldenen Jahren« 1968 und 1969. Natürlich konnte das Glück nicht ewig halten: Der Charger für 1970 ist der schönste aller Charger – oder eben nicht. Der Coronet für 1970 ist der schönste aller Coronets – oder eben nicht. Beide Modellreihen polarisieren in ihrem 1970er-Erscheinungsbild, die Zeit der universellen Glorie war vorbei. 1971 wurde Super Bee ein Charger-Submodell, und beide, Charger und Coronet, wurden merklich plumper. Die Muscle Car Wars gingen zu Ende, die Landyacht-Jahre standen unmittelbar bevor.

Aus dieser Perspektive wird die Verwandtschaft des Coronet mit der ersten Generation Charger deutlich sichtbar. Von unten und seitlich waren beide 66er nahezu identisch – technisch gilt das auch für alle späteren Jahrgänge. (Foto: © dave_7, Slg. CC BY 2.0)

Brillenwitze sind ausnahmsweise unangebracht: Der 70er Coronet, hier als Super Bee, ist der letzte Vertreter des alten B-Body-Adels – und der erste Midsize-Mopar, der sich in die Siebziger aufmachte. (Foto: © Greg Gjerdingen, CC BY 2.0)

Es ist unklar, warum moderne Fans der großen B-Bodies beiderseits des Atlantiks gerne deren Fahrbarkeit durch absurd große Felgen ruinieren. Dieser 69er Coronet R/T hat eigentlich Besseres verdient. (Foto: © Berthold Werner, CC BY-SA 3.0)

Der böse Blick und die aufgestellten Nüstern des Coronet R/T lassen vergessen, dass sein Grundmodell eigentlich ein familientaugliches Mittelklasse-Automobil gewesen ist. Womit das merkwürdige (funktionslose) dritte Rücklicht der Coronet 500 und Coronet R/T-Varianten trotzdem nicht erklärt ist… (Foto: © AlfvanBeem)

Dass Super Bee und Roadrunner zum gleichen Team gehörten, ist offensichtlich – auch ohne die unverkennbare Haube, die sich die Six Pack- und 6-BBL-Fahrzeuge beider Marken teilten (ebenso Bodengruppe, Fahrwerk und Antriebsstrang). (Foto: © nakhon100, CC BY 2.0)

Verglichen mit den Jahren 1968 und 1969 wirken die frühen Coronets wie gute Entwürfe, denen nur noch das gewisse Etwas fehlt. Aufkleber im Rennwagenstil sind es auf jeden Fall nicht. (Foto: © Robotriot, CC BY-SA 3.0)

Nicht wegschauen: Dieser Wagen ist ein B-Body und ein Charger, aus der letzten RWD-Modellgeneration von 1975 bis 1978. Bizarre Frontmasken sind ein Markenzeichen dieser Ära. (Foto: © dave_7, CC BY 2.0)

Der Dodge Monaco der Modelljahre 1977 und 1978 erlangte für seine Ära völlig untypische Berühmtheit – als letzter 440 cui-Pkw der Geschichte. Außer der Polizei konnte da aber schon niemand mehr diesen Motor bestellen. (Foto: © Jack Snell, CC BY-NC-SA 2.0)

DODGE B-BODY

Die Dodge-Midsizes auf der B-Plattform waren allesamt Kinder der wilden Jahre zwischen 1960 und 1970: Schlank, schnell, groß. Dann mischte sich 1973 der amerikanische Gesetzgeber mit den 5-Mile-Impact-Laws ins Automobildesign ein. Kurz darauf folgte 1974 das erste Ölembargo, unmittelbar danach 1975 die Katalysatorpflicht, dann wurde zwischen 1975 und 1978 mit dem CAFE-Standard Benzinverbrauch zur Staatsangelegenheit, und 1977 verkleinerte GM im Alleingang den nordamerikanischen Pkw. Schnelle große Autos zu bauen ist in Amerika zwischen 1970 und 1990 nahezu unmöglich. Am härtesten trifft dieser Wandel die Marke, deren Image darauf aufgebaut war, dass ihre Autos groß und schnell waren: Dodge. Leistung war auf einmal Nebensache.

1971 überarbeitete die Chrysler Corp. ihre Midsizes und rückte alle Charger optisch bedenklich nahe an das Zweitürer-Erscheinungsbild, das GM für seine Midsizes ab 1968 heraufbeschwor, mit schwerer, voluminöser Heckpartie. Der Coronet wurde ab 1971 zur »eigenständigen« Modellreihe mit einem geringfügig kürzeren Radstand, aber schon 1973 orientierte sich Dodge auch mit dem Coronet an GM, diesmal an der Fullsize-Baureihe. Die Midsize-Modellpolitik der Marke wurde im rauer werdenden politischen und wirtschaftlichen Klima der Siebziger immer orientierungsloser, ab 1975 ließ sich Dodge auf eine Chrom-und-Schnörkel-Schlacht mit den großen Konzernen ein, während die Midsize-Klasse im ganzen Land in zwei Teile gerissen wurde: Entweder günstige Fortbewegung oder völlig unnötige Opulenz – eine andere Position für mittelgroße Pkw fiel um 1975 niemandem ein.

Kleinwagen verbreiteten sich immer weiter, während entsetzte Traditionalisten die größten verfügbaren Landyachten kauften. Dodge-Kunden, die 1970 noch muskulöse vierrädrige Kampfsportler mit eisernen Big-Block-Fäusten erworben hatten, wussten mit den speckigen, brillentragenden, plumpen Luxus-Zweitürern der Siebziger wenig anzufangen. Die loyalen Kunden der Sechziger kauften zwar auch in den Siebzigern noch einmal Dodge – aber oft zum letzten Mal.

GM, insbesondere Chevrolet, begann endgültig am Rest der amerikanischen Autohersteller vorbeizuziehen. Zwar war »Automobiltechnik« in der Katalysator-Ära der Siebziger in Amerika fast immer ein Kompromiss, aber GM machte die besten Kompromisse. Das GM-Downsizing von 1977, mit dem die gesamte Produktpalette aus dem Stand heraus dramatisch verkleinert wurde, konnte die FoMoCo gerade noch mitgehen, der Chrysler Corp. aber, dem kleinsten der drei Konzerne, gingen die finanziellen Reserven aus.

Viel mehr, als den Midsizes Fullsize-Namen zu geben, blieb da nicht übrig. Der Coronet wurde 1977 zum Monaco, der neue M-Body Dodge Diplomat übernahm die Rolle der B-Bodys. Zum Charger, dem letzten Überbleibsel der goldenen Jahre, gesellte sich der weniger barocke Dodge Magnum, der sich die Technik mit dem Charger teilte. Zeitgleich experimentierte Dodge mit dem Midsize-Fullsize R-Body Dodge St. Regis. Dann kam 1980 das Ende aller Abenteuer, und der Diplomat war plötzlich allein – bis auf den heute fast vergessenen Dodge Mirada, ein Coupé auf einer modifizierten M-Plattform mit der Bezeichnung J-Body. Das war genauso kurzlebig wie die meisten Rettungsversuche, bevor die Chrysler Corporation als Ganzes zur »Front Wheel Drive Company« wurde. Einzig der Diplomat, dessen M-Body zuletzt alle Midsize- und Fullsize-Baureihen ersetzen musste (obwohl er doch von einer Compact-Plattform abstammte!), blieb bis 1989 erhalten, hauptsächlich wegen der Nachfrage bei den Ordnungshütern. Schon einmal hatte Dodge eine Produktreihe nur für die Polizei am Leben gehalten: den Big-Block-Motor, lange nach Produktionsende solcher Motoren bei GM und der FoMoCo. Und die Polizeidienste Nordamerikas vergessen nicht. 2005 meldete sich Dodge nach 15 Jahren ohne RWD-Pkw mit dem jetzt viertürigen Charger zurück und definierte gleich das Wort »Markenloyalität« neu: Der Charger wurde über Nacht zum führenden Streifenwagen Nordamerikas.

Spätestens ab '58 war »Dodge« Synonym für schnellle Polizeifahrzeuge. Und selbst als die Ordnungshüter der Großstädte auf Midsizes umstiegen, fuhr insbesondere die Polizei der Bundesstaaten weiterhin Fullsizes wie den 66er Polara. (Foto: © Gazan869, CC BY 2.5)

Lange Radstände begünstigen Richtungsstabilität bei hohen Geschwindigkeiten – im kurvenarmen Amerika definitiv ein Pro-Fullsize-Argument in Streifenwagenfragen. 7,2 Liter Hubraum waren ein weiteres. (Foto: © Lee Cannon, CC BY-SA 2.0)

Natürlich war der Polara auch mit weniger als vier Türen und höherwertigem zivilen Trim erhältlich, wie dieses '68er Coupé, aber seine wahre Berufung fanden die Dodge-Fullsize-Fahrzeuge in der Polizeiuniform. (Foto: © AlfvanBeem)

DODGE POLARA

Dodge war etwas Besonderes, und das nicht nur für die Anhänger der Marke, sondern auch aus einer äußerst bürokratischen Perspektive: auf dem Streifenwagenmarkt Nordamerikas. In einem materialmordenden und äußerst kostenbewussten Umfeld haben im 20. Jahrhundert vier Marken dominiert: Chevrolet, Ford und Plymouth, die drei günstigen Massenmarken der Konzerne – und Dodge als einzige höhere Marke. Zwar waren Streifenwagenpakete auch von luxuriöseren Herstellern erhältlich, von Pontiac und Oldsmobile, Mercury, Chrysler und AMC, aber diesen Marken blieb bis auf einige Achtungserfolge ein breiterer Zugang zum Markt verwehrt. Meist deshalb, weil Polizeiflotten auf niedrige Preise angewiesen waren und auf hohe Reparaturfreundlichkeit. Beides Bedingungen, die am besten durch hohe Stückzahlen und ein in der Folge dichtes Händler- und Werkstättennetz erfüllt werden können.

Dodge hatte schon 1958 einen der prestigeträchtigsten Aufträge der Branche erhalten – die Chrysler-Marke durfte exklusiv die California Highway Patrol (CHP) mit Fahrzeugen beliefern. Kalifornien als Sonnen- und Autostaat, mit erheblicher Bevölkerungsdichte und nur langsam abklingender Wild-West-Mentalität, stellte die kalifornische Staatspolizei vor gigantische Aufgaben. Die California Highway Patrol wurde zum Vorbild für Behörden überall in Nordamerika und darüber hinaus zum bis heute am meisten in Kino und Fernsehen gezeigten uniformierten Polizeidienst überhaupt.

So fuhr die California Highway Patrol ab 1958 Dodge – nach einem harten, unparteiischen Auswahlverfahren. 1959 ging der Beschaffungsvertrag erneut an Dodge, genauso wie 1960 und 1961. Mit drei Unterbrechungen (Chrysler 1962, Oldsmobile 1967, Mercury 1970) blieb Dodge bis 1981 Jahr für Jahr Exklusivlieferant des bekanntesten Polizeidienstes der Welt – und mit ihm wurden Polizeifahrzeuge der Marke Dodge zum Vorbild für den gesamten Markt. Die Beziehung der nordamerikanischen Polizisten zu Dodge hat etliche Höhepunkte hervorgebracht, etwa den verlängerten Dodge 880, den letzten produzierten Pkw-Big-Block oder den berühmten 74er Monaco (ein ehemaliges CHP-Fahrzeug), mit dem John Belushi und Dan Aykroyd im Kinofilm Blues Brothers aus dem Jahr 1980 Ex-Polizeiwagen gesellschaftsfähig machten.

Aber der eine, der unerreichte Höhepunkt der Dodge-Police-Package-Geschichte gehört dem Fullsize-Niedrigtrimlevel Dodge Polara in der Polizeiausführung mit 440 cui (7,2 Liter) V8 aus dem Modelljahr 1969. Der gewaltige C-Body erreichte eine dokumentierte Spitzengeschwindigkeit von 147 mph – 237 km/h! Im Jahr 1969, als viertürige Fullsize-Limousine! Und war damit schneller als der halb so schwere Porsche 911 S desselben Modelljahrs.

Die Auswirkungen von Dodges Verhältnis mit der CHP gingen aber noch wesentlich weiter: Bis heute lautet die Definition von »Streifenwagen« in den USA Fullsize-V8-RWD. Über 20 Jahre nach Beginn des SUV-Booms tut sich die Polizei im ganzen Land immer noch schwer damit, sich mit großen, kastenförmigen »Geländewagen« anzufreunden. Ganz zu schweigen davon, dass sämtliche FWD- und/oder Sechszylinder-Plattformen, mit denen die großen Drei seit 1990 versucht hatten, den Streifenwagenmarkt zu bedienen, bestenfalls temporäre Erscheinungen geblieben waren. Fords Crown Victoria blieb allein aufgrund der Streifenwagennachfrage 15 Jahre nach der letzten RWD-Konkurrenz-Plattform in Produktion. Und mehr noch: Dodges Dominanz an der Westlüste (mit ein wenig Hilfe der CHP-Mindestanforderung an den Radstand) hatte Chevrolet den Zugang zum Polizeiwagengeschehen der Sechziger so sehr erschwert, dass bis in die Siebziger keiner von Chevrolets Fullsize- und Midsize-Stückzahlenchampions einen ernst zu nehmenden Ruf als Streifenwagen erlangen konnte.

Wie sein kleinerer Bruder Plymouth Barracuda war auch der E-Body-Challenger von 1970 bis 1974 erhältlich. Die Challenger-Modelljahre unterscheiden sich nur in Details wie Kühlergrill und Heckleuchtendesign. Das sichtbar kompaktere Heckfenster rechts ist allerdings trimlevel-, nicht modelljahrspezifisch. (Foto: © Riley, CC BY 2.0)

Die Zeiten sind lange vorbei, in denen sich kaum ein Automobil fand, das in der Lage gewesen wäre, einen höher motorisierten Challenger herauszufordern. 13,2 Sekunden benötigt ein Challenger 426 HEMI für die Viertelmeile, schon ein Golf 8 GTI Clubsport ist genau so schnell – hat aber weniger Style. (Foto: © Mario Brunner, Slg. Sönke Priebe)

Nicht alle schnellen Challenger waren Big Blocks: Dodge bot 1970 auch eine 340 cui (5,6 Liter) Rundkursversion mit dem Namen T/A (für Trans-Am) an – mit Six Pack-Sechsfachvergaseranlage! (Foto: © Sicnag, CC BY 2.0)

DODGE E-BODY

Dodge hatte wie geschrieben ab 1961 mit dem Dart ein »kleines« Modell im Angebot. Aber anders als Plymouth schöpfte Dodge die Möglichkeiten der Compact-Plattform nicht weiter aus. Der Dodge Dart wurde zwar in verschiedenen Trimleveln und unterschiedlichen Karosserieformen angeboten, aber einen kleinen, exklusiven Sportler wie Plymouths Barracuda – der auf der Valiant-Plattform aufgebaut war – hatte Dodge während der Sechziger nicht im Angebot.

Als 1970 mit dem E-Body der Dodge Challenger erschien, war dessen Ankunft bei den Händlern deshalb ein ungleich größeres Ereignis als der Erstauftritt des neuen Plymouth E-Body Barracuda. Zum ersten Mal hatte die gehobene Marke Dodge, die erst kürzlich die Compact-Midsize-Fullsize-Struktur vollständig umgesetzt hatte, ein weiteres Modell im Lineup. Ein Pony Car noch dazu, sechs Modelljahre nach dem überaus erfolgreichen Debüt des Ford Mustangs. Konsequenterweise – Plymouth bildete zusammen mit Chevrolet und Ford das Low-Price-Segment des Marktes – war Plymouths Barracuda der eigentliche Konkurrent des Mustangs, während Dodge ein wenig höher auf Mercury Cougar und Pontiac Firebird zielte.

Zwar war der E-Body Challenger im Grunde technisch identisch mit dem Barracuda (beiden Modellen lag ein gekürzter B-Body zugrunde), aber der Challenger hatte einen um zwei Zoll (51 Millimeter) längeren Radstand und geringfügig größere Karosseriemaße, vergleichbar mit dem Ford Mustang und seinem etwas längeren Gegenstück, dem Mercury Cougar. Während Plymouth-Kunden ein einfaches, günstig ausgestattetes Fahrzeug erwarten durften, sollte dem Dodge-Käufer von allem etwas mehr geboten werden. Was vor dem Hintergrund, dass die Chrysler Corp. seit den Fünfzigern die technische Gleichschaltung ihrer Marken stärker betrieb als jeder andere Autohersteller, hauptsächlich optische Unterschiede bedeutete: Etwa mehr Chrom, mehr Wurzelholz-Furnier oder mehr Plastik im Innenraum.
Darüber hinaus glichen sich die technischen Aspekte der Fahrzeuge nahezu zu 100 Prozent. Motoren und Getriebe waren in allen E- und B-Bodys identisch, und auch die innere Struktur der selbsttragenden Karosserien war für beide Marken identisch. Was den Challenger von seinen direkten Gegnern Firebird und Cougar unterschied, war der Umstand, dass sie ihre Popularität weitgehend ihren massenproduzierten günstigen Geschwistern verdankten, dem Camaro und dem Mustang, während Challenger und Barracuda/'Cuda im Vergleich Nischenerscheinungen blieben.

Der Unterschied wird besonders deutlich, wenn man den Challenger direkt mit dem Cougar vergleicht: Der Mercury war das Trendprodukt einer Marke, die künstlich geschaffen worden war, um Marktbedürfnisse zu befriedigen. Der vermeintliche Gegner Challenger hingegen war ein High-Performance-Coupé einer Marke, die vielleicht aus Marketingperspektive mit Mercury konkurrierte, aber über eine lange gewachsene, loyale Käuferschaft mit einem in der Markengeschichte verwurzelten Interesse an High Performance verfügte.

Zwar wurde der Challenger, wie in der Pony-Klasse üblich, auch mit einem Reihensechszylinder angeboten, doch gab es ihn auch mit allen V8, über die der Konzern verfügte. Wer die R/T-Ausstattung bestellte, bekam nicht nur die roten Lettern im Kühlergrill, sondern sah sich auch vor die Wahl gestellt zwischen dem Standart-R/T-V8 mit 383 cui (6,3 Liter), dem großen 440 cui (7,2 Liter), entweder mit einem Vierfach- oder drei Doppelvergasern (letzterer trägt in der Dodge-Marketingsprache den Namen »Six-Pack«). Wenn der Käufer denn furchtlos genug war, konnte er auch den 426 HEMI mit 425 PS ordern. Es erübrigt sich vielleicht hinzuzufügen, dass die letztgenannten drei Motoren mit so ziemlich allem fertig wurden, was die Pony-Konkurrenz werksseitig zu bieten hatte.
Nach 1971 fielen die Leistungs- ebenso wie die Verkaufszahlen des Challenger angesichts der drohenden Katalysatorära und der Ölkrise steil ab. 1974 gab Dodge das Modell auf.

DODGE

DODGE C-BODY

Dodge bekam, wie die übrigen Chrysler-Marken auch, ab 1965 die C-Plattform als konzernweites Universal-Fullsize-Modell. Aber anders als Plymouth, die in der großen Klasse keine traditionellen Wurzeln hatten, waren Dodge-Käufer daran gewöhnt, dass »ihre« Marke die größeren Autos zu bieten hatte. Das hatte sich zuletzt 1962 gezeigt, als Chrysler versehentlich den Dodge geschrumpft und auf der kleineren Plymouth-Basis platzierte. Zwar war der Rückgang in den Verkaufszahlen nicht katastrophal, aber Dodge reagierte und schickte kurzfristig mitten im Modelljahr ein Zwischenmodell ins Rennen, den Dodge 880. Er bediente sich der »großen« Fullsize-Plattform des Konzerns, die in diesem Modelljahr ausschließlich von Chrysler verwendet wurde.

Für 1965 schaffte Chrysler Ordnung, machte die traditionelle Plymouth-Plattform zum B-Body Midsize und die Plattform von Dodge und Chrysler zum C-Body-Fullsiz. Dodge sah sich so 1965 in der günstigen Lage, seine angestammte Produktlinie quasi »offiziell« als brandneu verkaufen zu können, und schaute sich nach einem passenden Namen für den Dodge C-Body um.
Seit dem Zweiten Weltkrieg waren Dodge und der ganze Chrysler-Konzern durch eine Art »Englische Phase« gegangen – den Vorkriegs-Trimleveln Deluxe und Custom waren Namen wie Wayfarer, Meadowbrook und Coronet gefolgt (die in dieser Phase des US-Automobilbaus oft noch Karosserieformen, nicht notwendigerweise Ausstattungen beschrieben). Im Rückblick ist schwer zu erklären, was ausgerechnet Dodge dazu bewogen haben konnte, ein Automobil »Meadowbrook« zu nennen. Meadowbrook ist ein sehr englischer Begriff, der sinngemäß ein plätscherndes Bächlein in einer saftig-grünen Weide beschreibt. Wayfarer und Meadowbrook verschwanden bald wieder und machten der Hierarchie Coronet - Royal - Custom Royal Platz, deren Spitzenausführung auch als Custom Royal Lancer zu haben war. Nur falls jemandem der britische Unterton entgangen sein sollte. In der Großer-und-kleiner-Fullsize-Phase des Custom 880, in der zu allem Überfluss noch ein ganz kleiner Dodge auf dem Markt erschien, der die Bezeichnung Lancer übernahm, tauchte auch der Terminus Polara auf – und dann muss selbst Dodge den Überblick verloren haben.

1965 zeigte sich das Lineup deshalb neu sortiert und frisch gekämmt, mit dem kleinen Dart (170, 270 und GT), dem mittleren Coronet (als Coronet, Coronet 440 und Coronet 500) und dem großen Polara auf dem neuen C-Body, dem der Custom 880 als Spitzenmodell und der Monaco als Personal-Luxury-Coupé zur Seite gestellt wurden, allesamt auf dem neuen C-Body. Offenbar gefiel es Dodge am Mittelmeer, denn schon 1966 waren Polara und Monaco die einzigen Namen in der Fullsize-Klasse, Polara unten in der Hierarchie, Monaco am oberen Ende. Bis zum Ende der Fullsize-Produktion wurde die Modellpalette nicht mehr erweitert. Im Gegenteil, zum Modelljahr 1974 fiel die Bezeichnung Polara sogar weg, sodass Monaco als einziger Dodge-Fullsize übrig blieb, unter anderem im Trimlevel Royal Monaco.
Totgesagte und Engländer leben eben länger. Ironischerweise war der sparsamer ausgestattete Polara eines der legendärsten Polizeifahrzeuge des 20. Jahrhunderts. Berühmt aber wurden die Dodge-C-Bodys in Uniform erst mit dem Modelljahr 1974, als die Bezeichnung »Polara« soeben entfallen war: Das »Bluesmobile«, der Wagen der Blues Brothers und damit wahrscheinlich der bekannteste (ehemalige) Streifenwagen der Geschichte, ist ein Dodge Monaco des Modelljahres 1974.
Am Ende des Modelljahres 1976 stellte Dodge den C-Body ein. Die Fullsize-Rolle des Monaco wurde 1977 erst von B- und dann 1979 von R-Body-Modellen übernommen. Zuerst noch als Monaco, dann als St. Regis, bevor selbst die alte Midsize-Baureihe zu groß für den Zeitgeist und der M-Body zum letzten RWD-Dodge wurde. Als Dodge Diplomat musste er fürderhin im kleinen Midsize-Format die alte Fullsize-Rolle ausfüllen, bis er nach dem Modelljahr 1989 zusammen mit dem fast identischen Plymouth Gran Fury vom Markt genommen wurde. Zu dieser Zeit wandte sich Chrysler dem neuen Marktsegment Minivans zu.

Der 1974er Dodge Monaco erlangte internationale Berühmtheit als das »Bluesmobile« im Kinofilm »The Blues Brothers« von 1980. Seitdem ist der Filmwagen immer wieder mehr oder weniger akkurat nachgebaut worden. (Foto: © Sheila Thomson, C BY 2.0)

Mogelpackung: Für den kanadischen Markt rüsteten die meisten US-Hersteller Karosserien der höheren Marken mit Technik und Ausstattung des Low-Price-Segments aus.
(Foto: © Mdave_7, CC BY-SA 2.0)

Von '69 bis '73 dauerte die Ära des Fuselage-Stylings bei Dodges C-Bodys, die als 4-door Sedan (mit B-Säule), 4-door Hardtop (ohne B-Säule), 2-door Hardtop, Convertible und als Wagon angeboten wurden.
(Foto: © Georg Otto)

Noch 1968 zeigt der Dodge Monaco im richtigen Licht Anklänge der alten Chrysler Corp. Chrom-Opulenz, die die Midsizes schon komplett hinter sich gelassen hatten. In der anspruchsvolleren Fullsize-Klasse kehrte zeitlose Eleganz erst unmittelbar vor den Siebzigern mit den C-Bodys der Fuselage-Ära ein.
(Foto: © sv1ambo, CC BY 2.0)

Newport F

Newport Custom 2-Door Hardtop

CHRYSLER CORP.
CHRYSLER

Abgesehen vom Paradiesvogellabel Imperial war Chrysler die Spitzenmarke der Chrysler Corporation. Ihre Aufgabe bestand darin, den Marktanteil des Konzerns gegen die GM-Fabrikate direkt unterhalb von Cadillac zu verteidigen. Was Chrysler dabei an Stückzahlen fehlte, glich man durch gewaltige Motoren wieder aus.

Die Siebziger waren das Jahrzehnt der großen Fahrzeuge – und niemand baute große Autos besser als Chrysler! (Foto: © Chrysler Cooperation)

1950 trug Chrysler seinen Oberklasseanspruch schon in gleichem Maße zur Schau wie in späteren Jahren: durch üppigen Chrom an der Front. (Foto: © sv1ambo, CC BY 2.0)

Noch vor der vertikalen Doppelscheinwerfer-Mode versuchte sich Chrysler an der Diagonalen. Das Ergebnis war bestenfalls schräg. (Foto: © PIERRE ANDRE LECLERCQ, GFDL)

Wirklich groß ist ein zweitüriger Pkw erst dann, wenn er einen amerikanischen Parkplatz in Länge und Breite ausfüllen kann. Chryslers Fullsizes standen 1970 sicher nicht an der Spitze der US-Luxusmodelle – in schierer Größe allerdings waren die Fuselage-C-Bodies mehr als nur konkurrenzfähig. (Foto: © Greg Gjerdingen, CC BY 2.0)

Überall auf der Welt – wie hier in Australien – bauten Unternehmen der Chrysler Corporation eigenständige Autos unter dem Markennamen Chrysler. (Foto: © Sicnag, CC BY 2.0)

CHRYSLER I

In der Hierarchie der drei wichtigsten Kernmarken des Chrysler-Konzerns war Chrysler ganz oben angesiedelt – als die Luxusmarke, als direkter Marktgegner von Lincoln und Cadillac. Nähme man es ganz genau, müsste man anerkennen, dass zwischen 1955 und 1975 oberhalb von Chrysler noch die Super-Luxusmarke Imperial gestanden hatte, hervorgegangen aus dem früheren Chrysler-Spitzenmodell, dem Chrysler Imperial. Allerdings blieb der kurzlebigen Marke Imperial mangels Stückzahlen ein bleibender Einfluss auf die Automobilwelt verwehrt. Ähnlich erging es DeSoto, einer anderen frühen Marke der Chrysler Corp., die zwischen 1929 und 1960 direkt unterhalb der Marke Chrysler angesiedelt war.

Im sich rasant verändernden Automobilmarkt der Nachkriegsjahre waren viele verschiedene Marken unter einem Konzerndach nicht zwingend wirtschaftlich vorteilhaft, weshalb die Marke DeSoto zugunsten einer breiteren Modellpalette der Marke Chrysler eingestellt wurde. Neben dem Luxus-Segment bot Chrysler ab 1961 auch Fahrzeuge der günstigeren Luxusklasse an. In der zweiten Hälfte des 20. Jahrhunderts war Chrysler die am wenigsten konservative der »teuren« US-Automarken, mit einem leichten Hang zum Exzentrischen. Sie wandte sich an alle Luxus-Käufer, die sich nicht zwischen den solideren, prestigeträchtigeren Konkurrenzmarken Cadillac und Lincoln entscheiden konnten.

Dass die Chrysler-Modelle der späten sechziger mit dem gleichen 7,2-Liter V8 ausgeliefert wurden, der auch die Muscle Cars des Konzerns befeuerte, mag bei der traditionellen Käuferschicht der »gegnerischen« Luxusmarken für hochgezogene Augenbrauen gesorgt haben, hat dem Ruf der Marke aber sicher nicht geschadet. Ganz im Gegenteil: Anders als die Hochpreis-Konkurrenz von GM und der FoMoCo hatte Chrysler außer Luxus so auch noch einen Hauch Sportlichkeit zu bieten. Noch mehr hochgezogene Augenbrauen dürfte der ständige Flirt der Chrysler Corporation mit dem (europäischen) Ausland verursacht haben. Dort kaufte der Konzern seit den frühen Sechzigern diverse Automobilhersteller auf und fing an, verschiedene europäische Automodelle unter dem Markennamen »Chrysler« zu vertreiben, ohne dass diese Fahrzeuge der Einordnung in die traditionelle Markenhierarchie des US-Marktes entsprochen hätten.

Mit dem Ende von Imperial im Jahr 1975 deckte für die Chrysler Corp. wieder allein die Marke Chrysler das gesamte obere Marktsegment in den USA ab. Die Fahrzeuge der Marke waren zu diesem Zeitpunkt entsprechend der Marktaufteilung noch allesamt »Fullsizes« mit acht Zylindern – Midsizes oder sogar Sechszylinder wagte noch kein amerikanischer Premium-Hersteller seinen Kunden anzubieten. In den Irrungen und Wirrungen der Krisenjahre zwischen 1975 und 1980 aber, die den Mutterkonzern an den Rand der Pleite brachten, ging die Abgrenzung der Marke Chrysler zu den günstigeren Marken weitgehend verloren. Im Jahr 1977 stellte General Motors den Markt auf den Kopf und schaffte mit der »verkleinerten« Fullsize-Klasse Automobile, die konservative Käufer in Scharen anzog, ohne sich in die althergebrachte Markenhierarchie zu fügen. Auf dem hart umkämpften Pkw-Markt der Achtziger musste Chrysler so plötzlich nicht nur gegen die traditionellen Luxusmarken antreten, sondern auch noch gegen das »günstige« Marktsegment, welches als einziges noch große Stückzahlen an Fullsize-Fahrzeugen hervorbrachte.

Chrysler reagierte mit einer seltsamen Mischung aus traditionell aussehenden Midsizes und vorderradgetriebenen Sechszylindern in modernerem Styling – und gab 1989 zusammen mit den anderen Marken des Konzerns den bewährten V8/Heckantrieb-Markt (und damit das althergebrachte Layout für Luxus-Pkw in den USA) komplett auf. Seit der Jahrtausendwende und dem Ende der Marke Plymouth bildete Chrysler zusammen mit Dodge den überlebenden Rest der Chrysler Corp., mehrfach hin- und herverkauft, kurzzeitig in deutscher, dann in chinesischer und momentan in europäischer Hand bei Stellantis.

1965 endete die Letter-Car-Serie mit dem 300 L – zu diesem Zeitpunkt war von der Einzigartigkeit und dem Ultra-High-Performance-Anspruch der ersten »Letter Car« außer der Modellbezeichnung nur wenig übrig. (Foto: © Lothar Spurzem, CC BY-SA 2.0 de)

Das erste »Letter Car« von 1955 war der Chrysler C-300. Man hielt an der Idee fest und zählte bei »B« weiter, sodass das hier gezeigte Letter Car des Modelljahres 1957 die Bezeichnung »300C« erhielt. (Foto: © Sicnag, CC BY 2.0)

Für ein amerikanisches Auto des Jahrgangs 1955 wirkt der sportliche Chrysler ungewöhnlich britisch – ein Merkmal, das den »Letter Cars« zusammen mit der gewaltigen Performance über die Jahre abhandenkam. (Foto: © Greg Gjerdingen, CC BY 2.0)

LETTER CARS

Ginge es nach Chrysler-Enthusiasten, würde das Alphabet bei C beginnen, wäre bei L vorbei, und B stünde sowohl vor als auch nach C, während A und I ausgeschlossen blieben. Chryslers »Letter Cars« (Buchstaben-Modelle) sind eine weitere Erscheinungsform eigenwilliger amerikanischer Modellpolitik. Und wenn man sich schon mit dem ehrwürdigen Alphabet anlegt, dann eben auch gleich richtig...

Der erste der Buchstaben-Chrysler war der C-300 von 1955. Ein Modell, dessen Bezeichnung seine unfassbare Motorleistung von 300 PS widerspiegeln sollte, weshalb man die interne fortlaufende Modellbezeichnung (C68) für einen Moment außer Kraft gesetzt hatte. Der C300 oder C-300 war mit dem 331 cui (5,4 Liter) nicht nur erschreckend stark motorisiert (der 331 cui war ein früher HEMI), er wirkte in seinem eigenständigen Blechkleid des Modelljahres 1955 auch noch erstaunlich britisch. Ungefähr so britisch wie James Bond, kurz bevor er eine deutsche Pistole zieht und einen internationalen Zwischenfall provoziert.
In einem Modelljahr, in dem sich die »Volksmarke« Chevrolet erstmals anschickte, mit günstigen V8, günstigem Tri-Chevy-Chic und mörderischen Stückzahlen nach der Marktherrschaft zu greifen, musste der 300C wie ein Gentleman aus der Alten Welt wirken: traditionsbewusst, dennoch modern, elegant, aber schwer bewaffnet. Serienfahrzeuge im Jahr 1955 leisteten üblicherweise keine 300 PS und waren auch nicht in der Lage, Geschwindigkeiten von über 200 km/h zu erzielen.

1956 setzte Chrysler die in verschwindend geringer Stückzahl produzierte Letter-Serie fort und gab dem Nachfolgemodell die mehr oder weniger logische Bezeichnung 300B. Der 300B war auf 354 cui (5,8 Liter) und maximal 355 PS angewachsen, und obwohl Chrysler auch 1956 nur eine Kleinstauflage von knapp über 1000 »Letter Cars« produzierte, folgte im Modelljahr 1957 der 300C, immer noch mit dem frühen HEMI-Motor, jetzt aber mit 392 cui (6,4 Liter) und 375 PS (optional 390 PS). Diese Zahlen waren nicht nur für 1957 extrem hoch – sie markierten gleichzeitig auch eine Grenze, die bis zum Ende des 20. Jahrhundert nur von den wenigsten Motoren überschritten werden sollte. Selbst Chryslers mächtiger 440 cui (7,2 Liter) hatte in den Hochzeiten der Muscle Car Wars nicht mehr geleistet.

1958 folgte der 300D, 1959 der 300E. Inzwischen hatte Chrysler sich wieder auf amerikanische Linien besonnen und mischte im »Flossenrennen« der ausklingenden Fünfziger mit. Der 300E war zwar mit dem neuen 413 cui (6,8 Liter) ausgerüstet, aber nicht mehr ganz so schlank und hungrig wie sein Urahn von 1955. Über den 300F, 300G, 300H, 300J, 300K bis hin zum 300L des Modelljahres 1965 behielt Chrysler die »Letter Cars« als hyper-motorisierte Kleinserie bei, teilweise mit Stückzahlen von weniger als 500 Fahrzeugen. Bis mit dem 440 und dem 426 HEMI zwei Motoren ins Chrysler-Programm aufgenommen wurden, mit denen Ultra-High-Performance zwischen 375 und 425 PS zum (optionalen) Standard in Modellen der Chrysler Corp. wurde.

Lange Zeit danach kam Chrysler ohne »Letter Cars« aus, obwohl der angeschlagene Chrysler-Konzern dringend eins hätte brauchen können. Bis der Konzern 1998 unter deutsche Verwaltung geriet und »den Amis« großzügig eine alte Limousinenplattform aus Baden-Württemberg überlassen wurde, deren Reste die ehemals stolze Marke Chrysler verwerten sollte. 2005 war es dann soweit. Zum ersten Mal seit 1989 bot Chrysler wieder eine heckgetriebene Achtzylinder-Limousine an, unter der Modellbezeichnung Chrysler 300, optional als Chrysler 300C, immer noch (oder wieder) britisch angehaucht, immer noch (oder wieder) mit einem HEMI unter der Haube. Der »neue« 300C war sicher keine exklusive Kleinserie wie sein Ahnherr, aber dafür die Speerspitze der dritten Performance-Revolution Nordamerikas. Bis heute dominiert diese neue RWD-Plattform der Chrysler Corp. und den nordamerikanischen RWD-Limousinen-Markt. Bislang ohne echte Gegenwehr der Traditionskonzerne und natürlich auch ohne Gegenwehr aus Europa. Dort, wo ein Ausbau jener alten deutschen Plattform auf heutige Ausmaße offenbar jede Vorstellungskraft überstiegen hatte und wo man die Herstellung von bezahlbaren, großen V8-Limousinen ohnehin noch nie besonders gut beherrschte.

Die alphabetische Sortierung der »Letter Cars«, die in der jüngeren Automobilgeschichte Amerikas beispiellos ist, trieb Chrysler wie üblich öffentlichkeitswirksam auf die Spitze.
(Foto: © sv1ambo, CC BY 2.0)

Als der amerikanische Automobilbau in den Jahren der Katalysator- und Ölkrise ins Wanken geriet, flüchtete sich Chrysler in eine barocke Traumwelt. Aus ihr heraus entstanden Fahrzeuge wie dieser Cordoba. (Foto: © dave_7, CC BY 2.0)

1980 begann auch die Barockphase zu verblassen. Chrysler-Modelle, hier ein Cordoba der zweiten Generation, trugen wieder formellere Züge, mit denen sich die gebeutelten Autokäufer besser identifizieren konnten. (Foto: © dave_7, CC BY 2.0)

Am Ende erging es Chrysler nicht anders als den niedrigeren Marken des Konzerns: Das finale RWD (Rear Wheel Drive)-Produkt der Marke war der Fifth Avenue auf der Basis des kleinen M-Bodys, den Plymouth für den letzten Grand Fury und Dodge für den letzten Diplomat nutzte. (Foto: © GPS 56, CC BY 2.0)

1982 brachte der strauchelnde Chrysler-Konzern die Rettungsboote zu Wasser. Dazu gehörte der vorderradgetriebene K-Body LeBaron, der so erfolgreich war, dass Chrysler das 20. Jahrhundert überstehen konnte. (Foto: © Infrogmation, CC BY-SA 3.0)

CHRYSLER II

Unter den US-Automobilherstellern des 20. Jahrhunderts war Chrysler die kleinste Marke des kleinsten Konzerns (wenn man die noch kleineren, aber langfristig bedeutungslosen Chrysler-Marken DeSoto und Imperial gekonnt ignoriert). »Kleinster Konzern« ist dabei nicht relativ zu verstehen: GM beanspruchte insbesondere in den Sechzigern mehr als 50 Prozent des Pkw-Marktes für sich, Ford folgte mit rund 25 Prozent und was dann noch übrig war, teilten die Importmarken, die American Motors Corporation und der Chrysler-Konzern unter sich auf.

Ein Resultat dieser Außenseiterstellung war, dass Chrysler oft nicht dem allgemeinen GM-Technikdiktat folgte. Man war in der Lage, eigene technische Wege zu gehen. Bei der Gestaltung der Marke Chrysler allerdings war die Chrysler Corp. marktkonform: Chrysler war für große Autos zuständig, die nach 1945 in bemüht europäisch klingenden Trimleveln wie »Royal« oder »Windsor« und mit verschiedenen Radständen erhältlich waren. 1955, als der erste Tri-Chevy den Pkw-Look der kommenden Jahre festlegte, wirkte Chryslers Modellpalette anders als alles, was die übrigen US-Konzerne zu bieten hatten.
Aber schon 1957 war Chrysler zurück auf dem nordamerikanischen Kontinent und damit beschäftigt, dem Mainstream der ausklingenden Fünfziger zu gefallen, mit großen Flossen und Burgwall-förmigen Fronten. Die Chrysler dieser Ära sind allesamt Fullsizes. Midsize war noch kein Begriff, auch wenn die niedrigeren Marken der Chrysler Corporation kleinere Autos bauen mussten als Chrysler. Durch die Sechziger und bis weit in die Siebziger behielt man eine geradlinige und übersichtliche Fullsize-Modellpalette bei, die den günstigen Newport, den sportlichen 300 und den luxuriösen New Yorker (anfänglich noch mit längerem Radstand) umfasste.

1965, unmittelbar nach dem Erscheinen der neuen Midsize-Klasse, wurde mit dem C-Body eine Konzernplattform eingeführt, auf der sämtliche Fullsizes aller Chrysler-Corp.-Marken bis zum Ende deren Ära aufgebaut wurden. Die C-Bodys, und besonders die der Marke Chrysler, unterschieden sich in vielen Aspekten von der Konkurrenz, etwa durch das Drehstab-/Blattfeder-Fahrwerk unter einer gigantischen, aber selbsttragenden Karosserie mit einem Hilfsrahmen über der Vorderachse. Alle anderen Hersteller produzierten nach 1959 Fullsize-Fahrzeuge auf klassischen Leiterrahmen mit Schraubenfedern rundum. Außerdem hatte Chrysler den mächtigen 440 cui »RB« V8, der zwar mit höflich-kultivierter Laufruhe und zivilisiertem Alltagsverhalten glänzte, sich bei Bedarf aber in ein rasendes Untier verwandelte, das FoMoCo-Produkte samt Vinyldach zum Frühstück verspeiste. Und Chrysler hatte den Town & Country – einen Station Wagon in einer Klasse, in der die großen Gegner Cadillac und Lincoln um ein derartig bürgerliches Nutzfahrzeug weite Bögen schlugen. Erst '76 geriet das Chrysler-Lineup in Aufruhr: Imperial, die nie ganz etablierte Spitzenmarke des Konzerns, wurde eingestellt. Chrysler bekam mit dem Cordoba ein »Personal Luxury Car«, ganz wie es der Zeitgeist gebot, und außerdem hatte Chrysler mit dem M-Body-LeBaron ab 1977 erstmals ein kleines Auto im Programm.

1979 erschien mit dem R-Body ein downgesizter Nachfolger für den C-Body – aber da war das Ende schon nah. Man verlor sich in den Unsicherheiten der Achtziger, ab 1982 war der kleinere M-Body der letzte verbliebene heckangetriebene Chrysler in Nordamerika. Chrysler produzierte noch bis '89 den M-Body Fifth Avenue (nach dem ehemaligen Spitzen-Trimlevel New Yorker Fifth Avenue), aber der Hoffnungsträger der Marke war der LeBaron, der 1982 auf die vorderradgetriebene K-Plattform des Konzerns umzog, die er sich mit Dodge und Plymouth teilte. In den Überlebenskampf des Krisenjahrzehnts ritt die Chrysler Corp. dann auch nicht auf einem Schlachtross, sondern auf einem Sparschwein: Mit dem FWD-K-Body wurde der Konzern so rigoros gesundgespart, dass sich das Chrysler-Management erst 2005 wieder traute, mit dem neuen 300C einen RWD-Pkw in Nordamerika anzubieten.

FORD MOTOR COMPANY

Die Ford Motor Company, zweitgrößter Automobilkonzern der USA, verfolgte ursprünglich andere Ziele als die Konkurrenz: Wo General Motors und die Chrysler Corporation die wirtschaftliche Verwertung der brandneuen Erfindung »Automobil« anstrebten, wollte die »FoMoCo« unter Gründer Henry Ford die Welt verändern: durch Ingenieurleistungen, optimierte Fertigungstechnik und für jedermann erschwingliche Automobile. Tatsächlich waren die FoMoCo-Marken die nächsten 100 Jahre in erster Linie damit beschäftigt, sich dagegen zu wehren, von General Motors' Marktmacht erdrückt zu werden. Das käuferfreundliche Endprodukt blieb dabei oft auf der Strecke.

Ford-Schriftzug über der heute nicht mehr existierenden Werkshalle in Ypsilanti, Michigan. (Foto: © F. D. Richards, CC BY-SA 2.0)

Legenden unter sich: Das allerletzte Model T verlässt das Werk Highland Park – mit Edsel Ford am Steuer und Henry Ford auf dem Beifahrersitz (Foto: © Ford)

Superstar: Das eine Auto des 20. Jahrhunderts, an das man sich im 22. Jahrhundert noch erinnern kann, wird wahrscheinlich ein Ford sein. (Foto: © Slg. Sönke Priebe)

Der GT40, legendärer Ferrari-Bezwinger und LeMans-Sieger von 1966 bis 1969, war auch ein Ford. Ein amerikanischer Ford, wohlgemerkt. (Foto: © Ford)

Platz Zwei: So sah der gut ausgestattete Ford-Bestseller im Modelljahr 1955 aus. Leider war der Chevrolet desselben Jahres schlicht revolutionär – Ford begann zurückzufallen und holte im 20. Jahrhundert nicht mehr auf. (Foto: © dave_7, CC BY 2.0)

Der verlorene Sohn: Der FoMoCo-Marke Edsel, nach Gründersohn Edsel Ford, blieb der Erfolg und damit das Überleben verwehrt. Schuld daran soll unter anderem das Kühlergrill-Design gewesen sein. (Foto: © GPS 56, CC BY 2.0)

Auf der grünen Wiese: Nicht nur hatte das frühe Model T noch deutliche Ähnlichkeiten mit der herkömmlichen Pferdekutsche – auch Straßen waren, wie diese Aufnahme nicht ganz freiwillig demonstriert, 1908 noch keine allgemeine Erscheinung. (Foto: © Ford)

FORD MOTOR COMPANY

FORD MOTOR COMPANY (FOMOCO)

Die Ford Motor Company, gegründet 1903 in Detroit (Michigan), gilt als Begründer der modernen Automobil-Massenproduktion, verantwortlich für den ersten großindustriellen Fließbandeinsatz der Welt. Unter ihrem visionären, genialen und teilweise exzentrischen Gründer Henry Ford brach der Konzern als erster Autohersteller der Welt ins Zeitalter der Massenproduktion auf und machte Autofahren ab 1908 mit dem »Model T« zur bezahlbaren Volksbeschäftigung. Die FoMoCo hatte schon massenproduzierte Achtzylinder (den legendären Flathead von 1932), als anderswo noch Pferdekutschen als neuzeitlich galten, was gleichzeitig dazu führte, dass Ford die ersten echten Streifenwagen der Menschheitsgeschichte baute.

Überhaupt hat der Konzern in der ersten Hälfte des 20. Jahrhunderts intensiv zur Landesverteidigung der USA beigetragen, sei es mit den B-24 »Liberator« Bombern, gebaut im Ford-Werk Willow Run (dem größten ummauerten Raum der Welt) oder mit dem Geländewagen Ford GPW, der als »Willys Jeep« bekannt wurde, obwohl mehr als die Hälfte der produzierten Fahrzeuge aus Ford-Werken stammen.
Leider verstarb Henry Ford im Jahr 1947, gerade als die Industrieproduktion der USA von Kriegsgerät wieder auf zivile Konsumgüter umgerüstet wurde und die Ära des Automobils so richtig in Fahrt geriet. Ohne ihn war die FoMoCo ohne einen visionären Führer. Zwischen 1947 und dem Beginn des SUV-Zeitalters um die Jahrtausendwende blieb Ford auf dem amerikanischen Pkw-Markt so nur der zweite Platz hinter General Motors mit Verkaufszahlen, die streckenweise weniger als die Hälfte der GM-Absätze erreichten.

Dadurch waren die drei vorherrschenden amerikanischen FoMoCo-Marken Lincoln, Mercury und Ford weitgehend dazu verdammt, die marktbeherrschenden GM-Produkte zu kopieren, ohne Chance auf eigenständige Entwicklungen. Im Gegenteil: Der permanente Versuch aus dem GM-Diktat auszubrechen, führte eher zu einen Vielzahl an Kurs- und Richtungswechseln, die alles in allem Ford als Marke und als Konzern auf dem amerikanischen Markt zum unstetigsten und unübersichtlichsten Mitbewerber machten. Wo GM allerdings nicht mitmischte, etwa auf den NASCAR-Rennstrecken der Sechziger, liefen FoMoCo-Fahrzeuge zu Höchstleistungen auf. Und natürlich hat der »zweite Konzern« den einen großen Wurf gelandet – den Ford Mustang, die am längsten kontinuierlich produzierte Auto-Baureihe der Geschichte. Da kann man beinahe verzeihen, dass von den drei US-Marken der FoMoCo nur Lincoln und Ford das Jahr 2023 erleben durften.

Überleben in der Nische: Rennsport – von GM über viele Jahre gemieden – war eine der Ford-Domänen. (Foto: © Ford)

FORD MOTOR COMPANY

FORD

Ford – die Marke – war der Schwerpunkt der Ford Motor Company-Unternehmungen und ursprünglich auserkoren, die Massen in Nordamerika zu motorisieren. Durch das gesamte 20. Jahrhundert lieferte die Firma immer wieder automobile Meilensteine, während sie permanent in einen lähmenden David-gegen-Goliath-Konflikt mit Chevrolet verstrickt war.

So amerikanisch wie Baseball: »Ford oder Chevrolet?« war in den USA eine Glaubensfrage, über die man tagelang streiten konnte. (Foto: © Ford)

FORD

FORD

Ford war die »Volumenmarke« der Ford Motor Company – kein Wunder, schließlich war es Ford gewesen, der als allererster Autohersteller Fließbandtechnik in großem Stil in der Fahrzeugproduktion verwendete. Mit genau dem Ziel, möglichst viele Fahrzeuge zu möglichst günstigen Stückpreisen abzusetzen. Dieser »Viel-und-günstig«-Maxime blieb Ford durch das gesamte 20. Jahrhundert treu, andere Marken der FoMoCo waren preislich immer über Ford angesiedelt – Lincoln und Mercury zum Beispiel, mit denen sich Ford im Wesentlichen den Pkw-Sektor des Konzerns teilte.

Im Modelljahr 1955 war der Fairlane Crown Victoria der bestausgestattete Ford. Im gleichen Jahr begann Erzfeind Chevrolet den Markt mit der »Günstiger-aber-mehr«-Philosophie aufzurollen. (Foto: © Sicnag, CC BY 2.0)

Die günstigste Marke im Konzern zu sein war über weite Strecken des Jahrhunderts keine dankbare Aufgabe. In dieser Klasse, der sogenannten »Low Priced Three«, bestand die Konkurrenz der anderen großen US-Autokonzerne aus Plymouth (Chrysler Corp.) und Chevrolet (GM). Plymouth alleine wäre schon schlimm genug gewesen, denn die günstige Marke der Chrysler Corp. gebärdete sich besonders während der Muscle Car Wars wie ein Höllenhund, den man von der Leine ließ. Noch schlimmer aber war der direkte Klassengegner Chevrolet, der Marktanteile von grob 25 Prozent erreichte – mehr als die FoMoCo-Marken Ford, Mercury und Lincoln zusammen. Ford hätte der wegweisende US-Autohersteller des 20. Jahrhunderts sein können, hätte GM nicht jede gute Ford-Idee schlicht unter einer eigenen Stückzahlen-Lawine begraben. Wer hingegen das Abenteuer suchte, schaute sich gleich bei Chrysler um, wo irrsinniger Hubraum und noch mehr Leistung schon fast Gratisbeigabe zu jedem Autokauf war. Für Ford blieb das Mittelmaß der Käufer ohne Markenbindung oder spezielle Ansprüche.

Der ursprüngliche Ansatz des Unternehmensgründers Henry Ford, der technisch ausgereifte, haltbare, benutzerfreundliche Automobile produzieren wollte, wurde mit den Jahren vom zermürbenden Überlebenskampf in der Low-Priced-Klasse erst verwässert und dann weggespült. Spätestens nach dem Zweiten Weltkrieg wäre Ford zum reinen GM-Kloner verkommen, wäre der Marke nicht ein unfassbarer Erfolg gelungen: Mitten in der Hochzeit der High-Performance-Fullsize-Limousinen, einem Feld, das sogar noch stärker als üblich von Chevrolet dominiert wurde, stellte Ford 1964 ein kleines Spaß-Coupé für den schmalen Geldbeutel vor. Ein günstiges Freizeitgerät für die Käufer einer Marke, von der man bislang angenommen hatte, zweckmäßiger Transport von A nach B sei ihre erste Priorität. Wilde Ideen wie diese waren eigentlich Chrysler-Territorium (und tatsächlich hatte die Chrysler Corp. nur wenige Wochen zuvor ein ähnliches Konzept vorgestellt), aber dieses eine Mal wagte Ford ein Pokerspiel mit hohen Einsätzen – und feierte Erfolge weit jenseits der wildesten Träume seiner Ingenieure und Designer.

Natürlich ist der Mustang gemeint. Das Auto, das nach einem Flugzeug und einem Wildpferd benannt ist und das alleine ausreichte, Ford vor dem Mittelmaß zu bewahren. Vom 17. April 1964 bis zum heutigen Tag gab es kein Modelljahr ohne einen Mustang und zweimal in seiner langen Karriere war das »Pony Car« die Rettung für Ford. 1979, tief in der Energie- und Katalysatorkrise, als Amerika beinahe von japanischen und europäischen Herstellern erobert wurde, war es die »Foxbody«-Generation des Mustangs, die ganz alleine Performance-Amerika verteidigen musste. Kurz nach der Jahrtausendwende, 2005, schürte Ford mit der neuesten Generation Mustang das uralte Performance-Feuer so stark, dass daraus die neuen Performance Car Wars des 21. Jahrhunderts entflammten.

Und noch eine patriotische Tat darf Ford für sich verzeichnen: Bis 2011 produzierte die Marke den altehrwürdigen Ford Crown Victoria – den letzten Überlebenden der Leiterrahmen-Pkws des 20. Jahrhunderts.

Am 15. September 2011 produzierte Ford den letzten Crown Victoria – und damit den allerletzten Body-on-Frame Pkw der Geschichte. An diesem Tag endete formell das 20. Jahrhundert – zumindest aus Automobilperspektive. (Foto: © Ford)

Als einziger US-Hersteller hat Ford immer wieder versucht, europäische Designs und Konzepte für den US-Markt zu adaptieren. Der moderne Ford Police Interceptor mit Turbotechnik und Allradantrieb ist ein Resultat dieser Bemühungen. (Foto: © Ford)

Halb Transporter, halb Pkw, halb Muscle Car: Ford hatte immer und jedem etwas zu bieten – der heutige Sammlermarkt belohnt aber in erster Linie Extreme. (Foto: © Jeremy, CC BY 2.0)

Ford vollzog in den frühen Sechzigern den Übergang vom Montage- zum Produktionsbetrieb. Der Falcon wurde für den südamerikanischen Markt sowohl in Argentinien als auch in Brasilien gebaut. Dieser 1965er Sprint 289 läuft in Chile. (Foto: © order_242, CC BY-SA 2.0)

Der Falcon als Fords erstes »Weltauto« wurde im Ausland weitergebaut, nachdem die US-Produktion eingestellt worden war. Allerdings unterschied er sich zum Teil erheblich vom Original. Dieser australische Falcon Wagon stammt von '71. (Foto: © Riley, CC BY 2.0)

Schon in den Sechzigern wurde der Ford Falcon mit 4,7-Liter V8, Vier-Gang-Schaltgetriebe, Kelsey-Hayes Vierkolben-Scheibenbremsanlage und diversen anderen Go-Fast-Optionen für den Einsatz unter dem Regelwerk des Weltautomobilrennsportverbandes homologiert. Dieser spezielle 1965er Falcon kam im Winter 2012/13 nach Deutschland. (Foto: © Slg. Sönke Priebe)

Der Maverick ersetzte den Falcon als Amerikas beliebtester Kompakter. Er erschien im Frühjahr 1969 und war mit 4,56 Metern Länge kaum kürzer als der Falcon mit seinen 4,68 Metern. (Foto: © Sicnag, CC BY 2.0)

FORD COMPACT

Gegen Ende der 50er war für die US-Autohersteller ein Umstand nicht länger von der Hand zu weisen: Der Markt verlangte nach kleineren Autos. Fast alle großen Konzerne ergänzten zeitgleich zum Modelljahr 1960 ihre bisherige »Ein-Modell-pro-Marke«-Produktpalette um ein kleineres Fahrzeug. Chrysler mit dem Valiant, Chevrolet fügte den Corvair hinzu und Ford brachte den Falcon. Kleine Autos waren im Jahr 1960 etwas, das Amerikaner von den heimischen Autoherstellern nicht gewöhnt waren, allerhöchstens sporadisch auf amerikanischen Straßen auftauchende Importfahrzeuge, allen voran der VW Käfer, hatten bisher als Alternativen zu den »Regular Size«-Modellen der »Großen Drei« zur Verfügung gestanden.

Nun aber war der Markt im Umbruch und die USA versuchte sich darin, kleine Autos zu bauen. Das Resultat dieser frühen Jahre mag aus europäischer Perspektive amüsant wirken – die »Compacts« der Sechziger nehmen es in ihren Dimensionen oftmals locker mit modernen europäischen Mittelklasse-Pkw auf – aber das hinderte sie nicht daran, binnen kürzester Zeit zu Verkaufserfolgen und zum permanenten Bestandteil des US-Straßenbildes zu werden. Allerdings hat die Compact-Klasse der amerikanischen Sechziger und Siebziger nicht allzu viele Legenden hervorgebracht.

Vielleicht wäre Fords Falcon heute vergessen, wäre seine Plattform im Modelljahr 1964 nicht für ein Abenteuer herangezogen worden, das selbst in den Reihen der FoMoCo nicht auf uneingeschränkte Zustimmung stieß. Nämlich die Idee, ein günstiges sportliches Coupé als eigenständige Modellfamilie zu produzieren für zwei bislang recht wenig beachtete Zielgruppen: Junge Autokäufer und weibliche Kunden.
Das Coupé, das auf der Bodengruppe des Falcons entstand, braucht heute niemandem mehr vorgestellt zu werden, es dürfte am Ende als das bekannteste Automobil der gesamten Verbrennungsmotorära in die Geschichte eingehen: der Mustang. Das »Pony« wurde so erfolgreich, dass man leicht übersehen kann, dass Ford unmittelbar vor dem Mustang, zum Modelljahr 1963½, eine Sonderversion des Falcon produziert hatte, die mit dem kleinen Ford-V8 ausgestattet war und mit untypischen Optionen wie Einzelsitzen, einem Drehzahlmesser und sogar einem Viergang-Schaltgetriebe angeboten wurde. »Normale« Falcons hatten Reihensechszylinder, Sitzbänke und Dreigang-Getriebe.
Diese Version, der »Falcon Sprint«, war das erste kompakte Ford-Coupé, welches sich ganz klar an junge Käufer richtete. Bei den Damen waren die kompakten Fords ohnehin schon beliebt. Etwa 15.000 Sprints verkaufte Ford zwischen 1963½ und 1964½. Lächerlich wenig, gemessen an US-Massenproduktionsstandards, aber mehr als beachtlich für ein so futuristisches Konzept wie einen Kompaktsportler für die Jugend – der übrigens auch im internationalen Tourenwagensport erhebliche Beachtung erfuhr! Wäre der Sprint zum Flop geworden, wer weiß, vielleicht hätte Ford den Mustang gestoppt.

Nicht alle Blüten, die die Falcon-Reihe trieb, fanden so viel Gefallen bei den Käufern: Der offene Transporter auf Falcon-Basis zum Beispiel, der »Ranchero«, konnte nicht gegen GMs »El Camino« Full- und Midsize-»Utilitys« bestehen. Und auch der allerletzte Falcon, ein nur für ein halbes Modelljahr produziertes Midsize-Compact-Zwischending, wurde eher zur historischen Fußnote als zum Verkaufserfolg. 1970 war der Falcon nicht nur veraltet, er war auch nicht mehr der kleinste im Ford-Lineup. Diese Ehre gebührte nun dem Sub-Compact mit dem Namen Pinto. Die Compact-Rolle übernahm bis 1977 der – sehr erfolgreiche – neue Ford Maverick, dessen kurzes tragisches Dasein aber von der Katalysator- und der Ölkrise überschattet wurde.
In den Achtzigern wollte Automobil-Amerika vor allem eins – die Siebziger vergessen. Und so verschwand, was mit dem Falcon grandios angefangen hatte, sang und klanglos aus der kollektiven Erinnerung von Automobilenthusiasten auf beiden Seiten des Atlantiks.

FORD

FORD MIDSIZE

Ford, man kann das ohne Bösartigkeit sagen, hat die Dinge gerne komplizierter gemacht, als es nötig gewesen wäre. Anders als die gesamte ernst zu nehmende Konkurrenz hat Ford sich bis spät in die Siebziger nicht bequemt, klar definierte oder sogar nur benannte Plattformen zu verwenden. Das macht es heute sehr schwer von Ford-Midsizes als eindeutiger Oberbegriff zu sprechen. In der Midsize-Hochzeit der späten Sechziger hatte die Chrysler Corp. die B-Body-Plattform, GM hatte die ähnlich bezeichneten A-Bodys und Ford? Nun ja, Ford hatte nicht nur keine klare Plattformbezeichnung, sondern auch noch eine verwirrende Tendenz, Fullsize-Modellnamen an Midsize-Autos weiterzureichen, aus Compacts Midsizes zu machen und diverse Modelle sogar zwischen mehreren Klassen hin- und herzuschieben. Für einen kurzen Zeitraum hatte Ford sogar ein Midsize- und ein Fullsize-Modell mit dem gleichen Namen im Programm. Dazu kam der Hang der Marke, Aufzeichnungen (etwa über Stückzahlen) ab und an erst gar nicht anzufertigen oder gleich wieder zu verbummeln und so ist das Ford-Midsize-Segment heute das am schlechtesten dokumentierte und das unüberschaubarste.

1963 war man sich der Midsize-Sache noch nicht recht sicher – Fords Fairlane hielt sich äußerlich nahe an die Fullsizes, auch wenn er technisch fast mehr ein vergrößerter Kleinwagen war. (Foto: © Ford)

Schon 1960 wurde der Fairlane angeboten, ein Fullsize-Modell, das mehr oder weniger übergangslos zum Ford Galaxie wurde, der bis 1974 weitergebaut wurde. Die Bezeichnung Fairlane selbst wanderte 1962 auf das neu eingeführte Midsize-Modell, das über mehrere Modellgenerationen bis 1970 im Programm blieb – und im letzten Jahr die Bezeichnung »Falcon« von der jüngst eingestellten Compact-Klasse erbte. Ford-Midsizes nach 1970 hießen »Torino« – was in den Modelljahren ab 1968 eigentlich die Bezeichnung für ein Fairlane-Trimlevel, den Fairlane Torino (nach der italienischen Stadt Turin) gewesen war. Bis 1976 wurden Torino-Midsizes verkauft, die für die Modelljahre '77 bis '79 nochmals ihren Namen änderten. Der finale Ford-Midsize stand unter der Verkaufsbezeichnung LTD II bei den Händlern, neben dem Fullsize-Ford der Ära, der als Ford LTD erhältlich war.

Parallel dazu wurde allerdings schon 1977 der kleine Maverick durch den neuen Fairmont ersetzt, der erstmals auf einer universellen Fahrzeugplattform aufgebaut war, die einen einprägsamen Namen trug: »Fox Body«. Der Fox-Body-Fairmont war eigentlich als Nachfolger des Compact-Mavericks gedacht. In der »Downsizing«-Welle der späten Siebziger aber wurde den Fox Bodys eigentlich entgegen ihrer ursprünglichen Positionierung die Midsize-Rolle zuteil, während die größere Plattform, die sich vom Fairlane über den Torino zum LTD II entwickelt hatte, ohne große Zeremonie eingestellt und nicht ersetzt wurde.

Aber nicht nur diese etwas hakelige Modellgeschichte führte dazu, dass Fords Midsizes heute allgemein deutlich weniger Beachtung erfahren als die der Konkurrenten Chevrolet, Pontiac, Plymouth und Dodge: Alle diese anderen Hersteller verwendeten von Anfang der klar definierten Midsize-Klasse durchgängige Modellbezeichnungen für ihre Performance-Versionen: Chevrolet hatte die Chevelle, Pontiac den GTO, Plymouth hatte den etwas später hinzugekommenen Roadrunner und Dodge den Coronet, während Ford sich entschloss, den »Fairlane«-Namen zu den Akten zu legen und seine Midsizes »Torino« zu nennen. Und das just in dem Modelljahr, in dem die Muscle Car Wars, die nicht nur die Dekade, sondern auch die heutige Wahrnehmung von Midsize-Autos nachhaltig prägten, knirschend zum Stillstand kamen.

Aber es kommt noch schlimmer. Mit dem Fairlane hatte sich Ford nicht an der Horsepower-Schlacht beteiligt, zumindest nicht auf den Dragstrips und den öffentlichen Straßen, und der Torino, der das Ford-Muscle-Car hätte werden sollen, erschien erst, als die Leistungsschlacht bereits aufgegeben war. Zwischen 1965 und 1970 bemühte sich Ford extrem erfolgreich um Anerkennung auf den NASCAR-Rundkursen, aber heute erinnert man sich zum Leidwesen der mittleren Fords wesentlich besser an die Straßenkrieger der Sechziger als an die Rennstreckenhelden. Für die Torinos ab 1970 blieben nur kompressionsreduzierte Motoren, die drohende Katalysator-Einführung,

1968, als die Konkurrenz ihren Midsizes Raubtiernamen und sportlich klingende Drei-Ziffern-Kürzel gab, kam Ford mit dem poetisch-mediterranen Torino um die Ecke, der prompt den Performance-Hintern versohlt bekam. (Foto: © dave_7, CC BY 2.0)

Auch Ford hatte einen kleinen Freizeitlaster. aber anders als Chevrolets El Camino hatte der Ranchero nicht nur die Fullsize-, sondern auch die Compact-Klasse als Basis ausprobiert, bevor er zum Midsize wurde. (Foto: © sv1ambo, CC BY 2.0)

Jahrzehnte später wurde er international zum Star: der Ford Gran Torino, das Spitzenmodell der Fairlane-Reihe. Der GT war 100 Millimeter länger als der normale Torino, die Doppelscheinwerfer lagen seit dem Modelljahr 1968 wieder nebeneinander. (Foto: © Jörgens.mi /, CC BY-SA 3.0)

Den Torino hat Ford 1971 in 16 verschiedenen Außenfarben und sechs Polsterfarben angeboten. Dazu gab es sechs Motoroptionen bis hoch zum 429 cui-V8 mit 370 SAE-PS. Wer mehr wollte, musste zum Spezialisten, so wie es der kanadische Besitzer dieses Torino 500 tat. (Foto: © dave_7, CC BY 2.0)

Das Foto entstand 1972 am Strand von Monterey und wurde im Auftrag der Regierung aufgenommen, um das Ausmaß an Umweltverschmutzung zu dokumentieren. Den Eigner des 1964er Fairlane 2-door Sedan hat der Dreck nicht gestört, er ging angeln. (Foto: © PD)

Den Fairmont hat Ford 1978 als Ablösung des Maverick eingeführt. Basismotor war ein 2,3-l-Vierzylinder, Topmotor der 4,2-l-V8. Dazwischen rangierte der 3,3-l-R6 – alle robust und schier unverwüstlich, wie dieses mitgenommene mexikanische Taxi beweist. (Foto: © PD)

1968 hatte Ford ein Dutzend Wagons im Angebot. Dieser ist ein Country Squire, nur echt mit Holzimitat. Die je nach Bedürfnis klapp- oder schwenkbare Hecktür mit versenkbarem Fenster (»Magic Doorgate«) hatten sie alle. (Foto: © Morven, CC BY-SA 3.0)

steigende gesetzliche Sicherheitsstandards und die bittere Erfahrung, mit drei oder vier Jahre älteren Muscle-Car-Legenden verglichen zu werden, die frei von solchen Restriktionen und deshalb schneller und stärker gewesen waren.
Wer heute auf die Muscle-Car-Ära zurückblickt, könnte den Eindruck gewinnen, dass Ford in dieser Phase mit irgendetwas anderem beschäftigt gewesen sein muss. Die großen Namen der Sechziger stammen allesamt aus den unteren Divisionen von Chrysler und GM, egal, ob es sich um Autos oder Motoren handelt. Plymouth hatte den Roadrunner, HEMIs und 6-bbl 440er, Pontiac hatte den GTO, Oldsmobile den 442, Chevrolet die 409- und 427 cui-Motoren und 1970 den LT-1, der als der »ultimative Smallblock« in die Geschichte eingehen sollte, sowie den LS-6, der »Earth Mover« genannt wurde.

Und was hatte Ford? Ford hatte eine Reihe von Schwierigkeiten, auch wenn das in diesem Moment nicht so wirkte. Zum einen gab es das Engagement in verschiedenen Motorsportarten, das sehr erfolgreich war, aber eben in Disziplinen stattfand, die heute – anders als die oftmals illegale Straßenrennerei – nicht wirklich als cool gelten. Internationaler Tourenwagensport zum Beispiel. Zum anderen legte Ford sehr lange eine beinahe schon mitleiderregende Zurückhaltung in Sachen Marketing an den Tag, die dazu führte, dass deren wildester Beitrag zu den Muscle Car Wars lange Zeit auf den Namen »Fairlane GT« hörte. Fairlane als Midsize-Bezeichnung war eine Anspielung auf das Anwesen der Ford-Gründerfamilie, »Fair Lane« in Dearborn. Aber »Beschauliches Sträßchen« – so die ungefähre deutsche Übersetzung – war kaum das Material, aus dem die Namen von Straßenkriegern geschmiedet wurden. Und drittens hatte Ford ein noch schlimmeres Image-Problem: Das einzige coole Wort in der Konzernsprache – »Cobra« – wurde zeitgleich für alle denkbaren Zwecke verwendet. Cobra war ein Fahrzeug, ein Ausstattungspaket, eine High-Performance-Version eines Fahrzeugs und die Bezeichnung für mehrere Motoren. Gleichzeitig. Kein Wunder, dass den Produkten der »Blue Oval«-Marke ein wenig der Wiedererkennungsfaktor abging. Was unglaublich schade ist, denn eigentlich hatte Ford das Zeug dazu, ernsthaft in den Muscle Car Wars mitzumischen.

Ende der Sechziger, Anfang der Siebziger hatte Ford zwei unabhängige »Big Block«-Motoren – die »FE«-Familie (für Ford Edsel) und die »385«-Familie (von seinen 3,85 Zoll Hub – ein weiteres Beispiel für die rasende Kreativität der Ford-Imageabteilung). Beide Motorenfamilien hatten ihre zahmen Vertreter, etwa den gutmütigen 390 FE, der neben Mustangs auch die Ford-Pick-up-Serie antrieb, aber eben auch Exemplare wie die 427 cui FEs (427 cui sind runde sieben Liter – das NASCAR-Hubraumlimit), die wiederum einen bösartigen Cousin hatten, den 427 »Cammer« mit einer oben liegenden Nockenwelle pro Bank und hemisphärischen Brennkammern oder den 428 FE oder den 429 cui aus der 385er-Familie...
Diese Motoren, mit Leistungen zwischen 335 und 375 PS in den Straßenversionen, hätten es locker mit der Konkurrenz aufnehmen können, aber dazu hätte man sie erst einmal identifizieren müssen. Die 427er wurden in der britisch-stämmigen AC Cobra verwendet, aber auch als 427 CJ (für »Cobra Jet«) verkauft und waren unter anderem im Ford Torino Cobra erhältlich. Und dann war da noch die »Super Cobra Jet«-Version, die es, wie die CJ-Variante, sowohl auf 427-(FE-Familie) als auch auf 428-Basis (385-Familie) gab. Gleichzeitig.
Diese Artenvielfalt verwirrte nicht nur Leser, sondern auch Käufer, sodass die Torino Cobras ein ziemlich exklusives Produkt blieben. Dodge und Plymouth, zum Vergleich, hatten nur einen richtig großen Motor, den 440 cui, und den gab es von 1965 bis 1978 ohne Familienzuwachs oder Namensänderungen – einfacher zu merken, und damit einfacher zu verkaufen. Heute existieren nur noch wenige der wirklich hochmotorisierten Midsizes, die Ford mehr oder weniger ausschließlich zwischen 1968 und 1971 produzierte, und die werden auch nur noch Eingeweihte erkennen.

FORD MUSTANG

Man kann Ford vorwerfen, niemals an der Spitze der technologischen Entwicklung in den USA gestanden zu haben. Man kann sogar darauf hinweisen, das Ford nach 1931 niemals Marktführer im amerikanischen Pkw-Segment war und selbst den Vorwurf, die Muscle Car Wars verschlafen zu haben, muss die Blue-Oval-Marke sich gefallen zu lassen. Auf der anderen Seite aber muss man Ford auch uneingeschränkt zugestehen, dass das eine, das unerreichte, das amerikanischste aller Automobile eben doch ein Ford ist: Der Mustang.

Kein anders Auto aus den USA genießt weltweit die Anerkennung, die das kleine »Pony« erfährt, kein anderes US-Modell kann sich rühmen, seit April '64 kontinuierlich und ununterbrochen weitergebaut worden zu sein. Kein anders Automobil hat sich derart lange sein ursprüngliches Konzept bewahrt. Und wahrscheinlich kann auch kein anderes Fahrzeug von sich behaupten, in keiner Generation oder Ausführung nicht erfolgreich gewesen zu sein. Außer dem fast gleichalten Porsche 911 vielleicht.

Die Geschichte des originalen Ponycars beginnt mit einer beinahe unverschämten Idee. Ford hatte schon 1958 ein »Personal Luxury Car« im Programm, den Thunderbird. Personal Luxury als Fahrzeugklasse definiert man als ein leicht sportliches, luxuriöses, großes Coupé. In anderen Worten: Personal Luxury-Fahrzeuge zeichnen sich in erster Linie dadurch aus, dass sie sich ihren Namen nicht mit anderen, gewöhnlicheren Karosserietypen teilen mussten. Der Thunderbird, ein viersitziges, zweitüriges Coupé, war nur als solches erhältlich. Es gab keinen Thunderbird-Viertürer und keinen Thunderbird-Wagon, während traditionelle Midsize- und Fullsize-Modelle üblicherweise in der vollen Bandbreite der möglichen Konfigurationen erhältlich waren.

Dagegen waren selbst die berühmtesten unter den Muscle Cars eng verwandt mit alltäglichen Gebrauchsfahrzeugen: Was als Roadrunner beim Händler stand, war in identischer (oder sogar besserer) Ausstattung als Belvedere-Viertürer zu haben. Nicht so die Riege der Personal-Luxury-Autos. Buicks Riviera, Chevrolets Monte Carlo, technisch betrachtet sogar der Dodge Charger – allen diesen Fahrzeugen ist gemein, dass sie ihre Karosserie mit niemandem teilen mussten. Und noch eins haben sie alle gemeinsam: »Luxury« ist auch ein Hinweis auf die Preisklasse. Keiner der Personal-Luxury-Zweitürer war günstig.

Und hier kam Ford ins Spiel. Um 1960 herum dachte man daran ein Personal-Luxury-Modell anzubieten, dass auf das »Luxury« im Titel verzichtet. Eine boomende Wirtschaft, steigende Kaufkraft, ein aufblühender Jugendmarkt und ein steigender Anteil von Frauen unter den Autokäufern – die Zeit, so schien es, war reif für ein besonderes, sportliches, individuelles Automodell für eine Käuferschicht, die zwar keinen Sportwagen wollte, aber eben auch keinen Luxus bezahlen mochte. Bei Ford schaute man sich im Teileregal um und zerrte den Kleinwagen Falcon ans Licht. Dessen günstige, massenproduzierte Plattform konnte mit geringen Anpassungen einen größeren Wagen tragen, wenn man auf einen geräumigen Innenraum oder ein hohes Ladevolumen verzichten würde. Aus dem Fullsize-Programm liehen sich die Ford-Entwickler den kleinen 289-cui-V8. Der 4,7-Liter mit knapp über 200 PS war im Falcon bislang (mit Ausnahme der kleinen Sprint-Serie) nicht erhältlich, aber fertig entwickelt verfügbar.

Beinahe ohne Investitionen kam die Marke so zu einer anständigen Grundstruktur für ihr nicht-luxuriöses Personal-Luxury-Projekt. Dem Fahrgestell ein eigenständiges Erscheinungsbild zu geben, fiel einer Industrie, die einen jährlichen Modelwechselzyklus pflegte, ebenfalls nicht sonderlich schwer. Über Nacht, innerhalb von zwei Stunden, soll der erste Karosserientwurf entstanden sein. Fehlte noch ein Name – und auch den besorgte sich Ford von einem anderen, bereits etablierten Massenprodukt, der North American P-51 »Mustang«. Jenem Propeller-Kampfflugzeug, das die Amerikaner im Zweiten Weltkrieg in gigantischen Stückzahlen produzierten – und nicht etwa von einem wilden Präriepferd.

Im März 1964 stand der brandneue Ford Mustang dann in den Verkaufsräumen der Händler, aufgebaut auf einem Kleinwagen, motorisiert wie ein Fullsize, benannt nach einem Kampfflugzeug, in einem über Nacht entworfenen Blechkleid. Falls irgendjemand Zweifel daran hatte, dass diese Kombination die Käufer ansprechen würde, war von diesen am Ende des ersten Verkaufstages, an dem Ford über 20.000 Mustangs verkauft hatte, nichts mehr übrig. 500.000 Stück erreichte Ford noch innerhalb des ersten langen Modelljahrs, 1.000.000 wurden im Modelljahr 1966 überschritten. Das kleine Coupé war ein gigantischer Verkaufserfolg. Vielleicht nicht gemessen an den Fullsize-Verkäufen, besonders nicht an denen von Konkurrent Chevrolet, wo alles unter 1.000.000 Stück pro Modelljahr als Flop galt. Aber für ein Fahrzeug in einer Klasse, die so neu war, dass sie noch nicht einmal einen Namen hatte, war der Mustang ein überragender Erfolg.

Statt die verdienten Fantastilliarden zu zählen, blieben die Mustang-Designer am Ball und erweiterten die Palette der verfügbaren Modelle (Coupé und Cabrio) um einen weiteren Karosserietyp – ohne die Personal-Luxury-Grundregeln zu verletzten. Kein Viertürer, kein Kombi, sondern ein Fastback gesellte sich ins Lineup, ein Coupé mit bis zum Heck gezogener Dachlinie, welches einen weiteren Rekord für

Das Modelljahr 1969 markiert die Abkehr vom asketischen Mustang, hin zu opulenteren Innenausstattungen und einem voluminöseren Hinterteil. (Foto: © Ford)

Von '94 bis 2004 baute Ford eine schnelle, aber dennoch wenig beachtete Generation des Mustangs, selbstverständlich auch mit einer Cobra-Version im Lineup. (Foto: © Ford)

Mustang II Cobra II von 1977. Abgesehen von der erneuten Verwendung des Wortes »Cobra« kann man Ford nichts an diesem Auto vorwerfen. Mitten im Krisenjahrzehnt überhaupt sportlich wirken zu wollen, war mehr als gewagt. (Foto: © Ford)

Wie der Camaro später auch, begann der Mustang nach zweieinhalb Modelljahren optisch breiter zu werden. Anders als der Camaro hatte er trotzdem beinahe keinen Platz unter der Motorhaube. (Foto: © Mario Brunner, Slg. Sönke Priebe)

Nebelscheinwerfer im Kühlergrill erwiesen sich als eine so populäre Option, dass sie in späteren Modelljahren ins Design integriert wurden. (Foto: © Mario Brunner, Slg. Sönke Priebe)

Auch nach über 50 Jahren erfreut sich der Mustang einer gewaltigen Popularität – wahrscheinlich, weil er geblieben ist, was er immer sein sollte: Einfach, bezahlbar, verfügbar, leicht, handlich und anständig motorisiert. Obendrein kann man aus drei verschiedenen Karosserieformen wählen. (Foto: © Slg. Sönke Priebe)

Rennstreifen und Lufthutzen hatten weitaus weniger Mustangs, als ihre heutige Verbreitung den Eindruck erweckt – aber dank schlampiger Dokumentation in den Ford-Werken und späterer Aufarbeitung galt für Mustangs lange der Grundsatz »Original ist, was montiert ist«. (Foto: © Slg. Sönke Priebe)

den Mustang verbuchen sollte: Auf dem heutigen Markt für historische Fahrzeuge in den USA ist das Cabrio typischerweise die teuerste Karosserieform einer Baureihe. Nur für zwei Modelle gilt diese Regel nicht: Für die hochexklusive 63er »Split Window«-Corvette – und alle Fastback-Mustangs der ersten Modellgeneration.

Von 1964½ bis 1968 blieb Ford mit milden kosmetischen Änderungen dem Urdesign treu und auch der Philosophie, dass der Wagen erschwinglich sein sollte. Das günstige Coupé machte deutlich mehr als die Hälfte der Verkäufe aus. Es war für sparsame Käufer auch als Sechszylinder, als Dreigang-Handschalter oder mit günstiger vorderer Sitzbank erhältlich. Vernunft in der Unvernunft stellte sich aber nicht als ein Kaufhindernis heraus, weshalb sich die Konfiguration V8, Automatikgetriebe und Einzelsitze als vorherrschende Mustang-Ausstattung herausstellte.

Wie alle Produkte von großer Massenwirkung wurde auch der Mustang von »echten« Autofans als »Sekretärinnenauto« geschmäht, was seiner Popularität aber keinen Abbruch tat. Ab 1969 legte das Pony dann etwas an Luxus und Speck zu, bis 1971 die zweite Generation vorgestellt wurde und 1974 die dritte. Die Generationen zwei und drei dürfen heute als die verleugneten Stiefkinder des Mustangs gelten, da ihr kurzes und farbloses Leben von den zwei schlimmsten Automobil-Krisen des gesamten 20. Jahrhunderts überschattet wurde. Die Katalysator- und Ölkrisen in der Mitte des Jahrzehnts haben einen kollektiven Verdrängungsmechanismus in der Psyche von Automobilenthusiasten weltweit ausgelöst. Interessanterweise jedoch waren beide Generationen in ihrer Zeit sehr erfolgreich – nur war die bloße Erwähnung dieser Ära lange Zeit ein Tabu unter Automobilenthusiasten, dessen Aufarbeitung gerade erst begonnen hat. Für die Ungeduldigen hat Stuntman-Regisseur H. B. Halicki der zweiten Mustang-Generation und den Siebzigern an sich ein Denkmal gesetzt: In »Gone in 60 Seconds« (im Original von 1974) rast ein gelber Mustang der zweiten Generation unter dem Decknamen »Eleanor« (mit dem Kennzeichen »Six One Four, Henry Sam Ocean« – 614 HSO) in einer 44-minütigen Verfolgungsjagd durch fünf Küstenstädte in Kalifornien, vorbei an Gebäuden der Importeure Datsun und Toyota. Nur der Vollständigkeit halber: Der Eleanor-Antagonist ist ein 70er Mercury-Montego-Zivilstreifenwagen mit dem Funkrufzeichen »One Baker Eleven«.
»Last of the Mustangs« nennt ein Protagonist im Film den Wagen. So wollte es der Zeitgeist der Siebziger. Die Pony-Car-Klasse (die jetzt einen Namen hatte) sollte ausgedient haben. »Luxury« statt Pony drängte in der dritten Generation ins Konzept, und beinahe wäre der Mustang dem Thunderbird gefolgt und hätte als dickliches, verweichlichtes Alte-Leute-Auto geendet.

Aber dann zog Ford mitten in der von Katalysatorzwang, Bleifreierlass, CAFE-Verbrauchsstandards und zwei Ölembargos erschütterten Dekade sein ältestes Ass aus dem Ärmel: Auf der bereits existierenden »Fox«-Plattform, mit einem schon fertig verfügbaren kleinen Achtzylinder, mit einer schnell entworfenen, günstigen, sportlichen Karosserie erschien 1979 die vierte Generation des Mustang, bis ins Detail getreu der ursprünglichen Modellphilosophie. Der »Fox body«-Mustang wurde zum zweiten Mal ein unerwarteter Erfolg, der bis 1993 in unterschiedlichen Ausprägungen als Fließheck-Coupé, Stufenheck-Variante und Convertible-Ausführung verkauft wurde.

Nach ungefähr sechs (je nach Zählweise) Modellgenerationen hat das ehemalige »Sekretärinnenauto« jedes Recht, ein finsteres Straßenkrieger-Gesicht zu ziehen. (Foto: © Ford)

FORD

UTILITY

Die »Utility«-Klasse ist eine Merkwürdigkeit, eine Art Übergangsstufe in der Fahrzeugevolution. Zu Beginn des 20. Jahrhunderts waren die »Passenger Car«- und »Light Truck«-Klassen strikt getrennt. Die Light Trucks hatten Nutzwert, aber Lkw-Motoren, -Fahrwerke und -Bremsen, während Sportlichkeit und Komfort den Passenger Cars vorbehalten war. Über einen Zeitraum von fast 100 Jahren entstand aus der Vermischung von Limousine und Pick-up-Truck die heute gängige, meist immer noch als SUV (für Sports Utility Vehicle) bezeichnete Fahrzeugform mit Light-Truck-Ausmaßen und Pkw-Komfort.

Amerikanisches Zulassungsrecht und amerikanische Käufer ziehen eine klare Trennlinie zwischen Pkw und Lkw – ohne Überschneidungen. »Light Trucks« wie die Ford F-Serie bilden die unterste Ebene der Lkw-Klasse. (Foto: © Stocke)

»Utility« im Sinne des 20. Jahrhunderts beschreibt dagegen ein Fahrzeug, das letztlich Pkw-Eigenschaften haben sollte, aber gleichzeitig den Nutzwert eines kleinen Lastwagens, in dem man existierende Station-Wagon-Plattformen mit einer Ladefläche hinten und einem auf Kabinenlänge gekürzten Pkw-Vorderteil versah. Ford hatte dieses Prinzip 1957 unter dem Namen »Ranchero« auf den Markt gebracht, auf der Basis des Fullsize-Pkws und damit beachtliche Verkaufserfolge erzielt. 1960 verlegte Ford den Fullsize-Ranchero auf die Basis des Kleinwagens Falcon, was den Verkaufserfolg auf Grund niedrigerer Anschaffungskosten hätte erhöhen sollen, ihn aber beinahe zu klein machte, um noch ernsthaft als Nutzfahrzeug gelten zu können. 1966 wanderte das Ranchero-Konzept deshalb auf die Midsize-Plattform des Konzerns, wo es bis zum Ende der Produktion im Jahr 1979 blieb.
Danach begann sich der Utility-Markt in den USA aufzulösen, hauptsächlich deshalb, weil für die kommerzielle Nutzung gedachte Light-Truck-Plattformen weniger stark von den Verbrauchs- und Sicherheitsvorschriften der Siebziger betroffen waren, was für Luxus-Trucks etliche Hintertürchen in Sachen traditionellem Design und großen Motoren öffnete, die den Pkw-Utilitys verschlossen blieben.

Fords Ranchero war ursprünglich als kirchentauglicher Schweinelaster geplant – in den Siebzigern musste er auch noch späte Muscle-Car-Attribute tragen, obwohl er anders als echte Trucks von der vollen Härte der Katalysatorgesetze getroffen wurde. (Foto: © Mic, CC BY 2.0)

PERSONAL LUXURY

»Personal Luxury« beschreibt ein exklusives Fahrzeug, dessen Image und Freizeitwert den praktischen Nutzen überwiegen. Es zeigt nach außen, dass sein Fahrer sich einen Wagen leisten kann, den er eigentlich nicht braucht. Ford hatte diese Klasse mehr oder weniger unabsichtlich ins Leben gerufen, als Antwort auf Chevrolets 1954 vorgestellte Corvette. Der Thunderbird fiel aber schwerer, luxuriöser und weniger sportlich aus als das Konkurrenzprodukt. Schon 1958 wurde jeder direkte Vergleich mit der zweisitzigen Corvette aufgegeben, der ehemals zweisitzige Thunderbird wuchs zum Viersitzer heran. Zu einem Automobil, das Fullsize-Komfort und Luxus in einer exklusiven, zweitürigen Karosserie vereinen, dank Midsize-Ausmaßen aber sportlich und agil wirken sollte. Gemessen an der Last dieser Erwartungen schlug sich der Thunderbird beachtlich.

Von 1955 bis 1967 wurde der Thunderbird zwar immer größer, behielt aber sein offenes Gesicht. Im kommenden Modelljahr ließ sich Ford leider auf ein »Böser-Blick-Duell« mit dem neuen Cadillac Eldorado ein. (Foto: © Stocke)

Aber spätestens ab 1964½ hatte der »T-Bird« Konkurrenz aus dem eigenen Nest. Das »Pony Car« war geboren und raubte als weniger luxuriöses Personal-Luxury-Auto dem Thunderbird Verkaufszahlen, weshalb Ford, wie es immer schon Sitte bei Ford gewesen ist, den Modellnamen zum Modelljahr 1967 nach oben in Richtung Fullsize-Klasse verschob und einen »sittenwidrigen« Viertürer ins Lineup nahm. Der blieb dort glücklicherweise nur bis 1971, um Abstand zwischen dem kleinen Mustang und dem neuen großen Thunderbird zu schaffen.

2002 ließ Ford den Thunderbird noch einmal auferstehen, komplett mit Kampfflugzeughintergrund. Die Käuferschaft von 1955 indes war längst dahingeschieden, und der Retro-T-Bird blieb verhältnismäßig erfolglos. (Foto: © Ford)

Mitte der Siebziger begannen die einstmals klaren Konturen der Klasse zu verschwimmen, von 1974 bis 1976 vermarktete Ford sogar ein zweites Fahrzeug als Personal-Luxury-Produkt, das wie der viertürige Thunderbird nicht ganz definitionsgerecht daherkam, den Ford Toriono Elite. Allen Unkenrufen zum Trotz hielt Ford den Thunderbird bis 1997 in drei weiteren Modellgenerationen am Leben – und verkaufte zwischen 2002 und 2005 sogar einen neuen, späten »T-Bird« im »Retro«-Design, angelehnt an das Urmodell von 1955.

Die ungewöhnlichen Proportionen des ersten Thunderbirds rühren daher, dass der Wagen erstaunlich klein ist, trotz seines großen Motors. Entgegen der ungebrochenen Faszination ist ein Mainstream-Interesse an Roadster-Konzepten bis heute nicht zurückgekehrt. (Foto: © The Ford Motor Company)

Sie gaben in der NASCAR der späten Sechziger den Ton an: Die Midsize-Muscles der FoMoCo hießen Mercury Cyclone und Ford Torino Talladega, aufgereiht in Indianapolis.
(Foto: © Carl Sharp-CC BY-SA 3.0)

NASCAR Daytona Beach Speed Week, Daytona, FL, 1956: Ein Ford Fairlane Town Victoria kommt beim Grand National gerade noch um die quer stehende Nummer 29 herum. Gewonnen hat übrigens ein Chrysler.
(Foto: © The Ford Motor Company)

FORD TORINO/TALLADEGA/NASCAR

Henry Ford war vielleicht der einzige führende Kopf in der frühen Phase des jungen Automobils, der grundsätzliche Ingenieurstugenden und eine weit über das Automobil hinausgehende Vision von der Zukunft der industrialisierten Welt in sich vereinte. Anderswo versuchten zwielichtige Entrepreneure das boomende Geschäft mit den pferdelosen Kutschen kurzfristig auszubeuten. Henry Ford soll gesagt haben: »Das erste Autorennen fand statt, unmittelbar nachdem das zweite Auto gebaut worden war«. Tatsächlich aber waren Autorennen in der Frühzeit des Automobils eine Sache für Haudegen, Abenteurer und andere wilde Männer, zumal Rennstrecken und Rennsportverbände erst noch erfunden werden mussten.

In der Zwischenzeit behalf man sich mit mehr oder weniger organisierten Veranstaltungen auf Stränden, Fernstraßen und anderen öffentlichen Flächen. Eine Praxis, die der nüchterne Ingenieur Ford trotz allen Wissens um die Renntauglichkeit des Automobils nicht gutheißen konnte, obwohl Fords zu den beliebtesten Rennfahrzeugen der Ära gehörten – dank günstigem Anschaffungspreis, robuster Technik und später dem konkurrenzlosen »Flathead«-V8 unter der Haube. Während sich Automobilsport in Europa, wo Autofahren bis in die Sechziger eine Sache für wohlhabendere Schichten war, schon früh im 20. Jahrhundert etablierte, dauerte es in den USA bis in die späten Vierziger. Dann erst begannen sich Organisationen herauszubilden, die verschiedene Disziplinen des sportlichen Autofahrens organisierten und klassifizierten, in erster Linie die National Hot Road Association (NHRA) und die NASCAR (National Association for Stock Car Auto Racing). Ziemlich vereinfacht ausgedrückt war die NHRA für alle »Geradeaus«-Sportarten unter dem Oberbegriff »Drag Racing« zuständig, während sich die NASCAR dem Rundkurs widmete, sowohl im europäischen Verständnis als auch auf den typischen Steilkurvenovalen.

Für einen Moment waren organisierter Automobilsport und positives Konzernimage im Einklang, dann veränderte sich die Rennsport-Landschaft in den USA erneut: Wettbewerbstechnik und -fahrzeuge schwappten in den frühen Sechzigern von den reglementierten, organisierten Rennstrecken zurück auf die öffentlichen Straßen. Die Erklärung dafür, dass Ford auf den Rennstrecken blieb, während GM auf die Straßen zog und Chrysler überall zugegen war, verdient ein eigenes Buch. Tatsache aber ist, dass die NASCAR-Rennstrecken der USA in den Sechzigern fest in der Hand von Chrysler und vor allem Ford waren. Was in den Vierzigern als »Stock Car«-Rennserie angefangen hatte – »Stock« für »serienmäßig« – hatte sich in den Sechzigern so weiterentwickelt, dass »serienmäßig« ein dehnbarer Begriff geworden war. 1968 erlebte der Sport einen weiteren Entwicklungsschub, als die FoMoCo-Teams den neuen Mercury Cyclone (Mercurys Version der Ford-Fairlane-Modellreihe) ins Rennen schickte. Beim ersten Auftritt auf dem Daytona-Rundkurs stellte er prompt einen Geschwindigkeitsrekord von 189,222 mph (304,523 km/h) auf. Ein Resultat, das, wie sich herausstellte, aus der unerwarteten aerodynamischen Überlegenheit der neuen »Fastback«-Karosserie resultierte.

Mit dem Mercury begann der sogenannte »Aerodynamik-Krieg« auf den NASCAR-Strecken. In der Saison 1969 stellte Mercury den weiterverbesserten Cyclone »Spoiler II« auf, Ford schickte den Torino Talladega und Chrysler war ob der erdrückenden Überlegenheit der FoMoCo-Rennwagen gezwungen, den Dodge Charger erst zum »Charger 500« (mit verbesserter Aerodynamik) zu machen und dann den Charger Daytona nachzulegen. Der ging mit langer Spoilernase und mannshohem Heckspoiler als der erste der beiden »Winged Warriors« aus dem Chrysler-Konzern in die Geschichte ein. Plymouth schickte 1970 seinen eigenen »Winged Warrior«, den Plymouth Superbird, gegen die Mercury/Ford-Dominanz ins Rennen. Dabei handelte es sich um einen modifizierten Roadrunner mit aerodynamischer Frontverlängerung und riesigem Spoiler nach Charger-Daytona-Vorbild. Dann entzog NASCAR den »Aero«-Rennwagen die Zulassung. Obwohl es die Winged Warriors der Chrysler Corp. sind, an die man sich heute am besten erinnert (38 Siege und die Meisterschaft 1970), waren die Gewinner der NASCAR-Saison 1968 und 1969 tatsächlich Mercury Cyclones und Ford Torino Talladegas.

Der Talladega, benannt nach der neuen Rennstrecke in Alabama, war ein Torino mit aerodynamischem Feinschliff. Damit befand sich Ford auf Augenhöhe mit Dodge, bisher mit dem Charger 500 dominierend. Für Vortrieb sorgte der Cobra-Jet 428, nicht etwa der neue Boss 429-V8, der war noch nicht homologiert. In der NASCAR-Saison 1969 war Ford drückend überlegen. (Foto: © Carl Sharp, CC BY-SA 3.0)

FORD

FORD FULLSIZE

Fullsize ist die Fahrzeugklasse, die aus der »Ein Modell pro Marke«-Modellpolitik der ersten Hälfte des 20. Jahrhunderts hervorging. »Der« Ford – es gab nur einen – der frühen Jahre avancierte zum »großen« Ford. Darunter fanden kleinere Fahrzeuge nach und nach den Weg ins Portfolio, etwa der Personal-Luxury-Zweisitzer Thunderbird oder der »Compact« Ford Falcon. Die Fullsize-Klasse sollte alles bereithalten, was der Autokäufer in der ersten Hälfte des Jahrhunderts von »seiner« Marke zu erwarten gelernt hatte. Sie war der konservative Ankerpunkt in einer sich rapide fortentwickelnden Automobilwelt, die in den Fünfzigern mit Trends konfrontiert wurde, die keiner vorhergesehen hatte. Beispielsweise junge Autokäufer oder – unfassbar – Frauen, die nicht nur (wie man schon lange befürchtet hatte) die Kaufentscheidungen ihrer Ehemänner beeinflussten, sondern zunehmend auch eigene Autos kauften.

Natürlich lag es im Interesse der Automobilhersteller, diese neuen Käuferschichten für sich zu gewinnen, ohne gleichzeitig ihre traditionellen, älteren, männlichen Kunden vor den Kopf zu stoßen. So blieben lange Zeit Fullsize-Fahrzeuge die Aushängeschilder, besser vielleicht Flaggschiffe der jeweiligen Konzerne, obwohl die brandneuen Fahrzeugklassen und spannenden technischen Entwicklungen anderswo stattfanden. Ford bildete da keine Ausnahme. Lange hatte sich die Marke aus Dearborn recht mühelos an oder zumindest in der Nähe der Spitze der Pkw-Verkaufszahlen halten können. Das lag unter anderem daran, dass der direkte Ford-Konkurrent und »Low Price«-Klassenkamerad Chevrolet als höchste Motorisierung einen Sechszylinder anbieten konnte, während Ford bereits seit 1932 den Flathead-V8 hatte. Aber dann kam es, wie es kommen musste: GM hatte zum Modelljahr 1955 einen eigenen kleinen V8 und eine brandneue Karosserie für den Chevrolet, und plötzlich zog der direkte Konkurrent in einer Wolke aus rauchendem Reifengummi davon, gerade als die Fullsize-Klasse begann, sich in ihrer Definition wohlzufühlen. Bis zum Ende der GM-Fullsize-Produktion im Jahre 1996 mühte sich Ford redlich, den Anschluss in der Flaggschiffklasse wiederzufinden, blieb aber erfolglos.

Dabei hatte man sich alle Mühe gegeben: Bei den ersten Vorläufern der späteren Fullsizes hatte Ford die Nase vorn. Die neuen Nachkriegsmodelle, die die Marke 1949 vorgestellt hatte, zählen heute zu den begehrenswertesten amerikanischen 50er-Klassikern. Die Generation von 1949 bis 1954 (die in ihrer Zeit keine eigene Typbezeichnung hatte) trägt den Spitznamen »Shoebox« – was angesichts ihrer runden, geschwungenen Formen aus heutiger Perspektive merkwürdig erscheint. 1955, im Schicksalsjahr des US-Automobilbaus, war der Fullsize-Ford auf einem Höhepunkt: Man konnte ihn in neun Karosserieformen kaufen, darunter zwei- und viertürige Wagons, und in etlichen Ausstattungsleveln, unter anderem dem futuristischen »Crown Victoria« oder 1957 dem »Skyliner«, einem Cabrio mit versenkbarem Stahldach. Übrigens 39 Jahre bevor ein Stuttgarter Autobauer eine ähnliche Technik seiner Kundschaft als brandneu anzudrehen suchte. Aber auch 22 Jahre nach dem Peugeot 401 und dem 601, die die ersten Cabrios mit klappbarem Blechdach darstellten.

Auch in Sachen Motorleistung brauchte sich der Ford nicht verstecken. Der neue »Y-Block« (eine Art Medium Block und direkter Vorläufer der späteren FE-Big-Blocks) war in der Spitzenversion mit fast 200 PS erhältlich. 1957, im Einklang mit dem Zeitgeschmack in Nordamerika, wurde der große Ford breiter, niedriger und enorm erfolgreich: In diesem Modelljahr lag Ford vor Chevrolet. 1958 aber konterte Chevrolet mit einem völlig neu designten großen Chevrolet, und 1959, als Ford den 1957 begonnen Design-Kurs bedächtig weiterverfolgte, überbot Chevrolet sich selbst. 1959 sah der große Ford aus wie die Weiterentwicklung des 1957ers mit einem Zwischenstopp 1958, während der neue große Chevrolet aussah, als wäre er gerade aus einer fernen, viel besseren Zukunft gelandet. Da half es auch nicht, dass das Ford-»Fairlane«-Trimlevel 1959 als noch besser ausgestattetes »Fairlane Galaxie«-

Möglicherweise hatte der Ford 1954 das modernste Design der Low-Price-Klasse, doch ein Jahr später eroberte Chevrolet Herzen und Verstand der Käufer mit dem Modelljahr '55 und ließ die Konkurrenz für die kommenden 41 Jahre im Staub zurück. (Foto: © Sicnag, CC BY 2.0)

Zwischen '65 und '67 wagten sich Ford-Fullsizes an vertikale Doppelscheinwerfer – ein Merkmal, das kein Chevrolet je verwendete. So wurde 1965 zum bis heute unerreichten Rekordjahr für den Chevrolet-Fullsize – nicht für den Ford. (Foto: © dave_7, CC BY 2.0)

1959 sah der große Ford noch immer aus wie die großen Chevrolets des Jahres 1958 – und das in dem Jahr, in dem sich Chevrolet mit dem 59er endgültig zu den Sternen aufmachte. (Foto: © Sicnag, CC BY 2.0)

1960 hatte Ford noch versucht, beim Fullsize-Design einen anderen Weg zu gehen als Chevrolet, um dann dem Marktführer so lange eilig hinterherzukopieren, bis 1963 eine Art Gleichstand erreicht war. (Foto: © Jeremy, CC BY 2.0)

Niemand kann behaupten, Ford hätte 1956 keinen wunderschönen Fullsize im Programm gehabt – aber in mehr als 40 Jahren Abnutzungskrieg um die Vorherrschaft mit Marktführer General Motors blieb viel Ford-Eigenständigkeit auf der Strecke. (Foto: © Joe Mabel, CC BY-SA 3.0)

Zeitgemäß war, was Chevrolet dem Markt vorsetzte. Und wenn Chevrolet und Cadillac ein Merkmal nicht nutzten – etwa vertikal angeordnete Scheinwerfer – dann waren vertikale Scheinwerfer eben nicht angesagt. Und das galt auch für Ford. (Foto: © Stocke)

Natürlich hatte auch Ford die allgegenwärtigen Scheinwerferklappen im Programm, ohne die 1968 kein höherwertiges Automobil auf der Straße gesehen werden wollte – auch keins der Low-Priced-Three. (Foto: © Sicnag CC BY 2.0)

Die wahre Domäne der großen Fords waren die NASCAR-Rundstreckenrennen, von denen sich General Motors fast während der gesamten Sechziger aus einem zwar erklärbaren, aber dennoch merkwürdig unerklärlichen Grund weitgehend fernhielt. (Foto: © Ford)

Die letzte Generation der großen Ford-Fullsizes machte sich Chryslers schwindenden Einfluss zunutze, um ein Stück des Streifenwagenmarktes zurückzuerobern. Auch wenn die Kreationen heutiger Streifenwagen-Enthusiasten es manchmal nahelegen: Eine große Rolle spielten die gewaltigen Fords in den Krisenjahren nicht. (Foto: © Raymond Wambsgans, CC BY-SA 2.0)

Ab 1972, als das Fullsize-Design begann, sich hauptsächlich auf die Frontpartie zu fokussieren, brachten einzelne Modelljahre tatsächlich erstaunlich unterschiedliche Markengesichter hervor – vielleicht, weil sich GM in der Schlacht um den exzentrischsten Kühlergrill sehr konservativ verhielt. (Foto: © dave_7, CC BY-SA 2.0)

Während GM 1977 seine Fullsizes mit Gewalt gesundschrumpfte, blieb Ford mit dem LTD und dem 400 cui Monster-Smallblock dem vermeintlichen Käuferwunsch nach großen Autos treu – um ein Jahr später eiligst hinter GM herzuschrumpfen. (Foto: © Mr.choppers , CC BY-SA 3.0)

Der große verkleinerte Ford war ab 1979 dem schon 1977 geschrumpften GM B-Body ähnlicher als je zuvor. Erst 1992 löste Ford die »Panther«-Plattform endlich vom GM-Stildiktat. (Foto: © Charlie, CC BY 2.0)

Noch bis 1991 produzierte Ford den Panther-Three-Box-Fullsize – da war Konkurrent GM bereits ins »Aero«-Zeitalter entschwunden. Diesmal folgte Ford nicht nach und fertigte einen letzten Fullsize ohne GM-Ähnlichkeiten von 1992 bis 2011. (Foto: © Mister Falcon, CC BY-SA 3.0)

Level erhältlich war. Ford hatte nur einen Raumfahrt-Namen – die Chevys dagegen sahen aus wie Raumschiffe. Die Ford-Fullsizes für 1960 spiegeln den Schock aus dem vorangegangene Modelljahr wider: Die völlig neu gestaltete Front wirkte jetzt, als habe man einen Chrysler mit einem weinenden Clown gekreuzt. Aber das war noch nicht das Ende der Fahnenstange.

1962 trugen die großen Fords Chevrolet-artige Gesichter und läuteten eine über 30 Jahre andauernde Phase ein, in der Chevrolet vorgab und Ford kopierte. Immerhin kehrte etwas Ruhe ins Lineup ein. Der Trimlevel-Name »Fairlane« wurde zur Bezeichnung der neuen Ford-Midsize-Klasse, und die Fullsizes hießen fortan »Galaxie«. 1963 bekamen die Fullsizes mit dem 289 cui (4,7-Liter) großen V8 endlich einen Motor, der es zumindest in Ansätzen mit Chevrolets formidablem »Small Block« aufnehmen konnte, aber da war GM bereits mit dem nächsten großen Wurf beschäftigt. Der 64er Fullsize-Chevrolet gilt heute als eine der ganz großen Designleistungen der US-Massenproduktion, während es eines Modellexperten bedarf, um die Vorzüge des 64er Ford zu erklären.

1965 wechselte Ford von vier Scheinwerfern in horizontaler Linie zu je zwei übereinanderliegenden Scheinwerfern pro Seite – während Chevrolet bei den klassischen »horizontalen Vier« blieb. Das »Zwei-übereinander«-Erscheinungsbild wurde zu einer Ikone des US-Automobilbaus – auf Pontiacs mächtigem GTO von 1964 bis 1967 und auf dem unvergleichlichen Buick Riviera des Modelljahres 1964. In der Fullsize-Klasse aber wurde Chevrolets 65er Modelljahr zum meistverkauften Fullsize der Automobilgeschichte – mit vier horizontalen Scheinwerfern. Fords Fullsizes sahen also plötzlich aus wie große Autos, die sich mit Midsizes und Personal Luxury-Coupés messen wollten.

1968 kehrte Ford zurück zu den »flachen Vier«. Von '69 bis '74 wurde der Fullsize, der inzwischen von »groß« in Richtung »riesig« tendierte, in einer weiteren, neuen Generation produziert – aber ein Wandel zeichnete sich bereits ab. Die Palette der Fahrzeugbaureihen hatte sich in den USA während der Sechziger dramatisch erweitert – Fullsize war nicht mehr »die« Klasse, sondern nur noch eine von vielen. Und selbst als Flaggschiffe taugten sie nicht mehr so recht, da Fullsizes inzwischen auch zur bevorzugten Wahl von Taxifahrern und Polizeibeamten geworden war. Gleichzeitig wurde die Zeit bis zur schon 1965 beschlossenen Katalysator-Zwangseinführung im Modelljahr 1975 knapp.

1973 zwang der amerikanische Gesetzgeber den Automobilherstellern Stoßstangenkonstruktionen auf, die einem Aufprall mit fünf Meilen pro Stunde (acht km/h) ohne wesentliche strukturelle Beschädigung standhalten sollten. Das machte aus den schlanken, eleganten Fullsizes über Nacht grobe Klötze mit ausladenden Zahnspangen-Stoßstangen vor dem Kühlergrill. Ford reagierte nach dem Rettungsboot-Prinzip der Ära mit mehr Schnörkeln und Karosserielinien, als nötig gewesen wäre. Und doch verkaufte sich der große Ford noch immer hervorragend. Nie ganz, aber fast immer nahe an eine Million Stück pro Modelljahr. Bis 1974 die Ölkrise über Nacht die Verkaufszahlen der Fullsizes zusammenbrechen ließ. Dennoch setzte Ford weiterhin auf die traditionelle, konservative, angejahrte Käuferschaft, hielt an großen Autos fest, auch wenn die Fullsizes ab 1975 von »Galaxie« in »LTD« umgetauft wurden, einer ehemaligen Trimlevelbezeichnung, deren Bedeutung bis heute umstritten ist.

Leider hatte Ford unterschätzt, dass der typische konservative Käufer gesparte Kraftstoff-Dollars höher einschätzte als traditionelle Fortbewegung, weshalb die »große« Fullsize-Klasse sich nicht mehr erholte und einen langen, langsamen Tod starb. In den Neunzigern war die Ära der Fullsizes beendet.

Caroll Shelby mit dem Auto, das Grundstein für »Shelby American« wurde: Die Cobra. Die britische Karosserie mit dem amerikanischen V8 schrieb Rennsportgeschichte und veranlasste Ford später dazu, jeden jemals produzierten Performance-Artikel des Unternehmens mit dem Beinahmen »Cobra« zu versehen. (Foto: © Ford)

Bei allen Shelby-Fahrzeugen wurde für 1968 der Innenraum überarbeitet, erkenntlich an den Holzimitat-Einlagen anstelle des gebürsteten Aluminiums. Der GT-500 hatte wie gehabt den 428er-Motor; der GT-350 dagegen erhielt den neuen 302-cui-Block, der bei Ford die 289er-Maschine ersetzte. (Foto: © Sicnag, CC BY 2.0)

Caroll Shelby ist 2012 gestorben, aber schon 1968 war er nicht mehr Herr über die »Shelby-Mustangs«. Bis heute hält Ford seinen Namen in Ehren und schmückt damit nur die wirklich starken Ponys. Mit Cobra-Emblem, versteht sich. (Foto: © Ford)

SHELBY AMERICAN

Es gibt drei Dinge, die man über den Shelby Mustang mindestens wissen sollte: 1) Eigentlich ist die Bezeichnung »Shelby Mustang« meistens falsch, denn nur die Shelby-Mustangs des Modelljahres 1966 wurden so bezeichnet. Alle späteren Modelljahre verzichteten auf den Beinamen »Mustang«. 2) Shelbys nach 1967 sind eigentlich Fords. 3) Eleanor war ein als 73er-Modell verkleideter 71er Mustang, kein 67er und auch kein Shelby. All dies verblasst jedoch vor einer anderen Tatsache: »Shelbys« der Modelljahre '65 bis '67 sind heute unfassbar populär. So populär, das die veredelten Mustangs eine althergebrachte Regel verletzen, derzufolge ein klassisches US-Automobil nur dann die 100.000-Dollar-Preisgrenze überschreitet, wenn weniger als 1000 Stück davon produziert worden sind. Die Modelljahre 1966 und 1967 aber überschreiten beide Grenzen bei weitem, und das, obwohl am Anfang der Shelby-Geschichte die Weichen anders gestellt waren.

Carrol Shelby, geboren im Jahr 1923, vereinigte mehrere Charakter-Merkmale, die in der US-Automobilindustrie bis weit in die Siebziger gut funktioniert haben: Er war Texaner, Ex-Militärpilot und pflegte einen entspannten Umgang mit Recht und Unrecht. Mit diesen Qualifikationen stand er einigen der einflussreichsten Männer der Automobilgeschichte in nichts nach. In den Fünfzigern wurde er erst Rennfahrer und dann wirkte er an der Erschaffung seines eigenen Sportwagens mit: der AC Cobra mit britischer Roadster-Karosserie und Ford-Bigblock. Aus dem Rennfahrer wurde ein Rennsportlehrer mit eigener Schule, der einen weniger radikalen Sportler als die Cobra benötigte. Dank Ford-Kontakten fand err im neuen Mustang ein geeignetes Trägerfahrzeug. Ford lieferte ab Anfang 1965 die Basisfahrzeuge (alle in Weiß). Shelby modifizierte den kleinen 4,7-Liter V8, entfernte die Rücksitze, verbaute Bremsen aus Fords-Fullsize-Baureihe, modifizierte Fahrwerk und Abgasanlage und hatte dann ernste Schwierigkeiten, diese Fahrzeuge an den Mann zu bringen. Zwar war der originale Shelby Mustang GT350 sehr erfolgreich (und sehr populär) in verschiedenen amerikanischen Rennserien – aber die Shelby-Produktion von 562 Autos überstieg den Bedarf an rennvorbereiteten Fahrzeugen auf dem nordamerikanischen Kontinent. 1966 wurden die Shelbys als reine Shelbys – ohne den Mustang im Namen – verkauft, die Bezeichnung GT350 wurde beibehalten (und bezieht sich auf die Strecke von Shelbys Büro bis in die Produktionshalle, 350 Fuß, knapp 107 Meter). Ford hatte ursprünglich den alten Standard-Beinamen vorgeschlagen, den nahezu aller Performance-orientierten Ford-Produkte irgendwann getragen haben: Cobra-Mustang. Shelby sah sich gezwungen, eine bessere Idee zu haben.

Im übrigen setzte Shelby 1966 mehr auf Popularität als auf Rennsporterfolge: Das zweite Modelljahr des GT350 bot neben einem Rücksitz auch die Wahl zwischen mehreren Außenfarben – und eine besondere Werbekampagne: Autovermieter Hertz (eine Ford-Tochter) nahm den GT350 ins Verleihprogramm auf, in den Hertz-Farben Schwarz und Gold. Diverse Karosseriemodifikationen halfen der Erkennbarkeit der Shelbys auf die Sprünge. 1967 war der Mustang erstmals als Big-Block erhältlich und auch Shelby stellte dem »kleinen« GT350 eine Big-Block-Variante mit dem Namen GT500 zur Seite. Rennsport war inzwischen nicht mehr die treibende Kraft hinter den Shelbys. Die heißen Mustangs hatten sich zu Imageträgern entwickelt, die sich sehr gut für den Straßengebrauch verkaufen ließen, über 2000 Stück allein vom 67er GT500. Ford zeigte gesteigertes Interesse daran, die Operation Shelby unter Werkskontrolle zu bringen. Ende 1967 zog die Shelby-Produktion von ihrem Werk am Flughafen von Los Angeles nach Michigan um, in die Nähe vom Ford-Stammsitz. Alle Shelbys danach wurden auf Ford-Produktionsanlagen, nicht in Shelbys Werkstätten gebaut. Der Ford-Einfluss auf die ehemals unabhängige Shelby-Produktion zeigt sich auch in einem nicht unwichtigen Detail: Shelbys ab 1968 heißen mit vollem Namen »Shelby Cobra GT«. Zu guter letzt war es Ford doch noch gelungen, das Wort »Cobra« unterzubringen. Kurz danach waren die Ford-Shelbys sogar mit dem »Cobra Jet«-Big-Block zu haben. Wenn schon, denn schon. 1969, jetzt vollständig unter Ford-Kontrolle, war das letzte Jahr für die »Shelbys«. Von knapp 800 Fahrzeugen abgesehen, die laut Fahrgestellnummern aus dem Modelljahr 1970 sind, bei denen es sich aber tatsächlich um Autos aus dem Modelljahr '69 handelt. Ford hatte sie nichtverkaufen können. Fast so, als wäre »der Shelby« im letzten Produktionsjahr zu wseinen Wurzeln zurückgekehrt.

LINCOLN
Cougar
1971

FORD MOTOR COMPANY MERCURY

Mercury war die mittlere Marke der Ford Motor Company, positioniert gegen die GM-Fabrikate Pontiac, Oldsmobile und Buick. Eine prekäre Lage, die noch dadurch verschlimmert wurde, dass Dodge von der anderen Seite der Markenhierarchie mächtig Druck auf das Mittelfeld ausübte.

Luxuriös, sportlich, konservativ, jugendlich – im hart umkämpften mittleren Marktsegment musste Mercury alles auf einmal sein. (Foto: © Ford)

MERCURY

MERCURY

Mercury war seit Beginn zum Modelljahr 1939 die »mittlere« Division der Ford Motor Company, platziert zwischen den günstigen Fords und den am obersten Ende des Portfolios angesiedelten Lincolns. Mittelfeldabdeckung war keine dankbare Aufgabe in einem Markt, in dem gleich drei GM-Marken (Pontiac, Oldsmobile und Buick) das gesamte Preissegment zwischen sehr günstig (Chevrolet) und sehr teuer (Cadillac) unter sich aufgeteilt hatten. Und Mercury ging noch mit einem Handicap ins Rennen: Mit Ausnahme der 1928 gegründeten Chrysler-Marke Plymouth waren alle relevanten US-Hersteller »natürlich gewachsen«, aus Unternehmungen aus der Zeit der Jahrhundertwende. Jede einzelne Marke hatte eine eigenständige Technik- und Modellgeschichte, was ihre Produkte für den Käufer einfach identifizierbar und klar abgegrenzt machte – aber nicht Mercury.

Der 1949er Mercury war lange eins der beliebtesten Fahrzeuge unter Customizern, was er seinem langen, flachen und wohlgerundeten Karosserie zu verdanken hatte. (Foto: © GPS 56, CC BY 2.0)

Schlimmer noch, die Marke war gerade drei Jahre alt, als der amerikanischer Zerstörer USS Ward um 06:37 am Morgen des 7. Dezember 1941 ein japanisches U-Boot vor dem Marinehafen Pearl Harbor versenkte. Eine Stunde und elf Minuten später befanden sich die USA mitten im Zweiten Weltkrieg und die Automobilproduktion des Landes wurde auf ein Minimum zurückgefahren.
Acht Jahre später, als mit den 49er Fords und Mercurys zum ersten Mal wieder wirklich neue Autos bei den Händlern standen, da hatten die GM-Mittelfeldmarken im Schnitt bereits ein halbes Jahrhundert Vorsprung, und ohnehin neigte sich die Ein-Modell-pro-Marke-Ära ihrem Ende zu. Trotzdem unternahm der Ford-Konzern noch den Versuch, mit der Untere-Oberklasse-Unternehmung Edsel noch eine weitere »künstliche« Marke zwischen Mercury und Lincoln zu quetschen und damit die bislang Lincoln-nahe Marke Mercury dicht an die günstige Marke Ford zu schieben.

In der zweiten Hälfte des Jahrhunderts sank der Bedarf an preisorientierten Marken in den USA aber weiter – was ein schnelles Ende von Edsel im Jahr 1960 mit sich brachte. Gleichzeitig fielen die wenigen künstlich geschaffenen Unterschiede zwischen Ford und der herabgestuften Zweckmarke Mercury der immer weiter fortschreitenden Vereinheitlichung der FoMoCo-Marken zum Opfer, bis Mercury am Ende nur noch aufgehübschte Fords verkaufte. Das tat sie zwar durchaus mit einigem Erfolg und sogar mit unerwarteten Verkaufsrekorden am Ende der Siebziger, aber dennoch fehlte der Marke bis zu ihrer Einstellung im Jahr 2011 stets eine wirklich loyale Käuferschaft, wie sie die technologische und historische Eigenständigkeit der »alten« Marken mit sich gebracht hätte.

Der Name Mercury mag während der gesamten Muscle-Car-War-Periode auf der Straße wertlos gewesen sein, im Rennsport allerdings war Mercury tonangebend. Und das nicht nur in den Neunzehnsechzigern! (Foto: © Ford)

Mercury musste zwar ab den Sechzigern mit Ford-Plattformen arbeiten, war aber weit genug entfernt von Chevrolet, um anders als Ford nicht ständig deren Stildiktaten hinterherlaufen zu müssen. (Foto: © Stocke)

Noch in der letzten großen Modellgeneration von '75 bis '78 bot Mercury den Grand Marquis mit Scheinwerferklappen an, wie sie in den Sechzigern populär geworden waren. An junge Käufer richtete sich das Fullsize-Segment ohnehin nicht. (Foto: © dave_7, CC BY 2.0)

Mercury blieb eine gefürchtete Größe in verschiedenen Rennserien der Vereinigten Staaten von Amerika, bis die Ford Motor Company in den Achtzigern das »Markenimage« zeitgeistkonform von Sportlichkeit befreien wollte. (Foto: © Ford)

Hinter dem komplexen Grill des Cougars verbargen sich ernst zu nehmende Motoren, etwa 427 cui (7,0 Liter) im GT-E, dessen Werksversuchsfahrzeug hier abgebildet ist.(Foto: © Ford)

Schwierig: Hinter so viel Grill steckt technisch der spartanische Unterbau des Ford Mustang und für so viel Grill ist der Mustang möglicherweise etwa zu klein... (Foto: © Ford)

Aus den meisten Perspektiven ist die erste Generation des Cougars würdevoller gealtert als der kürzere Mustang, der 1969 bereits anfing, Speck anzusetzen. Wie aber die gesamte Industrie holte der Cougar in der zweiten Generation ab 1971 diesen Vorsprung schnell auf. (Foto: © Ford)

1969 und 1970 war der Cougar Eliminator erhältlich, einer Art Muscle-Package, ähnlich wie es die gehobenen GM-Marken auf ihren nicht grundsätzlich sportlich orientierten Midsizes anboten. (Foto: © Ford)

Am Ende seiner Pony-Ära schmückte den Cougar schon ein Midsize-artiger Kühlergrill. Ein Jahr später trennte die FoMoCo Mustang und Cougar und der Cougar wurde tatsächlich zum Midsize. (Foto: © Ford)

MERCURY COUGAR

Der Cougar war Mercurys Gegenstück zum Ford Mustang – auch wenn Mercury das Pony Car erst bekam, als der Mustang bereits dreieinhalb Modelljahre absolviert hatte. 1967, zeitgleich mit dem ersten Restyling des Urponys, kam der Cougar (auf Deutsch: Puma) zu den Händlern, um die Lücke zwischen dem günstigen Mustang und dem teuren Thunderbird zu schließen. Mehr oder weniger als Einsteiger-Modell in die Klasse der »Personal Luxury Cars«.

Die enge Verwandtschaft, die dem Cougar zum Mustang nachgesagt wird, beschränkte sich allerdings auf Konzernteile, etwa Motor, Getriebe und Hinterachse. Kein einziges äußeres Blechteil, nicht einmal den Radstand teilten sich die Konzerngeschwister. Zwar rollte auch der Cougar auf der gleichen, aus Falcon-Zeiten stammenden Vorderachse wie der Mustang, aber in allen Details wie Innenausstattung, Front- und Heckpartie sowie Zierrat war er eigenständig.

Wo der Mustang 1967 noch asketisch und minimalistisch daherkam, wölbten sich beim Cougar bereits üppige Innenverkleidungen und ein chromschwerer Grill. Sequenzielle Fahrtrichtungsanzeiger am Heck des Coupés demonstrierten Nähe zum ebenfalls so ausgestatteten Thunderbird. Alles in allem, so möchte man meinen, ein erstaunlicher Aufwand für einen aufgebrezelten Mustang. Aber der Cougar verkaufte sich in seinem ersten Jahr über 150.000 Mal – ein beachtlicher Erfolg für Mercury. Die FoMoCo ging sogar so weit, den Cougar mit verschiedenen großen Motoren anzubieten, darunter die 427- und 428-cui-Big-Blocks. Das Mercury-Coupé konnte wirklich alles, hatte alles und bot alles, was sich ein Autokäufer wünschen konnte – und genau darin lag das Problem.

Die Marken-Loyalisten bevorzugten Traditionsmarken wie Chevrolet, Dodge oder Ford, den Muscle-Car-Enthusiasten war das lange Pony deutlich zu üppig, den Pony-Car-Käufern war der Cougar zu teuer. So wurde der Wagen hauptsächlich von einer Kundschaft erworben, die Autos nicht nach Image oder Zweck kaufte, sondern einfach auf der Suche nach einem schnellen, hübschen Coupé mit ordentlich Leistung war. Die Sorte Käufer, die nach zwei Jahren das nächste tolle Coupé kaufte und nach drei Jahren vergessen hatte, von welcher Marke das Fahrzeug stammte.

Der Ford Motor Company mag das mittelfristig egal gewesen sein – für den Kontostand des Unternehmens ist die Geisteshaltung des Käufers irrelevant. Langfristig zeigte sich aber, dass Gelegenheitskäufer über ihre Autos weder Bücher schreiben noch Legenden erzählen – Markenloyalisten aber schon. Mercury hat einige interessante Cougars produziert und diese mit großem Aufwand klar vom kleinen Mustang abgegrenzt, aber es ist die Geschichte des Mustangs, die bis heute immer wieder niedergeschrieben und neu erzählt wird und Autofans auf der ganzen Welt in ihren Bann zieht. Denn Mustangkäufer wurden sehr häufig zu Mustang-Fans, Cougar-Käufer aber kauften den nächst(best)en Neuwagen, der sich anbot.

Die FoMoCo mag das geahnt haben, denn schon mit der zweiten Generation ab 1971 bekam der Cougar ein neues Gesicht, das eine erstaunliche Ähnlichkeit mit den Midsize-Modellen des Konzerns aufwies. Mit der kleinen Eigenheit, dass der vorgelagerte Grill den Midsizes zwar hervorragend stand, während der zwar gewachsene, aber immer noch schlankere Cougar aussah, als würde er eine Maske tragen. Die dritte Generation brachte dann die Trennung: 1974, als der Mustang ein radikales Redesign erfuhr, folgte der Cougar ihm nicht auf die neue Pony-Plattform. Stattdessen wurde endgültig zum Midsize-Personal-Luxury-Modell auf der Basis des Mercury Montego, seinerseits die Mercury-Version von Fords Midsize-Torino.

Auch wenn dieser Umstieg zu den merkwürdigeren Entscheidungen der FoMoCo zählte – er zahlte sich aus. Der Midsize-Cougar verkaufte sich durch alle Ölkrisenjahre hindurch relativ stabil und als die FoMoCo 1977 ein letztes Mal die traditionellen Midsize-Modelle aufhübschte und umbenannte, wurde der Cougar zum vollwertigen und einzigen Mercury-Midsize. Das ehemalige Pony hatte sich zum Familienfahrzeug entwickelt, komplett mit Viertürer und Station Wagon im Lineup. Und wieder einmal hatte die FoMoCo den richtigen Riecher gehabt: Mit fast 200.000 Autos pro Jahr wurde der letzte traditionelle Cougar zum erfolgreichsten Cougar überhaupt.

Erstaunlicher Weise wurde der Cougar erst richtig erfolgreich, nachdem er sich in der Midsize-Klasse niedergelassen und etliche Karosserievarianten – etwa einen Wagon – bekommen hatte. (Foto: © Ford)

In der vorletzten Generation ab 1989 hatte der Cougar acht Zylinder, vier Scheibenbremsen, Einzelradaufhängung rundum und Heckantrieb. Zum Verkaufserfolg wurde er trotzdem nicht. (Foto: © Ford)

MERCURY

Mercury ist der Name des römischen Gottes, dem die Verantwortung für den »Brückenschlag« zwischen Ober- und Unterwelt oblag oder der Name eines Planeten oder die englische Bezeichnung des chemischen Elements Hg, eines formlosen, flüssigen Übergangsmetalls mit der deutschen Bezeichnung Quecksilber. Was davon die FoMoCo im Sinn hatte, als die neue »mittlere« Marke des Konzerns 1939 auf den Namen »Mercury« getauft wurde, kann man an den frühen Emblemen ablesen. Sie zeigen einen Kopf mit einem geflügelten Helm – den des Götterboten Merkur.

Genau diese Rolle hatte die FoMoCo für Mercury ausersehen. Mit ihr sollte der Abstand zwischen der »unteren« Marke Ford und der »oberen« Marke Lincoln überbrückt werden und zwar von der Lincoln-Seite aus. Ursprünglich hätte die neue Marke alles haben sollen, was auch die wesentlich älteren US-Traditionsmarken auszeichnete – eine eigenständige Karosserie (größer als der Ford, kleiner als der Lincoln) und einen eigenständigen Motor. 1945, obwohl die Automobilproduktion noch fast gänzlich auf Eis lag, führte Ford seine obere und die mittlere Marke organisatorisch zusammen, als Lincoln-Mercury-Division. Eine logische Entwicklung. Bereits vor dem Krieg hatte Mercury angefangen, Lincoln-Plattformen zu verwenden, was bis dahin bei US-Autobauer unüblich war.
Sowohl Lincoln als auch Mercury waren mehr oder minder zwischen den GM-Divisionen positioniert. Lincoln unterhalb von Cadillac, aber über Buick, Mercury unter Buick, aber nicht direkt auf Augenhöhe mit Oldsmobile. Beide waren also keine direkten Gegner der GM-Marken. Die FoMoCo platzierte dann mit Edsel eine weitere Marke zwischen Mercury und Lincoln, um Mercury nach unten in Richtung Oldsmobile zu schieben und um Lincoln nach unten klarer abzugrenzen. Aus strategischer Sicht hätte die Marke Ford so den unteren Marktbereich bedient, während Mercury, Edsel und Lincoln alle höheren Käuferbedürfnisse abgedeckt hätten.

So weit die Theorie. 1958, dem Debüt-Jahr von Edsel, wurde dementsprechend auch ein neuer Achtzylinder vorgestellt, der als MEL-Block (für Mercury-Edsel-Lincoln) bezeichnet wurde. Die Praxis hingegen war weniger rosig: Edsel wurde zum totalen Misserfolg und verschwand schon im Modelljahr 1960 wieder vom Markt. Was an Edsel-Modellen schon in Vorbereitung gewesen war (ein Compact und ein Fullsize etwa) wurde an Mercury zur Vermarktung durchgereicht und als Mercury Comet und Mercury Meteor verkauft. Das sorgte kurzzeitig für ein wirres Portfolio aus nach oben verschobenen Ford-Plattformen (der Comet war ein verlängerter Falcon) und bumerangartigen Markenrückkehrern (der Meteor war aus der Mercury-Plattform für Edsel entwickelt worden), darunter zwei Fullsizes, aber keinen Midsize: Der Name »Mercury« machte zwischen 1960 und 1962 seiner anderen Bedeutung als »formloses Übergangsmetall« alle Ehre.

Wenn überhaupt, dann war es der FoMoCo mit diesem Schachzug also gelungen, die traditionelle Mercury-Plattform durch das Edsel-Debakel in der Käuferwahrnehmung nach unten zu schieben. Folgerichtig wurde die Mercury-Baureihe von Lincoln- auf Ford-Basis umgestellt. Ab 1962 produzierte Mercury mit Ford auf Konzernplattformen, während der MEL-Motor als Lincoln-Triebwerk bis 1968 weiterproduziert wurde. Die Mercury-Modelle ab 1962 – Comet (Compact), Meteor (Midsize) und Monterey (Fullsize) – waren die Pendants zu Fords Falcon (Compact), Fairlane (Midsize) und Galaxie (Fullsize). Ab 1967 bot Mercury auf der verlängerten Mustang-Plattform den Cougar als höherwertige Entsprechung des Mustangs an.
Zu diesem Zeitpunkt spielten Konzernunterscheidungen in der Motorenpalette faktisch keine Rolle mehr. Der FE-Big-Block (für Ford-Edsel, auch wenn das Motor-Design die Marke Edsel um eineinhalb Jahrzehnte überleben sollte) wurde von Ford und Mercury geteilt, genauso wie der neue Ford-Small-Block von beiden Marken eingesetzt wurde. Er blieb bis zur Jahrtausendwende in Produktion und ist heute unter der Bezeichnung »Windsor« geläufig.

1958, in einem der Schicksalsjahre des US-Automobilbaus, war Mercury noch Lincoln-nah und der 58er Mercury ist ein wohlproportioniertes Automobil. (Foto: © Cjp24 , CC BY 4.0)

1966 zeigte sich der Fullsize-Mercury erstaunlich schlicht. Bereits 1965 hatte die FoMoCo begonnen, das Mercury-Image wieder näher an Lincoln zu rücken. (Foto: © Frode Inge Helland)

Dieser 1963er Mercury ist ein Quasi-Midsize-Meteor, kein Fullsize-Monterey. (Foto: © sv1ambo, CC BY 2.0)

Große Augen: Wie auch die anderen frühen Ford-nahen Mercury-Modelle hat der Comet für seine überschaubare Größe erstaunlich viel Zierrat am vorderen Ende. Das fällt vor allem im Vergleich mit seinem Pendant auf, dem leicht untergewichtigen Ford Falcon. (Foto: © allen watkin, CC BY 2.0)

1966 war der Comet gerade zum Midsize aufgestiegen und sollte als Mercury Cyclone GT für Mercury in die Muscle Car Wars ziehen. Dort fehlte es Mercury aber an »Street Credibility«, um einen bleibenden Eindruck zu hinterlassen. (Foto: © Crwpitman , CC BY 4.0)

Obwohl er sich in den Muscle Car Wars zurückgehalten hatte, schrieb der Cyclone Geschichte: 1969 als aerodynamischer Rennwagen unter dem Namen Cyclone Spoiler II, dem die Chrysler Corp. die Winged Warriors hinterherhetzte. (Foto: © Carl Sharp, CC BY 3.0)

1964 war der Mercury Comet noch Falcon-nahe und damit ein Compact und Cyclone noch eine Performance Option ähnlich dem »Falcon Sprint«. (Foto: © F. D. Richards, CC BY 2.0)

MERCURY CYCLONE

Mercurys Cyclone ist ein merkwürdiger Geselle. Anfänglich klingt seine Geschichte ganz ähnlich wie die eines der berühmtesten Midsizes der Automobilgeschichte: So wie Pontiacs »Tempest GTO« war auch der Mercury »Comet Cyclone« zunächst »nur« ein Performance-Paket für ein existierendes Midsize-Modell. Aber während der Pontiac Tempest GTO schon 1966 zum eigenen Modell avancierte (dem Pontiac GTO) und heute als erster Kombattant der Muscle Car Wars gilt, blieb der Comet Cyclone vorerst ein Performance-Paket. Auf die Straße ließ die FoMoCo den hochmotorisierten Midsize ohnehin nicht. Denn dort trieb der GTO sein Unwesen, unterstützt, gefördert und populär gemacht von einer verschworenen Gemeinschaft aus Pontiac-Ingenieuren, PR-Leuten, Händlern und Rennfahrern, die vor Straftaten, Täuschung und Betrug nicht zurückschreckten. In derlei Gesellschaft wollte die FoMoCo ihre Autos nicht sehen.

Währe es nach dem Ford-Konzern gegangen, wären die Sechziger zum Jahrzehnt der Rundkursrennwagen geworden. Stattdessen trug Pontiac den Automobilrennsport auf die Straßen und an die Ampeln. Das muss die FoMoCo zunächst als eine sicher nur vorübergehende Störung der eigenen Pläne wahrgenommen haben, sonst hätte sie irgendjemand hinterhergeschickt, statt die eigenen Performance-Midsizes weiterhin auf eingezäunten Rundstrecken einzusetzen. Ironischerweise wurde der Cyclone – unmittelbar nachdem er zum Modelljahr 1968 die Bezeichnung »Comet« abgelegt hatte – ausgerechnet dort zum Superstar. Mercury, Ford und der Rundkursrennsport hatten eine lange gemeinsame Geschichte, genauso wie Dodge und Plymouth. Nachdem GM 1962 zum zweiten Mal seinen Divisionen die aktive Teilnahme am Rennsport untersagt hatte, war NASCAR zu einer ziemlich ausgeglichenen Eins-gegen-Eins-Konfrontation zwischen der FoMoCo und der Chrysler Corp. geworden. Bis 1968, als die FoMoCo mit dem Ford Torino und dem Mercury Cyclone zwei brandneue Fastback-Midsizes auf die Strecke schickte. Die neue Karosserie erwies sich als so erstaunlich aerodynamisch, dass die Chrysler Corp. Rennteams (in ihren neuen Dodge Charger und Plymouth Belvedere) nur noch hinterherfahren konnten.

In aller Eile verpasste Dodge dem Charger einen Grill aus der regulären Dodge-Midsizereihe (dem Coronet) und ein Heckfenster, welches den vom GTO ausgeliehenen »Tunnel« hinter der Heckscheibe des Chargers abdeckte, taufte den Wagen auf »Charger 500« und hoffte auf das Beste. Leider waren die Modifikationen nur geeignet, den Charger von »sehr wenig aerodynamisch« auf »wenig unaerodynamisch« zu hieven – und die FoMoCo auf die Idee zu bringen, ähnliche Modifikationen am Torino und den Cyclone auszuprobieren. Unter den Namen Torino Talladega und Cyclone Spoiler II wurden die FoMoCo-Midsizes noch schneller. Dodge machte aus dem Charger 500 den Charger Daytona – mit aerodynamischer Aufsatznase und gigantischem Heckspoiler. Dieses Wettrüsten, heute als die »Aero Wars« bekannt, dauerte bis in die Saison 1970, als Plymouth den geflügelten Superbird auf die Strecke schickte.

Der eigentliche klare Sieger der Aero Wars hieß Ford Torino, aber es war der Cyclone, der die Steilkurven der Superspeedways dominierte, und damit als eines der schnellsten amerikanischen Rundkursfahrzeuge der Sechziger in die Geschichte einging. 1970 war der Performance-Traum für Mercury zuende. Ford zog sich aus dem Rennsport zurück, zeitgleich wurde das NASCAR-Reglement umgeschrieben, mit dem Ziel aerodynamisch verbesserte Fahrzeuge auszuschließen. Die Muscle Car Wars auf den öffentlichen Straßen der USA waren ebenfalls merklich abgekühlt, und so hatte der Cyclone nach seiner kurzen Rennkarriere keinen Markt mehr. Bis 1971 behielt Mercury den Cyclone im Programm, bevor er während des Modelljahrs 1972 (nach nur 30 gebauten Fahrzeugen) sang- und klanglos im Performance-Nirvana verschwand. Allerdings nicht ohne dass es der FoMoCo vorher gelungen war, den Namen Cyclone irgendwie mit dem universellen Ford-Wort Cobra in Verbindung zu bringen. Im Modelljahr 1969 war der Cyclone als Cyclone Cobra Jet mit eben jenem Motor erhältlich.

1970 brachte der Mercury Cyclone GT Stilelemente des 69er Spoiler II mit zurück auf die Straße, und die High-Performance-Ära begann der Spoiler-und-Signalfarben-Ära zu weichen.
(Foto: © dave_7, CC BY 2.0)

Aus der richtigen Perspektive entwickelt die Front des Fullsize-Mercury von '67 eine frappierende Ähnlichkeit mit einem europäischen Ford – der viel kleiner ist und unter der Regie des ex-GM-Vizepräsidenten Semon Knudsen entstand. (Foto: © Sicnag , CC BY 2.0)

Seine geraden Seitenlinien und kantige Stirn erhielt der Fullsize-Mercury 1965 um seine implizierte Ähnlichkeit mit dem Lincoln zu betonen – ungeachtet der Ford-Plattform unter dem Blechkleid. (Foto: © Jeremy, CC BY 2.0)

1969er Mercury Montego: Ford-Midsize-Plattform, Konzerngesicht. Erst das Modelljahr 1970 erlangte als Polizeiwagen mit dem Rufzeichen One-Baker-Eleven eine gewisse Berühmtheit während der Jagd auf einen gelben Mustang mit dem kalifornischen Kennzeichen Six-One-Four-Henry-Sam-Ocean. (Foto: © Greg Gjerdingen, CC BY 2.0)

MERCURY

Nicht nur Ford hatte einen Foxbody-Krieger im Lineup: Der Mercury Capri der Jahre 1978 bis 1986 hat alle Grundqualitäten des grundsätzlich identischen Mustangs – außer dessen Bekanntheitsgrad. (Foto: © Spanish Coches, CC BY 2.0)

Gegen Ende der Sechziger befand sich Mercury in einer schwierigen Position: Die Marke war sehr erfolgreich in den Rundkursrennen der NASCAR-Serie und beliebt als Polizeifahrzeug, nicht zuletzt dank der 429 cui (7,0 Liter)-Polizeimotoren in der Midsize-Klasse. Einer davon wurde sogar berühmt, auch wenn heute kaum noch jemand das Modell identifizieren kann: »One-Baker-Eleven«, der im Kinofilm »Gone in 60 Seconds« (1974) versucht, einen gelben 71er Mustang namens »Eleanor« anzuhalten, ist ein 1970er Mercury Montego. Leider kam es auf solche Erfolge nicht an. Die Sechziger waren vom Jahrzehnt der Drag Racer zum Jahrzehnt der Streetracer geworden, hochmotorisierte Midsizes dominierten die Magazine und Zeitschriften – und die Werbung der Konzerne. Wer Autos verkaufen wollte, brauchte Imageträger mit Street Credibility – und die hatte Mercury nicht. Autos für den Rundkurs? Autos für die Polizei? Ende der Sechziger beides keine wirklichen Zugpferde, schließlich war ein Großteil der amerikanischen Jugend entweder damit beschäftigt, einen unerwünschten Krieg in Vietnam zu führen oder in und um San Francisco Drogen zu nehmen und sich mit der Nationalgarde zu prügeln.

Allzu viel ist jedoch ungesund und anfangs der 70er begann Amerika vor sich selbst Angst zu haben. Zu viele brennende Innenstädte, zu viel LSD, zu viele Hippies in Woodstock, 58.318 tote Amerikaner in Vietnam, amerikanische Soldaten in Kambodscha, tote Studenten in Ohio, amerikanische Soldaten in Laos, zu viele Flugzeugentführungen. Das gesellschaftliche Pendel beginnt in die Gegenrichtung auszuschlagen – die Siebziger wurden zum Anti-Jahrzehnt, zur Ruhe nach dem Sturm. Konservative Werte, politische Neutralität, ein wiederentdeckter Nationalismus und Disco Fever statt People's Park prägen die kommenden zehn Jahre. Und plötzlich war Mercury ganz oben. Die Marke hatte kein Anarcho-Streetracer-Image abzuschütteln, im Gegenteil. Und der internationale Flair der Mercury-Modelle war gerade einmal so ausländisch wie die Namen der amerikanischen Städte, nach denen sie benannt waren: Montclair, Monterey, Montego. Letztere liegt zwar auf Jamaika, war aber schon jahrelang ein beliebtes Urlaubsziel.

Außerdem war Mercury die »mittlere« Marke des Konzerns und somit weit entfernt von jeglicher Extremposition, aber immer größer als die vergleichbaren Fords und mit einem burgwallartigem Kühlergrill geschmückt, der das Lebensgefühl Amerikas in den Siebzigern bestens verkörperte: Zurückziehen, Tore zu, abwarten. Bis zum »Downsizing« am Ende der Dekade hatte Mercury mit dem Marquis ein Fullsize-Modell (das Fords LTD entsprach), einen neuen Compact mit dem alten Namen »Comet« (auf der Plattform des Ford Maverick), den Montego in der Midsize-Klasse (entsprechend dem Ford Torino) und den Capri – einen amerikanisierten Ford Capri aus Deutschland.

Nur zu einem Ford wollte Mercury kein Gegenstück: Der Cougar, ehemals ein Mustang-Cousin, wird 1974 zum Personal Luxury Car auf Midsize-Basis, während der Mustang in der untergehenden Pony-Car-Klasse bleibt. 1979 allerdings machte der Mustang ein Comeback bei Mercury: Auf der Basis des neuen Fox-Body-Mustangs hatte auch Mercury wieder ein Pony im Stall. Ein Auto, das das Potential zum Erfolg in seinen Fox-Body-Genen trug und immerhin bis 1993 in Produktion blieb. Dumm nur, dass die FoMoCo sich wie so oft einen neuen Namen für ein altes Produkt ausdenken wollte und dabei durcheinandergeriet.

Statt den Fox-Body-Pony-Mercury »Cougar« zu nennen, wie es die Vernunft nahegelegt hätte, fiel die Wahl auf: Capri. Der ursprüngliche, aus Deutschland importierte Capri war zwar in den Siebzigern richtig erfolgreich gewesen, aber der amerikanische Flirt mit importierten Autos hatte die US-Automobilindustrie in eine schwere Krise gestürzt. Pünktlich zum Ende des Jahrzehnts hatte das gesellschaftliche Pendel den Umkehrpunkt erreicht. Import war nicht länger cool und so wurde der Fox-Body-Mustang, der kein ausländisches Image abzuschütteln hatte, zum gigantischen Erfolg. Der Capri hingegen, obwohl nur dem Namen nach europäisch, ist heute eine nur geringfügig erfolgreiche Erinnerung.

MERCURY MARAUDER

Der Marauder war, in echter FoMoCo-Tradition, erst die Bezeichnung für einen Motor, dann für ein Automodell. Als die FoMoCo 1958 den MEL-V8 vorstellte (MEL für Mercury-Edsel-Lincoln), war dessen kleinste Variante, der 383 cui (6,3 Liter), ausschließlich Mercury vorbehalten. Dieser Motor trug, im Einklang mit den Marketingpraktiken der Ära, einen eigenen Namen: Marauder. Die Definition des Wortes Marauder ist selbst in der englischen Sprache nicht klar umrissen, allerdings dürften hünenhafte Männer mit langen Schwertern und riesigen Äxten, die in Drachenbooten unvermittelt am Horizont auftauchen und ganze Küstenstädte in Minuten niederbrennen, in etwa dem Image entsprechen, das die FoMoCo 1958 für den potenten 6,3-Liter heraufbeschwören wollte. Alternativ wären militärische Eindringlinge akzeptabel, katzenartige Kleinraubtiere, die hauptsächlich Eier aus fremden Nestern erbeuten, hingegen weniger.

Wie dem auch sei, die FoMoCo hatte Mercury nicht nur mit dem Namen Marauder ausgestattet, sondern auch gleich noch den 430 cui (7,0 Liter) MEL-V8 in einer besonderen Version in den Mercurys verfügbar gemacht. Dieser 430er mit Sechsfach-Vergaser und 400 PS hörte auf den Namen »Super Marauder«. Der MEL-Block und damit die Marauder-Bezeichnung verschwand beinahe sofort wieder aus dem Mercury-Portfolio, aber die Erinnerung an den gewaltigen Performance-Motor blieb erhalten. »Mercury« und »Marauder« waren zusammen fortan geeignet, große Motoren und erhebliche Leistung anzudeuten, auch wenn Mercury in den Nachwehen des Edsel-Desasters zunächst versuchte, Fullsize-Performance-Automobile unter der Bezeichnung S-55 zu vermarkten.

Im Frühjahr '63 wurde der Name Marauder allerdings schon wieder eingesetzt – als Bezeichnung für die neue Fastback-Karosserie. Sie war auf allen Fullsize-Trimleveln der Marke Mercury erhältlich, einschließlich des S-55, sodass der Käufer damals beispielsweise den Mercury Monterey bestellen konnten (den Basis-Fullsize) oder den S-55 (eine Sportversion des Monterey) oder aber den Fullsize in der Sportversion und mit Fastback-Karosserie (der dann S-55 Marauder hieß). Verwirrend, aber durchaus im Einklang mit der Namensgebungspraxis der Ford Motor Company

.

Als 1964 der S-55 aus dem Programm genommen wurde, avancierte der Fastback zum sportlichsten Modell. Doch schon 1966 war wieder ein S-55 erhältlich... Es sollte bis 1969 dauern, bis Mercury den Modell-, Trimlevel- und Ausstattungspaketesalat im Griff hatte. Zu diesem Zeitpunkt war »Performance« bereits ein Midsize-Thema, während Fullsizes auf dem Weg waren, sich zu übergroßen Landyachten zu entwickeln. Dennoch hatte der Marauder endlich eine eigenen Identität – und Modellstatus. Aus dem ehemaligen Fastback-Paket war ein Fullsize-Personal-Luxury-Fastback-Automobil geworden, das nicht nur beeindruckend groß und schwer war, sogar für amerikanische Verhältnisse, sondern auch ordentlich motorisiert. Nur der 390 cui (6,4 Liter) FE-Block war im Marauder erhältlich oder der 429 cui (7,0 Liter) V8 aus der »385«-Motorfamilie, der sowohl die MEL- als auch FE-Motoren im FoMoCo-Programm ersetzte. Um diesen 360 PS-Motor zu bekommen, musste der Käufer allerdings den Marauder X-100 bestellen – einen Marauder mit Sportpaket.

Die Marauder-Reihe lief 1970 aus, ein Jahr nachdem mit dem Chevrolet Impala SS der größte Name der Fullsize-Performance-Ära verschwunden war. Mit dem Ende dieser Epoche verloschen beide Namen. Dennoch begegneten sich der Impala SS und der Mercury Marauder über 30 Jahre später noch einmal. Chevrolet hatte von 1994 bis 1996 einen neuen »Impala SS« auf Basis der Fullsize-Limousine Caprice produziert, wenig mehr als ein etwas entschärftes Streifenwagenpaket mit Ledersitzen und schwarzem Lack plus dem gewaltigen SFI-Generation-2-Small-Block mit dem Option Code LT1. Das wiederum bewog Ford, gegen den GM-Fullsize einen eigenen Fullsize auf den Markt zu werfen. Allerdings verwendete die FoMoCo dafür kein abgerüstetes Streifenwagenpaket. Im Gegenteil, mit Teilen des Polizeimodells Ford Crown Victoria P71 und der Lincoln-Version des 4,6-Liter-Konzern-V8s, abgerundet mit brandneuer Fahrwerkstechnik entstand auf Basis des Fullsize-Mercury Marquis der letzte Marauder für 2003 und 2004 – der beste von allen.

1963, ganz zu Anfang, hieß der Performance-Fullsitze »S-55«, während »Marauder« der Name des optionalen Heckfensters war. Nicht-Marauder-Mercurys hatten eine senkrechte, versenkbare Heckscheibe nach Lincoln-Vorbild. (Foto: © sv1ambo, CC BY 2.0)

2003 kehrte der Marauder für einen kurzen Augenblick als High-Performance-Sedan auf Panther-Basis zurück, um Chevrolets Impala SS ('94 bis '96) in einer letzten Auflage des »Ford vs. GM«-Duells zu bekämpfen (Foto: © allen watkin, CC BY 2.0)

Der 1969er Marauder ist sogar für ein amerikanisches Auto riesig und schwer. Und doch konnte er mit Performance-Paket als Marauder X100 bestellt werden. (Foto: © JOHN LLOYD, CC BY 2.0)

Selbst an einem sportlichen Modell einer Lincoln-nahen gehobenen Marke des Ford-Konzerns wie diesem großen Marauder sind die Neunziger-Jahre-Felgen und die Scheinwerfereinsätze fragwürdig – aber so behandelt der Markt heute alle Autos, die es nicht in die höheren Preiskategorien geschafft haben. (Foto: © Michel Curi, CC BY 2.0)

CLASSIC GRA
1963
y Sophie • Saks Fifth Avenue
Curved Form with Strings by Barbara Hepworth • Detroit Institute of Arts

DISCRIMINATING REFINEMENTS FOR YOUR CONVENIENCE
Continental
Bird in Space by Constantin Brancusi • Museum of Modern Art • New York City
Four-door Sedan • Lincoln Continental

FORD MOTOR COMPANY

LINCOLN

Lincoln stand in der Hierarchie der Ford Motor Company ganz oben, direkt gegenüber GMs Spitzenmarke Cadillac. Lincoln war der Gentleman unter den amerikanischen Herstellern, bis sich die Marke in den Siebzigern der Opulenz, den Modedesignern und dem Durst hingab.

Der Name der Luxusmarke der Ford Motor Company wird übrigens ohne »L« gesprochen, also »Lincon«. (Foto: © Ford)

Der erste Nachkriegs-Lincoln von 1949 ist so schlicht und elegant, dass man schon von Understatement sprechen muss. In den Fünfzigern war aber selbst Lincoln nicht gegen Chrom-Exzesse immun. (Foto: © Ford)

Lincoln mag sich im Flossenkrieg zwischen 1957 und 1959 durch besondere Grausamkeit hervorgetan haben – aber 1961 fand die Marke zu ihrem überlegenen, unterbetonten Stil zurück. (Foto: © Ford)

Der Lincoln-Fluch: Das erste erfolgreiche Atttentat auf einen US-Präsidenten traf Abraham Lincoln im Jahr 1865 – das letzte erfolgreiche Attentat auf einen US-Präsidenten galt John F. Kennedy 1963 auf dem Rücksitz eines 1961er Lincoln Continental Cabrios. (Foto: © Robert L. Knudsen)

Noch 1956 übte sich Lincoln in Zurückhaltung, bevor die Marke mit Nachdruck und Genuss an den Flossenkriegen teilnahm und auch vor der diagonalen Scheinwerferanordnung nicht zurückschreckte. (Foto: © Rex Gray, CC BY-SA 2.0)

Als Ford 2011 die Produktion von Body-on-Frame-Pkw einstellte, endete damit auch die Geschichte der heckgetriebenen Lincolns, die zuletzt noch als Town Car auf der Panther-Plattform produziert wurden. (Foto: © PD)

LINCOLN

Lincoln war – und ist bis heute – die Spitzenmarke der FoMoCo. Anders als Ford, die »Gründermarke« des FoMoCo-Konzerns, und Mercury, das künstlich erschaffene Fabrikat, wurde Lincoln unabhängig gegründet (1917) und erst später (1922) an die FoMoCo verkauft. Der Lincoln-Gründer Henry Leland ist kein Unbekannter in amerikanischen Luxus-Automobilkreisen. Bevor er Lincoln ins Leben rief, war er 1902 an der Gründung von Cadillac beteiligt, der 1909 von GM aufgekauften Luxusmarke.

Als zwei Kinder desselben Vaters standen sich die beiden konkurrierenden Marken anfänglich auch in nichts nach. Lincoln-Automobile waren Hochpreis-Kleinserien mit V12-Motoren, die gegen Autohersteller wie Duesenberg konkurrierten. Das Ganze fand auf einem Markt statt, auf dem Autohersteller kaufkräftigen Kunden jeden Wunsch von den Augen ablasen und in Kleinstauflage in die Tat umsetzten.
Die längst begonnene Motorisierung der Massen war allerdings nicht mehr aufzuhalten und in diesem Zeitalter war das Automobil keine brandneue Erfindung mehr, die für Unsummen verkauft werden konnte. Ab 1945 strukturierte die FoMoCo ihre Markenpalette neu und zum ersten Mal seit 1917 war Lincoln nicht mehr formell eigenständig. Ab da folgt der Weg der Lincoln-Mercury Division (so hieß die Gemeinschaftsmarke, auch wenn beide Hersteller faktisch eigenständig blieben) dem Pfad, den die FoMoCo vorgegeben hatte: 1949 erschien der erste neu designte Lincoln nach dem Zweiten Weltkrieg – zeitgleich mit den nagelneuen Fords und Mercurys. Zu diesem Zeitpunkt hatte Lincoln zwar schon keinen V12 mehr, sondern teilte sich seine Motoren weitgehend mit Mercury, aber noch baute die Marke eigenständige Fahrzeuge auf eigenen Plattformen. Mitte der Fünfziger versuchte dann die FoMoCo oberhalb von Lincoln eine neue Division namens Continental zu platzieren, als noch höherwertige Super-Luxusmarke für handgebaute Automobile.

Ähnlich wie das Abenteuer Edsel endete auch die Geschichte der Continental-Division: Mit einem hastigen Rückzug der Gleichschaltung von Continental und Lincoln und schließlich dem Verschwinden von Continental. Ab 1961 war Lincoln wieder allein im Luxussegment der FoMoCo, auf einem Markt, auf dem sich der Käuferfokus langsam in Richtung einer massentauglichen Fullsize-Klasse verschob. Der Lincoln hieß jetzt Lincoln Continental – und ein letztes Mal zeigten sich die unabhängigen Wurzeln des Herstellers, der Cadillac hätte kopieren sollen, aber stattdessen ganz eigene Automobile erschuf. Lincoln Continentals der Ära fallen durch nüchterne, fast chromfreie Formen auf sowie durch hinten angeschlagene Fondtüren, heute gerne Suicide Doors (Selbstmördertüren) genannt.
Wer sich ein Automobil in einem feinen Anzug vorstellt, bekommt ein ungefähres Bild von den Lincolns dieser Ära. Weshalb der formelle Continental 1961 auch zur persönlichen Limousine des US-Präsidenten wurde. Und sogar Präsidentenlimousine blieb, obwohl John F. Kennedy am 22. November 1963 in Dallas, Texas, auf dem Rücksitz eben dieses Lincolns erschossen wurde.

Mit den Sechzigern schwand die ursprüngliche Hochpreis-Käuferschaft der Luxusmarke weiter, bis mit dem Mark III im Modelljahr 1968 sogar eine Ford-Plattform für ein Lincoln-Fahrzeug herhalten musste. Dann kam der Landyachtboom der Siebziger, der vom Verschwinden der Performance-Plattformen der Sechziger ausgelöst wurde und Lincoln war endlich zu Hause. Riesige, mit allerlei Spielereien beladene Straßenkreuzer mit barocken Designanklängen verkauften sich bestens und Lincoln hatte genau das zu bieten.
Aber auch die Landyacht-Ära dauerte nicht ewig, und der einstige Hersteller von handgebauten V12-Motoren musste erst auf Kleinwagenplattformen ausweichen, später SUV bauen und sich eine Plattform mit dem Ford Crown Victoria teilen, bevor die einstmals stolze Mercury-Lincoln-Division 2012 mit dem Ende von Mercury zur Lincoln Motor Company wurde.

LINCOLN MARK

Der Lincoln Continental Mark III ist eines der wenigen Automobile, dessen Modellgeschichte fast alle Epochen des 20. Automobiljahrhunderts überspannt – auch wenn der Continental am Anfang noch kein Lincoln war.
Wie so oft ist es nicht einfach, in den vielen Um-, Wieder- und Neubenennungen der FoMoCo-Modelle und -Marken den Überblick zu behalten, aber eins steht fest: Am Anfang war Lincoln, oder der Lincoln Continental von 1939. Für 1956 (nachdem während des Zweiten Weltkriegs beinahe zehn Jahre keinen echte Pkw-Entwicklung stattgefunden hatte) entwarf die FoMoCO nicht nur einen Nachfolger für den Continental, sondern gleich eine neue Marke für den Nachfolger mit dazu. Was der Lincoln Continental gewesen war, wurde zur Marke Continental, das Modell hingegen, um seine Neu- und Andersartigkeit zu unterstreichen, hieß jetzt schlicht Mark II – was in der Super-Luxusklasse, in der Continental angetreten war, durchaus als vollwertiger Name gelten durfte.

Leider war das Continental-Gastspiel nur von sehr kurzer Dauer – 1959 endete die Zeit als eigene Marke und der Continental wurde wieder zum Lincoln Continental. Natürlich gelang es der FoMoCo im letzten Moment, noch mehr Verwirrung zu stiften: 1958er Continentals wurden als Continental Mark III verkauft, 1959 hieß das Modell Lincoln Continental Mark IV, 1960 Lincoln Continental Mark V – ohne dass die »Marks« III, IV und V sich technisch in dem Maße von ihrem Vorgänger unterschieden hätten, wie der Mark II vom ursprünglichen Continental. Bis hierher hatte der Name schon drei Epochen der Automobilgeschichte durchlaufen: Handgefertigter Kleinserienluxus für Superreiche in der frühen Phase der Massenautomobilisierung (als Lincoln Continental), oberste Oberklasse für die Reichsten unter den Reichen in der beginnenden »Konzernisierung« des nicht mehr ganz jungen Automobilmarktes als Continental Mark II, und das Ende der Exotenhersteller und die Konsolidierung von Marken und Modellen als Continental Mark III sowie Lincoln Continental Mark IV und V. Die FoMoCo ließ erst einmal Gras über die Sache wachsen und produzierte während der Sechziger einen eigenständigen Lincoln Continental, der allerdings klar eine Fullsize-Limousine war, während das ursprüngliche Continental-Konzept einen europäisch angehauchten Luxus-Tourensportler vorgesehen hatte. Genau dieses Marktsegment aber begann in den Sechzigern ordentlich zuzulegen, und so stellte Lincoln zum Modelljahr 1969 ein eigenes sportlich-luxuriöses »Personal Luxury Car« vor, das den großen Lincoln Continental ergänzen sollte: Den Lincoln Continental Mark III. Er ist nicht mit den älteren Mark II, III, IV und V verwandt und eigentlich auch nicht mit dem Lincoln Continental der Sechziger und Siebziger. Das die FoMoCo die 1960 aufgegebene Mark-Zählung an einer unlogischen Stelle wieder aufnahm (VI wäre logisch, IV hätte die Evolutionsstufe des neuen Lincolns am besten beschrieben) ist verständlich, da Lincoln hier an das letzte wirklich eigenständige Fahrzeug der Mark-Reihe, den Mark II, anknüpfen wollte. Und »Continental« hatten alle Marks auf die eine oder andere Art geheißen – das Wort musste zur besseren Wiedererkennbarkeit beibehalten werden. Dass der Name mittlerweile das Mainstream-Fullsize-Modell des Konzerns schmückte, war zwar ärgerlich, aber kein Hindernis.

Lincoln Continental (Fullsize) und Lincoln Continental Mark III (Personal Luxury) begannen ihre friedliche Koexistenz. Bei der FoMoCo hatte man inzwischen eingesehen, daß es kontraproduktiv war, die Käufer zu verwirren und so erlebte die Mark-Serie eine relativ geordnete Evolution: Aus dem gehobenen »Personal Luxury Car« der Mark III-Modelljahre '69 bis '71 wurde am Ende der Perfomance-Ära das gesetztere, luxuriöse Mark IV-Schiff (1972 bis 1976), das am Ende der Landyacht-Dekade die Mark V-Modellgeneration folgte. Entgegen dem Zeitgeist der aufkommenden Achtziger nochmals größer, luxuriöser und opulenter als der Mark IV. Dann, zum Modelljahr 1980, musste selbst Lincoln sich von den Werten der Siebziger verabschieden: Der Mark V (1980 bis 1983) war erstmals ein kleineres Auto. Mit dem Erscheinen der Panther-Plattform wurde der Mark VI (1984 bis 1992) zum Fullsize-Automobil in der Definition der Neunziger, auf der gleichen Plattform fand der Name bis 1998 als Mark VII zum letzten Mal Anwendung. Schließlich wurde die Mark-Serie zugunsten der Continental-Serie aufgegeben, die sie sich optisch und technisch angenähert hatte.

Dieses 1942er Lincoln Continental Convertible mit V12-Motor stammt aus der Art-Deco-Ära und wurde nur 136-mal gebaut. Damit gehört es zu den rarsten Vorkriegs-Lincoln-Continental. (Foto: © Alf van Beem, PD)

1958er Continentals hießen Mark III und konkurrierten mit Chrysler um die schrägste Scheinwerferstellung der Automobilgeschichte. Cadillac hielt sich in dieser Hinsicht glücklicherweise dezent zurück. (Foto: © JOHN LLOYD, CC BY 2.0)

Das »Continental Kit«, ein externes Reserverad für erweiterten Stauraum (für Reisen zwischen den US-Küsten, daher der Name) war in den späten Fünfzigern eine nicht unübliche Fullsize-Option. Lincoln allerdings schmückte noch den Mark IV (1972–1976) damit, der zusätzlich in Designer-Editionen, darunter »Cartier«, erhältlich war. (Foto: © CG Hughes, CC BY 2.0)

Von 1977 bis 1979 folgte dem Mark IV der sehr ähnliche, aber noch größere Mark V. 1980 zog der Continental Mark VI auf die Panther-Plattform um, Fords – nach GM-Vorbild – verkleinerte Fullsize-Karosserie. Dort blieb der Name bis zum Ende der Continental-Mark-Produktion im Jahr 1998. (Foto: © Greg Gjerdingen, CC BY 2.0)

Was schluckt der so? Amerikaner bauen immer schon die sparsamsten Motoren – im pro-Kubikzentimeter-Vergleich. Lincoln rettete den 460 cui-Big Block beinahe heimlich über die Ölkrise hinaus bis ins Jahr 1978. 460 cui sind, nebenbei bemerkt, 7538 Kubikzentimeter. Bei einem Verbrauch von 22 Liter/100 Kilometer entfallen 0,0029 Liter auf den Kubikzentimeter. (Foto: © CG Hughes, CC BY 2.0)

Von 1972 bis 1979 produzierte Lincoln zwei Generationen von Personal Luxury Cars in der in den Siebzigern gültigen Definition: Sehr groß und sehr opulent. Dann erst verkleinerte Lincoln als letzter Hersteller seine Modelle. (Foto: © Ford)

Unangefochtene Herrscher über Amerikas Straßen im 20. Jahrhundert: B-Body Fullsizes, hier als 64er Impala und 95er Caprice. (Foto: © Mario Brunner, Slg. Sönke Priebe)

GENERAL MOTORS

General Motors (GM) war im 20. Jahrhundert mit weitem Abstand der größte Autohersteller in den USA und sogar größter Automobilhersteller der Welt. Gleichzeitig war der Konzern auch größter Arbeitgeber in den Vereinigten Staaten und hat maßgeblich die Geschichte der Amerikaner im »Automobiljahrhundert« mitbestimmt.

Detroits Skyline mit den General-Motors-Headquarters. (Foto: © pparasurama, CC-BY-SA-2.0)

General Motors war nicht nur ein reiner Massenhersteller – auch zeitlose Automobilikonen hatte GM im Programm, etwa den Buick Riviera von 1965. (Foto: © Alf van Beem)

Chevrolets Camaro war ein erreichbares Traumauto – aber kein billiges, was besonders die erste Generation heute zu Sammlerstücken macht. (Foto: © Stocker)

Cadillacs blieben im 20. Jahrhundert für den Normalbürger unbezahlbar, wie es sich für die führende Automarke der USA gehört. (Foto: © Stocker)

GENERAL MOTORS

GENERAL MOTORS (GM)

Kein anderer Automobilhersteller des 20. Jahrhunderts kann General Motors das Wasser reichen! Der Detroiter Konzern war zeitweilig größter Automobilhersteller der Welt, größter Arbeitgeber der USA und größtes Industrieunternehmen der Welt. Von Oakland und Opel über Holden bis Hummer hat der Konzern eine Vielfalt an legendären Automarken besessen – und zahlreiche weniger bekannte, etwa Saturn und GEO. Das Kerngeschäft in den USA hat GM im 20. Jahrhundert aber im Wesentlichen mit fünf Marken bestritten: Cadillac, Buick, Oldsmobile, Pontiac und Chevrolet.
Mehr als fünf Millionen Pkw rollten zu Hochzeiten pro Jahr von den GM-Fließbändern allein in den USA – mehr als der gesamte durchschnittliche jährliche Neuwagenbedarf Deutschlands. Das entspricht über 50 Prozent Marktanteil bei Pkws in den USA. Egal ob die Automobilentwicklung technisch oder optisch vorangetrieben wurde, GM war vorne mit dabei.

Muscle Car Wars: Plymouth und Dodge mögen den Applaus eingesackt haben, aber Chevrolets Chevelle machte sich mit den Stückzahlen davon. (Foto: © Mario Brunner)

Die Erfolgsgeschichte des Konzerns umfasst unzählige Meilensteine, unter anderem den ersten günstigen massentauglichen Hochleistungs-Achtzylinder für den »kleinen Mann« in den »Tri-Chevys« von 1955, '56 und '57, das gewagteste Heckflossendesign aller Zeiten (1959 Chevrolet), den 409 cui V8 (sieben Liter), mit dem 1961 das Horse-Power-Wettrüsten der Sechziger eingeläutet wurde, den Pontiac GTO (1964 bis 1967), der die Leistungsschlacht von der Rennstrecke auf die Straße trug, das meistverkaufte Automobil eines Modelljahrs (der '65er Impala), die ersten voll funktionsfähigen Fullsize-Katalysator-Pkw der Neuzeit (1977 bis 1990, B-Body), den mächtigen und unbezwingbaren Buick GNX (1987) mit 276 Turbo-PS sowie Amerikas ersten Sportwagen, die Chevrolet Corvette – und das, mit Verlaub, sind nur eine Handvoll Namen aus der zweiten Hälfte des Automobiljahrhunderts, aus einem Konzern, der noch hunderte anderer spektakulärer Marken, Modelle, Ideen und Absurditäten zu bieten hatte.

Die Geschichte des Automobils kann nicht ohne General Motors erzählt werden – auch wenn im 21. Jahrhundert von den glorreichen fünf GM-Traditionsmarken in den den Vereinigten Staaten von Amerika nur noch Cadillac, Buick und Chevrolet überlebt haben. Seit der Gründung von GM im Jahr 1908 hat der Konzern in insgesamt 99 Jahren den Titel »größter Automobilhersteller der Welt« beanspruchen dürfen – ein Titel, den man sicher nicht für mittelmäßigen Automobilbau verliehen bekommt.

Fullsize-Chevrolet des Modelljahres 1958. Dieses Jahr gilt heute noch nicht einmal als besonders spektakulär, da es von zwei unerreichbaren Chevrolet-Meilensteinen flankiert wird, dem revolutionären 57er und dem wild beflügelten 59er. (Foto: © GM)

Der 64er Chevrolet Impala war für seine Zeit dramatisch schlicht, gilt als die Lowrider-Basis schlechthin und erlebte in den Neunzigern eine zweite Jugend als Dienstfahrzeug des Westküsten-Gangster-Raps. Eine Ehre, die an der Ostküste dem Oldsmobile 98 zuteilwurde. (Foto: © Mario Brunner, Slg. Sönke Priebe)

Imitation ist die ehrlichste Form der Schmeichelei: Dieser Wagen ist kein echter Pontiac GTO – aber auch nach über 50 Jahren ist die Anziehungskraft der drei Buchstaben ungebrochen. (Foto: © Mario Brunner, Slg. Sönke Priebe)

Mali

GENERAL MOTORS CHEVROLET

Chevrolet war die größte Marke des GM-Konzerns, größer als die gesamte Ford Motor Company, größer als Chrysler, größer als die Gesamtproduktion jeder einzelnen Automobilnation auf der Welt. Chevrolet hat insbesondere die zweite Hälfte des 20. Jahrhunderts dominiert und gehört zu den wenigen amerikanischen Traditionsmarken, die bis heute überlebt haben.

Betont sportlich: Die Chevelle war der erste formelle Midsize der größten Automarke der Welt. (Foto: ©GM)

Auch wenn es für heutige Betrachter kaum so wirkt: Schlichter konnte man 1929 nicht Auto fahren. Chevrolet war und ist eine günstige Marke. (Foto: © GM)

1950 mag Chevrolet schon erste High-Society-Ambitionen gehegt haben, aber Ford hatte im Design klar die Nase vorn. (Foto: © GM)

1955 fügte Chevrolet die Worte »richtungsweisend«, »Achtzylinder« und »günstig« zum ersten »Tri-Chevy« zusammen, der 1957 seine finale – und legendärste – Ausprägung fand. (Foto: © GM)

Sogar in der Dämmerung des Verbrenner-Zeitalters kommt die Chevrolet-Ikone noch zum Einsatz – als Resto-Mod mit modernen 430 PS. (Foto: © GM)

CHEVROLET

General Motors hatte seine Automobilmarken schon früh nach klaren Vorgaben sortiert. Die fünf großen »Divisionen« des Konzerns waren hierarchisch aufgestellt, mit dem Luxushersteller Cadillac ganz oben. Am untersten Ende der Nahrungskette rangierte Chevrolet, dort positioniert als Marke für den schmalen Geldbeutel und für kleine Ansprüche. In der Theorie bildete Chevrolet zusammen mit den Konkurrenzmarken Ford und Plymouth die sogenannte »günstige Klasse«, die »Low Priced Three«. Sie bedienten das Segment der Flottenkäufer, der Dienstwagen und Behördenfahrzeuge sowie alle Kunden, bei denen Nutzwert an erster Stelle stand – und der war bei Chevrolet gegeben. Zusammen mit der »Value for Money«-Verkaufstaktik, nach der ein Chevrolet zwar ein günstiges Auto sein sollte, aber eben eines, das mehr zu bieten hatte als die billigen Wagen der Konkurrenz, wurde Chevrolet im Zeitalter der Massenmobilisierung zur größten Division des GM-Konzerns. Und das, obwohl Konkurrent Ford seit 1932 einen Achtzylinder unter der Haube hatte, während Chevrolet noch 1954 mit Reihensechszylindern auskommen musste. Im selben Jahr durfte die Marke dann ihren eigenen »kleinen« V8 konstruieren.

In 15 Wochen entstand der »Small Block« V8, erstmals erhältlich in Chevrolets des Modelljahres 1955. Vielleicht war es Zufall, dass der GM-Konzern just zu dieser Zeit eine radikale Veränderung im Erscheinungsbild seiner Automodelle vollzog, weg von freistehenden Kotflügeln, hin zum Ponton-Design. Jedenfalls hatte Chevrolet für das Modelljahr 1955 ein frisches Design und einen nagelneuen Motor. Beide zusammen und jeder für sich wurde zur Legende. Einmal als »Tri-Chevy« oder »Tri-Fiver« (für die drei Jahre, in denen das Modell produziert wurde: 1955, 1956 und 1957) und einmal als »Small Block Chevrolet« (SBC), der zum meistgebauten Pkw-Motor der Geschichte aufsteigen sollte. Und mit 100 Millionen sogar Stückzahlen erreichte wie das AK47-Sturmgewehr, allgemein bekannt als »Kalaschnikow«.

Nichts und niemand konnte Chevrolet stoppen. Zwar war Autofahren längst Volkssache, aber mit dem V8-angetrieben Tri-Chevy wurde »Performance« zum Massenphänomen und Chevrolet zur unangefochtenen und unerreichbaren Nummer 1 unter den US-Automobilbauern – ohne dabei seinen Platz am unteren Ende der GM-Hierarchie formell aufzugeben. Chevrolet hatte die Stückzahlen – oft alleine mehr als die gesamte Konzernproduktion von Cadillac, Buick, Oldsmobile und Pontiac zusammen, über ein Viertel des gesamten US-Pkw-Marktes.

Mit Stückzahlen war die technische und optische Entwicklung von Fahrzeugen leicht zu beeinflussen. »Was gut für Chevrolet ist, ist gut für Amerika«, lautete die Devise. Und was Chevrolet nicht wollte, konnte sich auf dem Markt auch nicht durchsetzen. Hatte man hingegen irre Ideen, etwa einen 409-PS-Motor für den familienorientierten Fullsize-Chevrolet des Jahres 1962, dann war der gesamte Markt gezwungen, mit ähnlichem Wahnwitz zu kontern. Wenn Chevrolet einen neuen Motor präsentierte, hatte Ford kurz darauf einen vergleichbaren Motor im Programm. Und als Chevrolet 1977 anfing, seine Pkws drastisch zu verkleinern, da dauerte es nur ein Jahr, bis auch die großen Fords zu schrumpfen begannen.

Glücklicherweise neigt sich die Ära, in der US-Klassiker der Fünfziger mattschwarz verunstaltet wurden, endlich dem Ende zu. (Foto: © Stocker)

Für den Großteil der zweiten Hälfte des 20. Jahrhunderts war Chevrolet Alleinherrscher über den nordamerikanischen Pkw-Markt, unerreichbar, unberührbar. »Ford hat uns immer kopiert und was Chrysler machte, hat uns nie interessiert«, beschrieb ein GM-Ingenieur viele Jahre später die Designphilosophie der Marke. Und Mercedes, Porsche, Volkswagen? Von denen hatte man bei Chevrolet keine Angst. Warum denn auch? Für jeden in den USA verkauften Mercedes setzte General Motors 250 Chevrolets ab. Da kann man den Stuttgarter »Kleinserien«-Hersteller und Erfinder des Automobils auch mal ein Jahrhundert lang ignorieren.

CHEVROLET

X-BODY

Der X-Body war Chevrolets »Compact«-Plattform, vorgestellt zum Modelljahr 1962 als Gegner für Fords erfolgreichen Falcon. Wäre es nach Chevrolet gegangen, hätte der Compact-Markt in den USA ganz anders ausgesehen: 1960 hatte die günstige GM-Marke den Corvair vorgestellt, der eigentlich der Chevrolet für die Compact-Klasse hätte sein sollen – wäre da nicht ein ganz kleines Problem aufgetreten: Der Corvair war radikal anders als alles, was US-Autokäufer kannten und schätzten. Zwar ließen sich im ersten Jahr mehr als 250.000 Corvairs verkaufen, das kam aber bei weitem nicht an Fords über 450.000 Falcons heran. Für derartige Stückzahlen war der Heckmotor-Corvair mit seinem Sechszylinder-Boxer dann doch zu exotisch. Die Käufer verlangten nach einem konventionellen kleinen Chevrolet, und »der General« lehnte ungern einen Dollar ab. In aller Eile wurde das Chevrolet-Line-up (welches aus dem kompakten Corvair, der sportlichen Corvette und »dem Chevrolet« für alle anderen Bedürfnisse bestand) um einen zweiten, kleinen Chevrolet erweitert, der in nur 18 Monaten bis zum Fließbandreife durchgeschoben wurde.

Vielleicht verschleiern die gut behüteten Damen die Dimensionen etwas, aber der kleine Chevrolet ist tatsächlich klein, exakt Falcon-groß. Oder leichter verständlich: so groß wie der Ford Mustang. (Foto: © GM)

Pünktlich zum Modelljahr 1962 rollte Chevrolet als letzter der günstigen US-Hersteller ein »kompaktes« Modell in die Verkaufsräume. Wahrscheinlich war in den 18 Monaten nicht genug Zeit gewesen, dem neuen Kleinwagen einen vernünftigen Namen zu geben, weshalb er anfangs auf den poetischen Titel »Chevy II« hörte. Der kleine Chevy verkaufte sich dennoch gut. Nicht so gut wie der Falcon und nicht so gut, dass es einen Chevy III gegeben hätte, aber gut genug.
1964 bekam der Chevy II einen V8 als optionalen Motor – Chevrolets berühmten Small Block. Vergleichbares hatte es im Falcon nicht gegeben. Mit Ausnahme einer Handvoll »Falcon Sprint« im Modelljahr '63 waren alle Falcons Sechszylinder. Möglicherweise hätte sich der Chevy II mit dem V8 endlich gegen den Falcon durchsetzen können, aber im '64 wurde es eng auf dem Markt. Die neue Midsize-Klasse und der mitten im Modelljahr erschienene Ford Mustang lockten Compact-Käufer in alle Richtungen.

Ford hatte einen gut gehenden Compact und nun ein Pony Car auf dessen Basis, Chevrolet dagegen hatte kein Pony, nur einen Compact, und der war schon nicht mehr ganz neu. Deshalb konnte er auch kaum als Grundlage für ein Fahrzeug dienen, das heißer als der neue Mustang sein sollte. Ein Dilemma. Chevrolet behalf sich mit einem eleganten Kunstgriff: Der '67 erschienene Mustang-Gegner Camaro wurde zwar auf einer aus der X-Plattform entwickelten Bodengruppe (dem F-Body) aufgebaut – aber dabei handelte es sich um den X-Body der nächsten Generation ab Modelljahr 1969! Im Zuge der Mustangbekämpfung wurde auch dem Chevy II ein vorgezogener Generationswechsel schon zum Modelljahr '68 zuteil. Damit wurde der Compact deutlich sportlicher, sowohl im Erscheinungsbild als auch in seiner ungewöhnlichen Bodengruppe, die aus einem halben Leiterrahmen vor einer selbsttragenden Kabine bestand. 1969 wurde der Chevy II zum Chevy Nova (nach dem Chevy II Nova, dem früheren Spitzen-Trimlevel) und fand sich unversehens in einer einmaligen Position wieder: Der X-Body war größer als seine Falcon/Mustang-Konkurrenz, gleichzeitig aber praktischer als seine sportlichen F-Body-Brüder und obendrein leichter und kleiner als die Chrysler-Pony Cars, die auf einer Mid-Size-Plattform standen.

Der X-Body Nova hatte ungeahnte Allrounderqualitäten, mehr als jedes andere Fahrzeug in seiner und den umliegenden Klassen. Und Chevrolet sorgte dafür, dass dies auch aus sportlicher Perspektive zutraf: Die neue X-Body-Generation war optional mit dem »kleinen« 396 cui (6,5 Liter) Big-Block-V8 erhältlich. Noch einmal verjüngte Chevrolet den X-Body, bevor die hinterradgetriebene Kompaktklasse 1980 durch Autos mit Frontantrieb ersetzt wurde: Von 1975 bis 1979 entstand die dritte Generation, die mit dem 76er Nova den wichtigsten Streifenwagen der Ölkrisenjahre stellen sollte. Als Behörden plötzlich Benzin sparen mussten, ohne auf schnelle Autos verzichten zu können, blühte der leichte Allrounder nochmals auf.

1962 musste man weiten Teilen der amerikanischen Autokäufer erst noch klar machen, worin denn der Reiz eines kleinen Autos liegen sollte. Der Chevy II Nova im Bild gibt sich alle Mühe, hat aber Schwierigkeiten, seine Ähnlichkeit mit dem anspruchslosen Ford Falcon zu verbergen. (Foto: © GM)

Die Idee, den Linien der Sechziger die Technik des neuen Jahrtausends einzupflanzen, lässt Autofans nicht los. Die meisten werden feststellen, dass sich die Ergebnisse von GMs Milliarden-Entwicklungs-Budget mit Hausmitteln nur selten wesentlich verbessern lassen. (Foto: © GM)

1969 ist das letzte Modelljahr der ersten Camaro-Generation, das Jahr in dem GM auf Umwegen den 7,0-Liter V8 im beliebten Pony-Car verfügbar machte.
(Foto: © Mario Brunner, Slg. Sönke Priebe)

Klappscheinwerfer oder Scheinwerferklappen waren 1969 hoch modern – durchsichtige Scheinwerferklappen hingegen hatte außer den RS- und RS/SS-Camaros niemand zu bieten.
(Foto: © Mario Brunner, Slg. Sönke Priebe)

Erste, dritte und vierte Generation des Camaros auf dem Rundkurs. Auffällig abwesend ist die zweite Generation, die wegen ihrer Ölkrisenvergangenheit lange nicht salonfähig war. (Foto: © GM)

1967 ist der einzige Camaro-Jahrgang mit einem vorderen Dreiecksfenster. Schon 1968 wurde auf dieses traditionelle Detail verzichtet. (Foto: © Mario Brunner)

F-BODY

Die F-Bodys waren GMs Beitrag zur Pony-Car-Klasse. Während Pontiac den etwas teureren Firebird produzierte, hatte Chevrolet den günstigen Camaro als Gegner für Fords ab April 1964 überaus erfolgreichen Mustang (und dessen »großen Bruder«, den Mercury Cougar). GM war spät dran mit dem »Pony Car« – in der Führungsebene hatte man auf den Corvair als Freizeit- und Spaßcoupé gesetzt, bevor sich zeigte, dass Sechszylinder-Boxermotoren zwar populär, aber unamerikanisch waren.

Der Erfolg des Mustangs, der den Markt fast gänzlich für sich allein hatte, unterstrich den Bedarf nach einem günstigen Sportcoupé mit acht Zylindern. Aus Kostengründen lag die Verwendung einer existierenden Kleinwagenplattform nahe. Aber da der »Chevy II« sein Endstadium erreicht hatte (die Vorbereitungen für seinen Nachfolger zum Modelljahr 1969 liefen schon), musste man vorgreifen. Und so basiert der 1967 erschienene Camaro zwar auf einem Kleinwagen – aber auf einem, der erst ein Jahr nach dem Camaro in Produktion ging! Auch sonst ist das GM-Pony nicht hundertprozentig deckungsgleich mit der ursprünglichen Ford-Idee. Zwar war der Camaro ebenfalls in der Spardosenvariante als Reihensechszylinder-Dreigang-Schalter mit Sitzbank erhältlich, aber verglichen mit dem Mustang war alles an GMs F-Body ein wenig größer, stärker, komplexer – und teurer. Der Mustang war vollständig selbsttragend und in seinem Motorraum, der ursprünglich nur Reihensechszylindern Platz bieten sollte, ließen sich große Motoren nur mit Mühe unterbringen. Der Camaro hingegen war zwar ebenfalls selbsttragend, aber eben erst ab der Windschutzscheibe nach hinten. Motor, Vorderachse und die gesamte Fahrzeugfront wurden von einem kurzen Rahmen getragen, der nur über vier Punkte mit der selbsttragenden Kabine verschraubt war.

Mehr Platz für große Motoren und eine wesentlich solidere Vorderachse waren echte Verkaufsargumente in einer Zeit, in der Hersteller mehr oder weniger offen die nicht legale Straßenrennszene umwarben. Hinzu kommt, dass Chevrolet mit dem 396 cui (6,5 Liter) Mark IV Big-Block einen Motor im Camaro anbieten konnte, dem Ford wenig entgegenzusetzen hatte. In seiner unendlichen Weisheit allerdings sorgte General Motors gleichzeitig dafür, dass das eigene Pony keinen noch größeren Motor erhielt. Getreu der GM-Konzernpolitik galt für die Pony- und Midsize-Klasse ein Hubraumlimit von 400 cui (6,6 Liter). Erst 1969, im dritten Modelljahr, erschienen 427 cui (7,0 Liter) Camaros, nachdem enthusiastische Chevrolet-Händler begonnen hatten, eine Eigenart des GM-Bestellsystems anzuwenden, die eigentlich für den Taxi- und Streifenwagenmarkt gedacht war: Jedes Chevrolet-Modell konnte (in der Theorie) auch mit den Optionen anderer Baureihen bestellt werden – solange sie im gleichen Werk montiert wurde, der Käufer eine Mindestanzahl abnahm und das (etwas kommunistisch anmutende) Zentralbüro in Warren, Michigan, die Bestellung absegnete. Eigentlich dafür gedacht, dass Taxis Sonderfarben oder Midsize-Streifenwagen die Bremsen vom Fullsize-Modell bekommen konnten, ließ sich so der regulär verfügbare 427 cui Motor im Camaro bestellen. Das Resultat war einer der gefürchtetsten Straßenkrieger der Muscle-Car-Ära, heute bekannt als COPO Camaro (von Central Office Production Order, nach dem Zentralbüro). Leider war schon 1970 wieder Schluss mit den guten Zeiten – GM bereitete sich als erster Hersteller auf die Katalysatoreinführung vor.

Motoren wurden jetzt zwar noch größer, aber auch schwächer und die Modellpalette entwickelte sich weg von asketischen Sportlern und hin zu gemütlicheren, luxuriöseren Cruisern. Die Modelljahre 1967 bis 1969 gelten heute als die Camaro-Jahre, die 1970 erschienene zweite Generation nutzte zwar weiterhin die gleiche Plattform, jedoch ohne potente Motoren. Sie blieb bis zum Ende 1981, über unerhörte zwölf Modelljahre hinweg, ohne erhebliche Designänderungen. Für die Entwicklung der Sportcoupé-Baureihe war in den performancefeindlichen Siebzigern einfach kein Geld vorhanden.

Seit jeher fotografieren Autofirmen ihre Fahrzeuge gerne vor Flugzeugen. Auch dem 1960er Chevrolet Corvair steht dieses Motiv ausgezeichnet, denn die T-38 Talon im Hintergrund war zum Zeitpunkt der Corvair-Premiere ebenfalls brandneu. Anders aber als der ungewohnt zu fahrende Heckmotor-Chevrolet wurde der gutmütige Jet Trainer noch bis 1972 gebaut. (Foto: © GM)

Wenn man die amerikanische Seitenlinie für einen Augenblick ignoriert, wird deutlich, wie europäisch der Corvair von hinten wirkt – nicht nur wegen des Boxermotors. (Foto: © Alf van Beem, PD)

Es ist nicht überliefert, warum Chevrolet 1960 Kleinwagenkäufer und europäisches Flair gleichzusetzen versuchte – oder warum ausgerechnet Schirm und Melone ausgewählt wurden, um den alten Kontinent zu repräsentieren. (Foto: © GM)

CORVAIR

Für ein in zehn Modelljahren (1960 bis 1969) mehr als 1.800.000-mal produziertes Fahrzeug ist der Corvair heute ungewöhnlich unbekannt. In den späten Fünfzigern kam GM auf die Idee, der Low-Priced-Marke Chevrolet für den gerade neu entstehenden Kleinwagen-Massenmarkt ein Auto aufzubürden, das nach einem Prinzip konstruiert war, das bislang eigentlich nur in Europa erfolgreich gewesen war: Der Corvair besaß einen luftgekühlten Heckmotor. Bislang war kein großer US-Hersteller auf die Idee gekommen, das vom Spar-Transportmittel VW Käfer populär gemachte Prinzip auch amerikanischen Autokäufern anzubieten.

Möglicherweise war den GM-Produktplanern entgangen, dass sich die Käuferschaft luftgekühlter Heckmotorautomobile in den Fünfzigern hauptsächlich aus der befreiten unteren Mittelschicht einer ehemaligen totalitären Diktatur sowie den Bewohnern ärmlicher ländlicher Regionen eines zentralisierten Semi-Agrarstaats zusammensetzte, für die spartanische Zweckmäßigkeit und geringe Kosten eines Automobils kein Ausdruck von Individualismus, sondern wirtschaftliche Notwendigkeit waren. Warum dieses Konzept in den USA hätte aufgehen sollen, steht in den Sternen – an der oft zitierten Popularität des VW Käfers kann es nicht gelegen haben, denn der verkaufte sich in den USA bis Anfang der Sechziger hauptsächlich an die intellektuelle Elite und nicht besser als die Kleinwagen der kleineren US-Marken.

Trotzdem hatte Chevrolet ab 1960 den luftgekühlten, heckgetriebenen Heckmotor-Corvair im Programm, der ein wenig anmutete wie eine unversehens zu Geld gekommene Version des deutschen Sparwunders: Sechs statt vier Boxer-Zylinder, mehr als doppelt so viel Leistung, Platz für fünf Erwachsene und für die Top-Ausstattungsvariante sogar ein europäischer Name: Corvair Monza. Die Idee funktionierte. Chevrolet verkaufte auf dem US-Mark mehr Corvairs als Volkswagen Käfer, aber eben an dieselbe Käuferschicht: Menschen, die Individualismus und Intellekt über die Verwendung von sparsamen oder exotischen Transportmitteln ausdrücken wollten. Die Automobilpresse Amerikas kürte den Wagen sogar zum »Auto des Jahres« 1960. Die tatsächliche Kundschaft des neuen amerikanischen Kleinwagenmarkts aber, Budget-orientierte Zweckkäufer, hielt sich lieber an traditionelle Pkw mit bekannten Qualitäten.
Das war ein Markt, auf dem der exotische und eigenwillige Corvair nicht so recht funktionieren wollte. GM schob seinem ersten Kleinwagen rasch den traditionellen »Chevy II« hinterher, dessen Name allein schon zeigt, wie die GM-Produktplaner den Corvair künftig sehen wollten: als einen losgelösten Exoten am Rande der Chevrolet-Palette (wie die Corvette), während der »große« Chevrolet (quasi der »Chevy I«) und der Chevy II das Kerngeschäft bestritten.

Dann geriet der Corvair noch zusätzlich in raues Fahrwasser: 1965 veröffentlichte der Rechtsanwalt (und spätere Präsidentschaftskandidat) Ralph Nader unter dem Titel »Unsafe at any Speed« einen generellen Angriff auf die Sicherheits- und Verbraucherschutzpraktiken der US-Autohersteller. Eigentlich an alle US-Hersteller gerichtet, leider aber zunächst am Beispiel des Corvairs aufgezogen, dessen untypische Pendelachse, wenn man Nader glauben will, unausgereift und fehlerhaft und deshalb für den Tod tausender Menschen in Überschlägen verantwortlich gewesen sein soll, darunter die Kinder von zehn GM-Vorstandsmitgliedern. Diese Darstellung schadete dem Corvair so nachhaltig, dass er nach dem Modelljahr 1969 eingestellt wurde – auch wenn die primitive Pendelachse schon vor Erscheinen von »Unsafe at any Speed« von einer modernen Einzelradaufhängung abgelöst worden war.

Der Corvair war auch nicht das einzige von Ralph Nader angegriffene Fahrzeug – aber eben das erste im ersten Kapitel des Buchs. Viel mehr dürften die meisten Leser von »Unsafe at any Speed« nicht mitbekommen haben, denn Naders Schreibstil ist anstrengend und trocken, selbst für Automobilenthusiasten. Wer seine Behauptungen allerdings als haltlos betrachten will, sollte wissen, dass der Corvair nicht das einzige Pendelachsen-Auto der Ära war, das in den Verdacht geriet, sich bei der geringsten Unachtsamkeit zu überschlagen. Der M151, Nachfolger des »Willys« Militär-Jeeps, hatte mit identischen Problemen zu kämpfen.

Parkt man einen Corvair 900 Monza vor einem ur-amerikanischen weißen Lattenzaun, will der Wagen plötzlich ganz und gar nicht mehr amerikanisch wirken. (Foto: ©GM)

CHEVROLET

A-BODY

Die A-Plattform war die Midsize-Plattform des GM-Konzerns. Tatsächlich hat GM diese Bezeichnung mehrfach verwendet – erst in der Frühzeit der Standardisierung, als die Klassen- und Modell-Unterteilung der amerikanischen Automobile bei weitem noch nicht so extrem ausgeprägt war und zum zweiten Mal ab 1964, nachdem der erste A-Body 1958 durch den neuen B-Body ersetzt worden war. In der sich verändernden Automobilwelt der Sechziger stand bei GM A fortan für Midsize, B für Fullsize, C und D für verschiedene Variationen der Luxusklasse, E für große Personal Luxury, F für Sportcoupés bis hin zu X und Y für die Kleinwagenplattform und die spätere Corvette.

Auf nur zwei dieser Plattformen allerdings war der Löwenanteil aller GM-Fahrzeuge aufgebaut: Midsize-A ('64 bis '77) und Fullsize-B ('58 bis '96). Minimal verkompliziert wird diese klare Linie durch den Umstand, dass GMs »Downsizing«-Programm 1977 die Fullsize-Klasse auf die existierende Midsize-Bodengruppe verschob, sodass die A-Karosserie zwar 1977 eingestellt wurde, aber technisch mehr oder weniger als B-Body bis 1996 weiter existierte. Die US-Hersteller haben in den Sechzigern pro Modelljahr etwa 10.000.000 Pkw produziert, mehr als 5.000.000 kamen in der Regel von GM-Fließbändern, davon wiederum waren meist mehr als 2.500.000 Chevrolets, und davon waren in einem guten Jahr etwa die Hälfte Midsizes.

Die Bedeutung der GM-A-Plattform ist leichter zu verstehen, wenn man sich vor Augen hält, dass andere Marken Stückzahlen ihrer Modelle von über 100.000 als Erfolg feierten. Oder auch das die Gesamtproduktion aller Marken des Ford-Konzerns bei etwa 1.250.000 Fahrzeugen jährlich lag! Und Chevrolet machte die Dinge auch nicht unnötig kompliziert: Von der Einführung im Jahr 1964 an hörte der Midsize-Chevy 14 Modelljahre lang auf den Namen Chevelle, bis sie 1978 gedownsized wurde und als Chevrolet Malibu (nach dem A-Body-Spitzentrimlevel Chevelle Malibu) weiterverkauft wurde. Die Chevelle war der einzige Chevrolet-Midsize, Parallelmodelle oder Mehrfachumbenennungen wie bei Ford gab es im Hause Chevrolet nicht. Trimlevel dagegen schon. Die Chevelle war in einer Reihe von Ausstattungsvarianten erhältlich, etwa als »300«, »SS« (für Super Sport) oder eben »Malibu« und »Laguna«. Sechszylinder waren ebenso erhältlich wie Achtzylinder bis hin zum 396 cui (6,5 Liter) Big-Block-V8 (und später den 7,4-Litern). Und selbstverständlich deckte die Chevelle alle denkbaren Karosseriekonfigurationen ab: Coupé, Limousine, Cabrio und Station Wagon, in unterschiedlichen zwei- und viertürigen Ausführungen.

Dazu hatte die Chevelle etliche große Brüder: Pontiacs GTO, Oldsmobiles 442 und Buicks GS (samt ihrer jeweiligen Low-Performance-Verwandtschaft) waren ebenso A-Bodys wie die Chevelle. Genauso wie der Cousin vom Land, Chevrolets Pkw-Pickup mit dem Namen El Camino. Wer sich mit der Chevelle anlegen wollte, musste sich meist bald eingestehen, dass Widerstand zwecklos war.

Die Chevelle war überall. Selbst wenn einzelne Modelle einzelner anderer Hersteller besser, schneller, hübscher gewesen sein sollten – die Chevelle hatte die Stückzahlen, um die Konkurrenz an den Rand des Spielfeldes zu drängen. Diese Stückzahlen resultierten aus der Tatsache, dass Chevrolets A-Body ein grundsolides, durchentwickeltes, für seine Zeit qualitativ hochwertiges und immer noch bezahlbares Produkt war, das mit zwei der erfolgreichsten Motoren der Automobilgeschichte geordert werden konnte.

Die Chevelle SS 396 wurde zur Ikone der Muscle Car Wars. Andere Autos können in Einzelfällen spektakulärer und/oder schneller gewesen sein, manche sogar deutlich, aber die Chevelle bildete die breite kommerzielle Plattform, auf der die Muscle Car Wars ausgetragen und überliefert wurden. Tatsächlich verwendete GM die Bezeichnung »A« noch ein drittes Mal in einer neuen Konfiguration: Von 1982 bis 1996, in den dunklen Jahren des US-Automobilbaus, entstanden vorderradgetriebene Kleinwagen auf einer neuen A-Plattform, die aussahen wie stark verkleinerte Fullsize-Limousinen.

Die 64er Chevelle hat unverkennbare Ähnlichkeit mit dem Fullsize-Chevrolet des gleichen Jahres. Im ersten Midsize-Jahr riskierte man nichts. (Foto: © GM)

1968 legt GMs Midsize-Klasse die kantige Dachlinie des Urdesigns ab und läutet stattdessen die Ära der ausladenden C-Säulen ein, die in den Siebzigern zum Branchen-Standard werden. (Foto: © GM)

Bis heute kann sich die Performance-Industrie nicht von den Sechzigern lösen. Die Chevelle ist dabei eins der bekanntesten Gesichter der Ära – auch wenn sie ab 1968 streng genommen den Look der frühen Siebziger vorwegnahm. (Foto: © GM)

Earth Mover: Der LS6-Chevelle des Modelljahres 1970 mit 7,4 Litern Hubraum, 450 PS und 680 Nm Drehmoment sagte man nach, stark genug zu sein, um die Erdrotation zu beschleunigen. Zumindest suggerierte das die damalige Chevrolet-Werbung. (Foto: ©GM)

Chevrolets »Small Block« V8 wurde 1954 in nur 15 Wochen entwickelt und lediglich 35 Stunden getestet - und blieb bis 2003 in Produktion. (Foto: © GM)

Großer Bruder: Der Mark IV ist die vierte Ausbaustufe des »großen« Chevrolet-Motors. In dieser Form wurde er von 1965 bis 1976 in Pkw eingesetzt. (Foto: © Slg. Sönke Priebe)

Nicht ganz zufällig erschien der Small-Block-V8 zeitgleich mit dem radikal neuen Modelljahrgang 1955 auf dem Markt. Zusammen schrieben beide Automobilgeschichte. (Foto: © GM)

SMALL BLOCK / BIG BLOCK

Chevrolet hat nichts unnötig verkompliziert, weder seine Modellpolitik noch seine Motorenpalette. Im Wesentlichen fußt das gesamte Motorenangebot der größten Automarke Amerikas zwischen 1955 und 2000 auf zwei Motoren: Dem Small Block und dem Big Block. Beide Bezeichnungen sind so universell in den Sprachgebrauch eingegangen, dass sie heute allgemein zu Unterscheidung von Motoren aller Hersteller herangezogen werden. Dabei ist »Small Block V8« tatsächlich der Name des Konzepts, mit dem Chevrolet zum Modelljahr 1955 einen eigenen V8 auf den Markt bringen wollte, anstelle der traditionellen Chevrolet-Reihensechszylinder. Der Small Block V8 wurde ein durchschlagender, alles in den Schatten stellender Erfolg. Der meistgebaute Motor aller Zeiten machte Chevrolet zur größten Automarke der USA.

Der SBC (Small Block Chevrolet) war anfänglich ein 283 cui (4,6 Liter), wuchs aber bis zum Ende seiner Produktion 2003 über mehrere Ausbaustufen auf 5,0, 5,4, 5,7 und zwischendurch auf 6,5 Liter. Schon 1958 stellte Chevrolet dem erfolgreichen 4,6 Liter Small Block einen größeren V8-Motor zur Seite: den W-Block, auch als Mark I bezeichnet. W-Block-Motoren wuchsen von anfänglich 348 cui (5,7 Liter) auf 409 und schließlich auf 427 cui (6,7 und 7,0 Liter), bevor sie 1965 vom »Mark IV«-Design abgelöst wurden. In Abgrenzung zum SBC bürgerte sich für die »große« Chevrolet-Baureihe die Bezeichnung »Big Block« ein, die sich tatsächlich auf die Gussform des Blocks, nicht auf seinen Hubraum bezieht.

Der Mark IV durchlief Ausbaustufen von 396 und 402 cui (6,5 Liter), über 427 cui (7,0 Liter) bis hin zu 454 cui (7,4 Liter). Der »kleinste« Mark IV hatte mit 396 cui tatsächlich weniger Hubraum als der 400 cui »Giant Smallblock« der Ölkrisenjahre. Da Chevrolet alleine meist mehr als 25 Prozent aller Pkw in Nordamerika produzierte, setzten sich die Chevrolet-Begriffe durch und wurden fortan auf alle Hersteller angewandt. Dabei folgt ein erheblicher Teil der US-Motorenproduzenten dem Konzept bei weitem nicht so klar abgegrenzt wie Chevrolet. Klare Linien gab es unter anderem bei Chrysler, wo zwei große und zwei kleine Motorenblöcke ein 2+2-Quartett aus Small und Big Blocks bildeten. Pontiac hingegen hatte nur einen Grundblock, weder Big noch Small, für alle Hubräume zwischen 326 und 455 cui (5,4 bis 7,5 Liter). Beinahe alle Hersteller haben in der Katalysator-Ära Small-Block-Motoren zu »Riesen-Small-Blocks« aufgebohrt, die wegen ihres Hubraums gerne mit Big Blocks verwechselt werden – der 403 cui Oldsmobile-Motor etwa gehört zu dieser Gattung.

Bei Chevrolet wurde die klare Linie fortgeführt – Small Block und Big Block existierten Seite an Seite bis ins Jahr 1976, als der Big Block infolge der während der Ölkrise verhängten »Corporate-Average-Fuel-Efficiency«-Vorschriften (CAFE) aus dem Programm genommen und fortan nur noch als Truck-Motor verkauft wurde. Der Small Block hingegen blieb mit minimalsten Änderungen auf dem Markt, auch als Chevrolet 1992 einen mehr oder weniger experimentellen »Nachfolger« an den Start brachte. Der Generation II oder »Two Gen«-Small-Block, der unter dem Optionscode LT1 Legendenstatus errang, musste selbst schon im Jahr 1997 dem tatsächlichen SBC-Nachfolger der dritten Generation Platz machen.

Seit der Generation III hat GM zwar die Grundtugenden des originalen SBC beibehalten, aber das Design der heutigen Motoren hat sich in 20 Jahren weiter entwickelt als der SBC in beinahe 50. Big-Block-Hubräume in Motorgehäusen von Small-Block-Außenmaßen sind heute ebenfalls keine Seltenheit mehr. Die Geschichte ist weitergezogen, aber Chevrolets Small-Block-Motor bleibt der definierende Motor des 20. Jahrhunderts.

Aus den vier wesentlichen Grundfamilien (SBC, Two Gen, W-Block und Mark IV) sind vier Varianten aus verschiedenen Gründen zu Legenden geworden: Der 350 cui (5,7 Liter) SBC als der ausgewogenste Small Block aller Zeiten, der Two Gen LT1 mit ebenfalls 350 cui von '92 bis '96 als der erste wirkliche Post-Ölkrisen-HP-Massenmotor, der 409 cui (6,7 Liter) W-Block von '61/'62 als der erste Ultra-High-Performance-Chevrolet-Motor und nicht zuletzt der 427 cui Mark IV ('66 bis '69) als der leistungsstärkste Chevrolet-Pkw-Big-Block überhaupt. Nur einer davon allerdings hatte seinen eigenen Hit: »409« vom Album »Surfin' Safari« der kalifornischen Beach Boys ist tatsächlich eine Ode an Chevrolets 409 cui W-Block.

CHEVROLET

B-BODY

Im Flossenjahr 1959 setzte Chevrolet ein Zeichen. Und wer die Stückzahlen hat, hat das Sagen auf dem Markt. Obwohl Coupés und Cabrios heute eher gesammelt werden, verkauften sich zwei- und viertürige Limousinen am besten. (Foto: © GM)

Chevrolets B-Plattform, das Fullsize-Modell, ist die erfolgreichste Fahrzeugbaureihe aller Zeiten. Der 1958 vorgestellte B-Body ist ein Kind der Revolution, direkter Nachfolger der immens populären Tri-Fiver Chevrolets der Modelljahre '55 bis '57. Es sind Autos, mit denen Chevrolet den Autokäufern Nordamerikas ein Versprechen gegeben hatte: Wir bieten mehr als die Konkurrenz. Die Käufer hatten die Tri-Chevys mit Umsatzrekorden belohnt und Chevrolet hielt das Versprechen eisern, bis zum Ende der B-Body-Produktion an 13. Dezember 1996. In diesen 39 Modelljahren durchlief der B-Body vier wesentliche Entwicklungsstufen: Das Modelljahr 1958 ist mehr oder weniger eigenständig, eine eilige Korrektur der GM-Modellpolitik erforderte schon 1959 einen »neuen« B-Body, der seinerseits für 1960 stark verfeinert wurde und bis 1964 in Produktion blieb.

Diese Generation ist an ihrem X-förmigen Rahmen erkennbar, alle anderen B-Body-Generationen haben reguläre Leiterrahmen. Anfangs hatten die neuen B-Bodys die Tri-Chevy-Trimlevel »150«, »210« und »Bel Air« übernommen, erweitert um ein neues Spitzenlevel mit dem Namen »Impala«. Diese Generation hat die meisten Meilensteine hervorgebracht, darunter den 59er Chevy, manchmal »Mövenflügel« (Gullwing) genannt, mit dem Chevrolet beinahe direkt Cadillac angriff und seinen Anspruch auf die Führungsposition innerhalb von General Motors unterstrich. Dann den 61er Impala SS, der mit dem 409 cui (6,7 Liter) W-Block High Performance bot, die bis dahin den teuren Herstellern vorbehalten war, den 62er 409 cui W-Block, der ein PS pro Kubikzoll erreichte und den 64er Chevrolet, der das vielleicht schönste Automobil der Sechziger ist. Sicher aber das einzige mit einer ernst zu nehmenden Karriere im West-Coast-Lowrider-Milieu.

1965 brachte den Wechsel auf einen Leiterrahmen und läutete die »Big Car«-Ära ein. Die Fullsizes hießen jetzt Biscayne und Bel Air, oben stand noch immer der Impala. '65 ist gleichzeitig das erfolgreichste B-Body-Jahr aller Zeiten: Annähernd 2.500.000 Fullsizes verkaufte Chevrolet in diesem einen Modelljahr in Nordamerika, nahezu die Hälfte davon Impalas. Das entspricht fast einem Viertel der gesamten Pkw-Verkäufe der USA! Eine Zahl, die bis heute die unerreichte Definition von »erfolgreich« auf dem US-Markt geblieben ist. 1965 verkaufte Chevrolet mehr Fullsizes als die gesamte Ford Motor Company mit allen ihren Marken Autos produzierte. Mehr Fullsizes als Chrysler und alle sonstigen (Import-)Marken zusammen. Kein Auto aus Wolfsburg hat sich jemals auch nur in der Nähe der B-Body-Jahresproduktion aufgehalten.

Beinahe könnte man da vergessen, dass 1965 noch einen anderen Meilenstein mit sich brachte, als der legendäre W-Block durch einen neuen Motortyp ersetzt wurde: den Mark IV mit anfänglich 396 cui (6,6 Liter). Jenem Motor, der in Abgrenzung zu Chevrolets Small Block V8 zum »Big Block« wurde. 1966, als die Midsize-Klasse an Popularität zu gewinnen begann, war der Mark IV in den Fullsizes bereits mit 427 cui (7,0 Liter) erhältlich. An der Spitze der Trimlevel-Palette rangierte jetzt der »Caprice«. Ab 1967 legten die großen Chevrolets stetig an Gewicht und Luxus zu. Performance war in der zweiten Hälfte der Sechziger Midsize-Sache. 1969 machte sich GM daran, die Fullsizes Impala und Caprice für die Landyacht-Ära noch ausladender zu gestalten. Der Mark IV war inzwischen auf gewaltige 454 cui (7,4 Liter) angewachsen – kompressionsreduziert in Erwartung der 1975 beginnenden Katalysatorpflicht.

Sogar noch bevor der Kat und das bleifreie Benzin am 1. Januar 1975 zur Pflicht in den USA wurden, mischten sich ganz andere Umstände in das Schicksal der B-Body-Baureihe ein: Mit dem OPEC-Ölembargo von 1973/74 kam die Ölkrise, mit der Ölkrise verhängte der US-Gesetzgeber 1975 Verbrauchsvorschriften, und mit den Verbrauchsvorschriften wurden große, durstige Niedrigkompressions-Katalysator-Motoren für die Hersteller unhaltbar. Die Krise brachte das Ende des traditionellen US-Automobilbaus und der Klasseneinteilung mit sich – und beinahe das Ende des Chrysler-Konzerns. Aber nicht das Ende der Chevrolet-Fullsizes.

Ende einer Ära: 1966 war »Performance« bereits eine Midsize-Angelegenheit und der Fullsize-Impala SS begann seinen langsamen sportlichen Niedergang. Zuerst kostetet es ihn den Beinamen »Super Sport«, dann machte er in den Siebzigern als opulente Landyacht Cadillac Konkurrenz. (Foto: © GM)

Dieser Caprice ist Nummer 20 der insgesamt 21 Vorserienfahrzeuge, mit denen Chevrolet die letzte Generation der B-Body-Plattform vorbereitete. Zuletzt wurde er im GM-Wüstentestzentrum in Arizona als Sicherungsfahrzeug für das Hochgeschwindigkeitsoval eingesetzt. (Foto: © Slg. Sönke Priebe)

Große Kombis wurden in den Achtzigern endgültig unzeitgemäß. Ältere Kunden bevorzugten zwar immer noch traditionelle Fullsize-Wagons, aber jüngere Autofahrer griffen zunehmend zu den modern werdenden Minivans. (Foto: © GM)

Anders als die übrigen Hersteller ließ Chevrolet seine Fullsize-Baureihe nicht einfach irgendwo in den Neunzigern verschwinden, sondern setzte ihr ein Denkmal: Der Impala SS der Modelljahre 1994 bis 1996 ist so, wie ein amerikanisches Automobil sein sollte: erschwinglich, geräumig, hochmotorisiert und erstaunlich kurventauglich. (Foto: © GM)

1977 befreite sich GM mit dem Caprice aus dem Sumpf der Siebziger und brach mit klarem Designkonzept in Richtung Achtziger auf – leider nur in der Fullsize-Klasse. (Foto: © GM)

B-BODY II

Für das B-Body-Modelljahr 1977 ging Chevrolet den einzigen noch denkbaren Weg: Die Fullsize-Landyacht wurde einer dramatischen Abspeckkur unterzogen. So dramatisch, dass die neue Fullsize-Karosserie künftig auf den Rahmen der Midsize-A-Bodys passte und der verkleinerte, schlankere, leichtere Fullsize (nur noch als »Impala« und als »Caprice« erhältlich) als größten Motor einen 350 cui (5,7 Liter) Small Block V8 bekam – einen direkten Abkömmling des originalen 283 cui (4,6 Liter) Wunder-Triebwerks von 1955.
Im Wesentlichen bot Chevrolet im Modelljahr 1977 bewährte Midsize-Technik unter einer brandneuen, schlanken, leichten Fullsize-Karosserie an – und die Reaktionen waren geteilt: Die FoMoCo spottete über den »reduzierten« Gegner, gleichzeitig rannten die Käufer den Chevrolet-Händlern die Türen ein. Im Modelljahr '78 hatte Ford einen gigantischen Fullsize-Ladenhüter mit einem 400 cui-Katalysatormotor, während Chevrolets neuer Fullsize dabei war, die Weichen für die kommende Ära zu stellen.

Bis 1990 produzierte Chevrolet die nach ihrer Kastenform »Three Box« genannte Generation des B-Bodys, während Ford in aller Eile der Landyacht-Ära den Rücken kehrte und eine Kopie des Three-Box-Chevys auf den Markt warf. Bis 1990 erlebte die Fullsize-Baureihe jede Tiefe der finsteren Achtziger: Der Markt orientierte sich weg von traditionellen Plattformen und Klassen, letztlich sogar von Marken. Ab 1980 wurde die Importkonkurrenz auf dem US-Markt spürbarer, die Abgas- und insbesondere Verbrauchsvorschriften wurden strenger, der 350 cui musste 1979 aus dem Lineup genommen werden und war nur noch für Polizeifahrzeuge erhältlich. Sogar ein Dieselmotor wurde in den Fullsizes angeboten, Sechszylinder wurden zum Standard. 1989 gab Konkurrent Chrysler den traditionellen Pkw-Markt in den USA auf, um sich auf frontgetriebene Minivans zu konzentrieren. Ford und Chevrolet waren erstmals faktisch allein auf diesem Markt, von dem aber nicht mehr viel übrig war. Zwar wurden Chevrolets Fullsizes ab 1989 mit zukunftstauglichen Einspritzanlagen ausgeliefert, aber von Millionenstückzahlen konnte keine Rede mehr sein. 100.000 Stück markierten den Erfolgshorizont, als Chevrolet im März '90 die letzte Generation der Fullsize-Klasse vorstellte: Nach der X-Frame-Generation, den Big Cars und den Three Boxes brach im März 1990 die Aero-Generation an. Auf dem Rahmen und mit der Technik der Three-Box-Generation hatte Chevrolet eine neue, runde, aerodynamische Karosserie aufgebaut, bereit für die Neunziger. Der neue Fullsize war zwar erfolgreich, aber das Ende war nah. Das Ende des 20. Jahrhunderts, das Ende der amerikanischen Vorherrschaft im Automobilbau, das Ende des traditionellen US-Automobilbaus.

Chryslers Erfolgsmodelle waren bereits Geschichte, außer dem Mustang und dem Camaro waren kaum noch alte Gesichter anzutreffen, selbst der Impala wurde 1985 aus dem Programm gestrichen. Noch blieb Chevrolet der Caprice und auch den hätte der GM-Konzern sanft einschlafen lassen können, unter den Teppich gekehrt wie fast alle der ehemaligen Helden der Horse-Power-Jahre. Aber Chevrolet hatte ein Versprechen gegeben und ein letztes Mal hielt die Marke Wort: 1994 rollte der letzte Fullsize mit dem ersten neuen Small Block seit 1955 vom Band, dem gewaltigen, feuerspeienden »Two Gen« LT1. 1994 knüpfte Chevrolet mit dem LT1-Small-Block an die Performance-Zahlen der Big-Block-Ära an und für die letzten drei Jahre ('94 bis '96) war sogar wieder ein Impala SS erhältlich.
Diese drei Modelljahre gingen in Anlehnung an die Tri-Five-Urväter der Baureihe als »Tri-Niner« in die Geschichte ein. Drei Jahre lang führte Chevrolet der Welt noch einmal vor, was »amerikanischer Automobilbau« wirklich bedeutet: Der große Chevy war größer, stärker, schneller, geräumiger, haltbarer, zuverlässiger und sparsamer als je zuvor und kostete weniger als ein Mittelklasse-Mercedes. Am 13. Dezember 1996, am frühen Nachmittag, rollte in Arlington, Texas, der allerletzte GM-Fullsize der Geschichte (ein Impala SS in Dark Cherry Metallic) vom Band. Mit ihm verschwand ein Stück traditioneller US-Automobilbau.

POLICE PACKAGE

Amerika mag das Land der unbegrenzten Möglichkeiten sein, es ist aber definitiv auch das Land der eingeschränkten Höchstgeschwindigkeiten. Im Jahr 1973, inmitten der ersten Ölkrise, verhängte die Bundesregierung ein landesweites Tempolimit von 55 Meilen (88 km/h) – das von einigen Staaten sogar noch unterschritten wurde. Schon vorher waren Tempolimits von grob 105 km/h die Regel in den USA gewesen, nur zwei Personengruppen waren routinemäßig schneller mit dem Pkw unterwegs: Rennfahrer und Polizisten.

Seit Anbeginn der Massenmotorisierung hatte die Polizei in den USA nicht nur das Tempolimit durchgesetzt, sondern stets darauf geachtet, mit Fahrzeugen ausgerüstet zu sein, die im Zweifel jeden Temposünder einholen und zur Strecke bringen konnten. Von den 30ern bis in die 50er fuhre die Gesetzeshüter deshalb hauptsächlich Ford. Die günstige FoMoCo-Marke passte ins Behörden-Budget, verfügte aber dennoch über den populären Flathead-Achtzylinder, während die günstige Konkurrenz meist nur Reihensechser zu bieten hatte.

In den 60ern, während der Muscle Car Wars, verlor Ford die Herrschaft über den Streifenwagenmarkt an Plymouth und Dodge. Die großen Midsizes und Fullsizes der beiden Chrysler-Marken boten mit dem 383 cui und 440 cui B- und RB-Block günstige Big-Block-High-Performance bei größtem Nutzwert und solidestem Handling dank der längsten Radstände ihrer jeweiligen Klassen. Zu diesem Zeitpunkt waren speziell vorbereitete Streifenwagen bereits üblich. Größere Bremsen, größerer Kühler, direktere Lenkung – alles, was die Polizei zum Schnellfahren brauchte, lieferten die Autohersteller ab Werk in speziellen »Polizeipaketen«.

Nicht wenige der populärsten zivilen Muscle Cars der Ära waren mit den Fahrwerks- und Bremsenteilen ihrer Police-Package-Gegenstücke ausgerüstet. Als in den Siebzigern Kraftstoffsparen zum zentralen Thema wurde, schlug die Stunde von Chevrolet: Mit dem kompakten Nova und seinem 350 cui (5,7 Liter) Small Block V8 hatte Chevrolet ein erträglich kleines, beinahe sparsames und dennoch schnelles Polizeimodell im Sortiment.

Nach dem Downsizing von 1977 geriet die neue, kleine Fullsize-Klasse in den Fokus von Chevrolets Streifenwagen-Bemühungen: Unter dem Optionscode 9C1 konnten der Impala und ab 1985 der Caprice als Limousine mit Polizeipaket bestellt werden. Chrysler hielt nach dem Wegfall der Big-Block-Motoren nicht mehr mit, die Ford-Fullsizes verloren mit jedem Modelljahr weiter den Anschluss an den rapide weiterentwickelten 350 cui Chevrolet.

Zu Anfang der 80er waren überall im Land schnelle Ford Mustangs der Foxbody-Generation in den Dienst der Verkehrspolizei gestellt worden, weil keine große amerikanische Limousine mehr nennenswerte Höchstgeschwindigkeiten erreichte. Aber schon 1989 begannen Chevrolets Fullsizes, auf das schnelle Pony-Police-Car aufzuschließen. 1991, der Caprice 9C1 war jetzt alleiniger Träger des Police Packages, gewann der schwere Chevrolet allein durch seine neue, aerodynamische Karosserie rund 10 mph (16 km/h) Topspeed hinzu.

1992 kursierte in der Automobilpresse der USA das Gerücht, Chevrolet plane den 9C1 mit dem gerade erst in der Corvette präsentierten brandneuen Two-Gen-Small-Block auszurüsten. Bereits zum Modelljahr 1994 bewahrheitete sich die Meldung teilweise. Unter der texanischen Sonne, im Werk Arlington, fertigte Chevrolet den Caprice 9C1 mit einem Two-Gen-V8. Ganz wichtig: Es handelt sich dabei nicht um den Corvette-Motor! Nur das Blockdesign und den Optionscode LT1 teilten sich der Caprice und der Sportwagen. Aber immerhin gab es seit 1971 endlich wieder einen Fullsize-Streifenwagen mit echtem Performance-Motor! Der 260 PS starke 9C1 LT1 verfügte über bärige 447 Nm Drehmoment, beschleunigte in gut sechs Sekunden von 0 auf 100, lief knapp 230 km/h Spitze und kostete als günstiger Zwei-Tonnen-Viertürer nur 16.250 Dollar. Als GM den mächtigen 9C1 am 13. Dezember 1996 zusammen mit der gesamten Fullsize-Baureihe einstellte, hielten viele Behörden den Caprice in Ermangelung eines brauchbaren Ersatzes im Dienst. Das Bedürfnis Amerikas nach einem Fullsize-Streifenwagen befriedigte später Ford mit dem Crown Victoria Police Interceptor (ab 1997) und Dodge mit dem Charger Pursuit (ab 2006).

1996 war der Chevrolet Caprice 9C1 der unangefochten beste Streifenwagen der USA. So unangefochten, dass er sogar von der Polizeibehörde Ford Citys in Pennsylvania eingesetzt wurde. (Foto: © Slg. Sönke Priebe)

Als Chevrolet 1991 den aerodynamisch optimierten Caprice vorstellte, endete für die Polizeidienste der USA ein Jahrzehnt des untermotorisierten Hinterherfahrens. (Foto: © Michael Barera, CC BY-SA 4.0)

Diese beiden Caprices, #312 und #338 vom Mountain View Police Department in Kalifornien, waren im aktiven Dienst, als ein bis dahin unbekanntes Unternehmen namens »Google« begann, von Mountain View aus die Welt zu erobern. (Foto: © Slg. Sönke Priebe)

Der Caprice 9C1 verschwand 1996 mit der letzten Body-on-Frame-Plattform. Erst 2011 kehrte er als Caprice PPV auf einer australischen Holden-Plattform in die USA zurück. (Foto: © GunnerVV - Squad Car @ The Bridge, CC BY 2.0)

Von vorne ein Muscle Car, von hinten nicht: Das Freizeit-Kleinlastwagenkonzept wurde erst ab 1964 mit dem Umzug auf den A-Body wirklich erfolgreich und blieb das auch bis zu dessen Ende. (Foto: © GM)

Angesichts der stürmischen Siebziger ließ Chevrolet 1970 mit dem Monte Carlo ein potenzielles Rettungsboot zu Wasser, das tatsächlich bis in 1988 durchhielt. Um dann von 1994 bis 2007 noch mal aufzutauchen. (Foto: © GM)

Aller Laster Anfang: Der erste El Camino war ein Fullsize und flossenbewehrt, so wie es sich das für das Modelljahr 1959 gehörte. (Foto: © GM)

Personen-Coupé? Chevrolet verwendete die Bezeichnung Monte Carlo bis 2007 – da war der Monte Carlo nicht weniger schwierig zu klassifizieren als zu seinen Anfangszeiten als verlängerter Midsize. (Foto: © GM)

CHEVROLET

UTILITY

Der permanente Konkurrenzkampf Chevrolet gegen Ford hatte immer wieder dazu geführt, dass beide Marken spezielle Fahrzeugtypen im Programm hatten, die sich sonst nirgendwo im Portfolio der US-Hersteller fanden. Utilitys, sprich offene Kleinlastwagen auf Pkw-Basis, sind ein solcher Fahrzeugtyp. Außer einem kurzen Gastspiel bei Pontiac hat sich in den USA bis auf Ford und Chevrolet keiner am Utility-Konzept versucht. Die Karosserieform – halb Lkw, halb Pkw – ist eigentlich eine australische Erfindung und soll auf den Gedanken »Church on Sunday, Pigs on Monday« zurückgehen.

In den USA war Ford Pionier der Utility-Karosserie. Um dem 1957 erschienen Ford Ranchero auf dem Markt zu begegnen, stellte Chevrolet 1959 den »El Camino« in Dienst, einen Leicht-Lkw auf Basis des Fullsize-Chevrolets. Die Fullsize-Plattform stellte sich langfristig als ungeeignet heraus, aber anders als Ford versuchte sich GM nicht mit einem Utility auf Kleinwagenbasis, sondern stellte den Karosserietyp 1960 ein. Reaktiviert wurde er 1964 auf Midsize-Basis und blieb über drei Generationen bis ins Modelljahr 1987 im Einsatz, zuletzt als gedownsizter kleiner Midsize auf der letzten GM-Midsize-Rahmenplattform, dem G-Body.

Nachdem das Downsizing auch Ford erreicht hatte, war dort 1979 die Entscheidung gefallen, den Limousinenlaster nicht weiter zu produzieren. Mit im Schnitt selten mehr als 40.000 Fahrzeugen pro Modelljahr blieb selbst der El Camino Zeit seiner Produktion eine rare Nischenerscheinung auf dem »Zehn-Millionen-Pkw-pro-Modelljahr«-US-Markt. Ein Umstand, der relativiert wird, wenn man sich vor Augen hält, dass schon die geringen jährlichen Produktionszahlen dieses Nischenmodells die durchschnittliche jährliche Gesamtproduktion etwa des deutschen Herstellers Porsche im gleichen Zeitraum ohne Anstrengung um das vier- bis fünffache überstiegen. Mehr Hubraum, mehr Leistung und mehr Nutzwert als ein Porsche hatten die leichten Laster ohnehin.

PERSONAL LUXURY

Fast könnte man es für einen Widerspruch in sich halten: Wozu brauchte Chevrolet, die günstige, unprätentiöse Value-for-Money-Marke des GM-Konzerns, ein Personal-Luxuy-Modell? Tatsache ist, dass »Luxury« ab 1970 zum Rettungsboot für die untergehende Performance-Industrie geworden war. Und Chevrolet hatte ohnehin die letzten zwei Jahrzehnte damit verbracht, klar zu demonstrieren, dass der größte Autohersteller der Erde keine Konzerndiktate zu befolgen hatte.

Chevrolets Fullsizes sahen sowieso schon aus wie Luxus-Klasse-Autos. Luxus lag im Trend, natürlich brauchte die Marke dann auch ein Personal-Luxury-Coupé. Bereits 1970 hatte Chevrolet deshalb den Monte Carlo im Programm, der sich sehr genau an die klassische »Personal Luxury«-Definition hielt. Zwei Türen, Coupé, keine andere Karosserieform erhältlich. Wo die teuren Marken eigene Personal-Luxury-Plattformen, etwa GMs E-Body, verwendeten, behalf man sich bei Chevrolet mit der existierenden Midsize-Plattform, dem A-Body – mit einem kleinen Kunstgriff: Der zweitürige Monte Carlo hatte den geringfügig längeren Radstand der viertürigen A-Bodys, was ihn optisch zum größeren, gewagteren Automobil machte. Der Monte Carlo blieb durch die Downsizing-Welle als zweiter Midsize neben der Chevelle und später dem Malibu im Chevrolet-Lineup, bis zum Ende der traditionellen Midisze-RWD-Plattformen im Modelljahr 1988.

Erstaunlicherweise hatten sich kleinere Pkws mit acht Zylindern in den USA zu diesem Zeitpunkt zu einer eigenen, schon durch ihre Antriebsart luxuriösen Klasse entwickelt, sodass der Monte Carlo in seinen letzten Jahren von einer Reihe sehr ähnlicher Fahrzeuge umgeben war. Zum Beispiel dem zweitürigen Buick Regal und dem Oldsmobile Cutlass, ohne dass der ehemaligen Klassenbezeichnung »Personal Luxury« zu diesem Zeitpunkt noch große Beachtung geschenkt worden wäre. Von 1994 bis 2007 verwendete Chevrolet die Modellbezeichnung noch einmal für die zweitürige Version des vorderradgetriebene Mittelklasse-W-Bodys.

CORVETTE

Die Corvette, »Amerikas einziger Sportwagen«, ist unvergleichlich. Schon deshalb, weil bis auf Dodge mit der Viper kein anderer US-Hersteller jemals ein ähnliches Fahrzeug produziert hat. Auf einem Markt, auf dem es üblich war, jeder »gegnerischen« Innovation sofort eine eigene Version oder Kopie entgegenzuwerfen. Ungewöhnlich ist auch, dass die Corvette über ihre ersten vier Generationen beinahe ohne Gleichteile mit den dominierenden »Baukasten«-Plattformen des GM-Konzerns auskam.
Ganz am Anfang mag Ford vielleicht versucht haben, dem kleinen, leichten Chevrolet-Roadster mit dem Ford Thunderbird Marktanteile streitig zu machen, aber der Thunderbird wurde schnell zum gemütlichen Luxuscruiser, während die Corvette, in ihrer ersten Generation heute gerne als »C1« bezeichnet, immer hungriger, sportlicher und schneller wurde. Was als zweisitziger 150-PS-Sechszylinder mit Starrachse hinten und einer leichten Kunststoff-Außenhaut angefangen hatte, geriet ziemlich bald in den Strudel der technischen Evolution: 1955 erschien der Small-Block-V8 in Chevrolet-Modellen, 1962 wurde der einstige 283 cui (4,6 Liter) SBC zum 327 cui (5,4 Liter) mit 250 Serien-PS oder bis zu 360 PS mit der optionalen Einspritzanlage.

An dieser Stelle bekam die Corvette eine vollständige Überarbeitung. Die C2-Generation ab dem Modelljahr '63 hatte eine vollwertige Einzelradaufhängung, ab 1965 wurde der Mark IV-Bigblock angeboten, erst mit 396, ab 1967 mit 427 cui (6,5 und 7,0 Liter). Sie trug jetzt den Beinamen »Sting Ray« (Stachelrochen, in zwei Wörtern geschrieben). In der stärksten Version leistete der 427 cui V8 435 PS – in einem 1500-Kilo-Gesamtpaket, bei dem fast die Hälfte des Gewichts auf den Antriebsstrang entfiel. 435 PS in einer rechteckigen Kunststoff-Karosserie von den Ausmaßen eines größeren Badehandtuchs, optional mit zwei kurzen, fast ungedämmten Abgasrohren rechts und links entlang der Außenschweller, die den Wagen klingen ließen wie einen von Dämonen besessenen Kampfhubschrauber. 435 PS, die die C2 in 13,8 Sekunden über die Viertelmeile schossen. Nichts und niemand war 1967 der Corvette gewachsen. Selbst Chryslers HEMI-Brigade musste sich knapp geschlagen geben.

1968 stellte Chevrolet die dritte Generation (C3) vor, erst ohne »Sting-Ray«-Namenszusatz, dann 1969 als »Stingray«. Die neue Corvette war länger, schlanker, rundlicher als die schon beinahe zweidimensionale C2. Bis 1970 hielt sich die C3 auf dem Performance-Level der C2, dann begann der lange, traurige Abstieg in die Tiefen der Öl- und Katalysatorkrise, der CAFE-Vorschriften und der »5-Mile-Impact«-Gesetze. 1975, gerade sieben Jahre von dem rasenden, sportwagenverschlingenden Corvette-Dämon des Modelljahres '67 entfernt, war die C3 ein zahmes 150-PS-Small-Block-Auto ohne Chromstoßstangen, das nach 1976 sogar den Stingray-Beinamen ablegen musste. Chevrolet hätte den entwürdigten Supersportler einschläfern können, doch stattdessen pflegte der Konzern die C3 durch die Krisenjahre.
1982 erhielt die C3 das Cross-Fire-Einspritzsystem, eine stilistische Anlehnung an die Cross-Ram-Systeme der Horse-Power Wars. Der betagte Straßenkrieger hatte jetzt wieder 200 PS. 1983 baute Chevrolet keine Corvette. Dafür erschien 1984 die nagelneue C4, die jedes Jahr, Schritt für Schritt, ein paar PS zulegte, bis sie im Modelljahr 1991 250 PS erreichte und 1992 mit dem 300-PS-Two-Gen-Small-Block ausgeliefert wurde. Den V-Motor mit der untenliegenden Nockenwelle wollte der europäische Motorjournalismus zu diesem Zeitpunkt gerne zu Grabe tragen, schließlich war das Design nun schon älter als die Corvette selber. Aber GM hielt an seinem traditionellen Block-Layout bis zur siebten Generation fest.

Mit der achten Generation, die 2020 auf den Markt kam, ging ein lang gehegter Wunsch der Corvette-Väter, allen voran Zora Arkus-Duntov, in Erfüllung: General Motor gestattete Chevrolet endlich die bislang aus Kostengründen nie durchsetzbare Umstellung auf ein Mittelmotor-Layout. Dabei hatte man schon seit Ende der 50er mit dem Gedanken gespielt, aus der Corvette einen Mittelmotor-Sportwagen zu machen, was die vielen Studien und Prototypen mit zentral montiertem Triebwerk beweisen.

Mit dem Mark-IV-Bigblock in der C2 überschritt Chevrolet die Schwelle zwischen Vernunft und Wahnsinn und machte die Corvette zu einem rasenden Roadsterkiller. 50 Jahre später hat sich daran eigentlich wenig geändert, außer dass sie heute auch Kurven richtig gut kann. (Foto: © GM)

Früher in Deutschland als Ludenkarre verrufen, haben heute vor allem die frühen, noch leistungsstarken Modelljahre der C3 absoluten Liebhaberstatus. (Foto: © Mario Brunner)

Seit 1953 ist die Corvette Amerikas einziger Sportwagen (abgesehen von der Dodge Viper). Schon während der Produktionszeit der ersten Generation spielten die Corvette-Väter mit dem Gedanken an ein Mittelmotor-Layout, doch GM verweigerte es aus Kostengründen. Erst 2020 wurde dieser Traum mit der achten Generation wahr. (Foto: © Mario Brunner)

POSITIVE
PRESSURE AREA
NEGATIVE PRESSURE
AREA
GATIVE PRESSURE
AREA
455 HO
TRANS AM

GENERAL MOTORS

PONTIAC

Pontiac war die zweitgrößte Marke des GM-Konzerns und stets damit beschäftigt, nicht mit Chevrolet verwechselt zu werden. Pontiacs waren immer etwas besser, schneller und teurer als die Modelle der hauseigenen Konkurrenz – und ursächlich für die Midsize-Revolution und die Muscle Car Wars der Sechziger.

Pontiac war die letzte GM-Division, die im Krisen-Jahrzehnt ihr sportliches Image ablegte und die bislang letzte Marke, die von GM aufgegeben wurde. (Foto: © GM)

1967 waren Pontiacs Fullsizes mit einer der ungewöhnlichsten Fahrzeugfronten des gesamten US-Automobilbaus geschmückt. (Foto: © GM)

Mag die 67er Front schon gewöhnungsbedürftig gewesen sein, toppte das mit Sicherheit die der 70er Fullsize-Pontiacs. 1971 wurde das direkt entschärft. (Foto: © GM)

Flossen-Vater Harley Earl mit den GM-Turbinenwagen Firebird I, Firebird II und Firebird III. Obwohl die Turbinen-Firebirds überhaupt nicht mit Pontiacs F-Body Firebird verwand sind, illustriert die Namenswahl den Geist und sportlichen Anspruch der Marke Pontiac. (Foto: © GM)

PONTIAC

Pontiac hatte die Muscle Car Wars mit dem GTO der ersten Generation angezettelt, den Höhepunkt aber stellte der hier abgebildete 70er GTO »The Judge« dar. (Foto: © GM)

PONTIAC

Pontiac war die GM-Divison für das »untere Mittelfeld«, oberhalb von Chevrolet, unterhalb von Buick, mit Überschneidungen zu Oldsmobile. Als einzige der GM-Marken ist Pontiac wesentlich jünger als der Konzern selbst und wurde erst 1926 gegründet. Allerdings entstand Pontiac nicht wie etwa Mercury auf dem Reißbrett. GM betrieb die Oakland-Division, die wiederum nach einer Kutsche benannt war, denn der Vorgänger der Automarke Oakland war die Pontiac Buggy Co. gewesen, die eine Pferdekutsche mit der Handelsbezeichnung Oakland verkaufte. Dieser Hersteller wiederum war nach der Stadt Pontiac in Oakland County, Michigan benannt – so einfach kann Namensgebung sein.

Im Rahmen einer Umstrukturierung wurde 1932 der Name Oakland aufgegeben. Was blieb, war die GM-Division Pontiac, die bis weit nach dem Zweiten Weltkrieg erfolgreich konservative, vernünftige Autos baute. Die waren im mittleren Preissegment angesiedelt, orientierten sich aber in ihrer Größe an den gehobeneren GM-Marken – und damit weit entfernt von Chevrolet.

1955 bekam Pontiac einen V8 – seit 1932 hatte die Division mit einem Reihenachtzylinder konservative Werte vertreten – und 1956 einen neuen General Manager: Semon »Bunkie« Knudsen wurde Pontiac-Chef, gerade als Chevrolet mit den ersten der Tri-Chevys anfing, alles bisher Dagewesene im Automobilbau in den Schatten zu stellen. Knudsen brachte »Pete« Estes mit an Bord, einen Mitarbeiter des legendären Charles F. Kettering (»If that's how you always did it, you're probably doing it wrong!«). Dazu gesellte sich ein noch unbekannter Ingenieur namens John Z. DeLorean. Zu dritt machte man sich daran, das Image der Marke umzukrempeln.

Noch war Motorsport eine reine Fullsize-Angelegenheit und Pontiac unter Knudsen und Estes lieferte Rennsportbegeisterten in schneller Folge Einspritzanlagen (1957), Tri-Power-Sechsfachvergaser (1961) und 421 cui (6,9 Liter) »Super Duty« Fullsizes (1961¾). Es gipfelte schließlich 1964 in die Midsize-Performance-Option GTO, die 1966 zum eigenen Modell wurde – obwohl GM seinen Divisionen gerade jedes Rennsportengagement verboten hatte. Pontiac trug die Horse-Power-Wars von der Strecke auf die Straße, der GTO gilt als das erste Muscle Car. Und auch der letzte war ein Pontiac: 1973 und 1974, als High Performance schon nicht mehr erwünscht war, produzierte die widerspenstige Performance-Division noch immer eine Super-Duty-Version des Firebirds unter dem Namen SD-455 (für 455 cui, 7,5 Liter).

Katalysatoren und Ölkrise ließen ab 1975 den Markt für Performance-Pontiacs schwinden, als Imageträger war »Leistung« in den Siebzigern quasi über Nacht wertlos geworden. Zwar behielt Pontiac seine eigenen V8 bis in die Achtziger, aber schon während der Siebziger war das Lineup der zweitgrößten US-Automarke (hinter Chevrolet) klar von den Chevrolet-nahen GM-Konzernplattformen geprägt. Die Unterschiede zwischen dem günstigen Hersteller Chevrolet und der ehemals deutlich prestigeträchtigeren Marke Pontiac schwanden zusehends.

In den Achtzigern und Neunzigern musste die Division dann zeitgeistgetreu für Experimente mit vorderradgetriebenen Kleinwagen herhalten. Zwar blieb sie trotzdem recht erfolgreich, aber langfristig verschwand mit dem ausklingenden Jahrtausend der Bedarf an mehreren Automarken von ein und demselben Konzern. Besonders wenn diese angefangen hatten, sich bis zur Verwechslungsgefahr zu gleichen.

Pontiac war es trotz des Mittelmotor-Sportwagens Fiero nicht gelungen, an das alte Image anzuknüpfen und 2002 stellte GM auch den letzten Performance-Pontiac, den Firebird, ein. Ein Versuch, den australischen Opel Commodore in den USA als modernen GTO zu verkaufen, scheiterte 2004. 2010 opferte GM die Division, um in der Finanzkrise des Jahres 2008 zu retten, was zu retten war.

PONTIAC

PONTIAC COMPACT

Auch Pontiac hat eine Kleinwagen-Geschichte, die wie alle Kleinwagen-Geschichten an der Tatsache krankt, dass Kleinwagen per Definition üblicherweise dem emotionslosen Transport von A nach B dienen. Das wiederum entspricht nicht der Vorstellung ernsthafter Enthusiasten vom Autofahren. Bis 1960 war Pontiac auch ganz gut ohne kleinere Modelle ausgekommen und war seit Mitte der Fünfziger auf ein Image als sportlicher, technologieorientierter Hersteller für etwas jüngere, etwas sportlichere, etwas wohlhabendere Käufer konzentriert. Dann begann der Absatzmarkt nach »kompakten« Automobilen zu verlangen.
Nicht alle US-Hersteller reagierten auf diesen Ruf des Marktes in gleicher Weise: Ford schuf den Falcon, ein konventionelles, unauffälliges Gebrauchsautomobil mit magerer Ausstattung und Motorisierung. Chevrolet servierte den Käufern den Corvair, eine amerikanische Interpretation deutscher Käfertechnologie, die alle asketischen Tugenden des Originals zugunsten amerikanischer Opulenz abgelegt hatte.

Vertikal angeordnete Scheinwerferpaare kamen grob 1965 bei den »höheren« Marken in Mode – was dem Tempest-gestützten Pontiac GTO einen erstaunlich luxuriösen Auftritt bescherte. (Foto: © allen watkin, CC BY-SA 2.0)

Pontiac, angeführt von Automobilenthusiasten, entschied sich für eine dritte Route: Der eigene Kompaktwagen für das Modelljahr 1961 wartete mit fortschrittlicher Technik auf, etwa einem Vierzylinder (eine Rarität auf dem US-Markt), der auf einer Hälfte des Pontiac-Standard-V8 basierte. Das erlaubte seine Montage auf einem Fließband zusammen mit den Achtzylindern. Der Motor leistete erstaunliche 155 PS und wartete mit einem Verbrauch von unter 13 Litern auf 100 Kilometer auf. Aber nicht nur das, der kleine Pontiac mit der Verkaufsbezeichnung »Tempest« verwendete einen Transaxle-Antriebsstrang und Einzelradaufhängung an allen Rädern! Und damit nicht genug: Wer mehr als einen Vierzylinder wünschte, konnte den Tempest mit einem kleinen 215 cui (3,5 Liter) Aluminium-V8 mit 215 PS bestellen. So viel Technologie in einem US-Kleinwagen des Jahres 1961 (über 70 cm länger und fast 30 cm breiter als ein Käfer) würde die noch unbekannten Käufer des neuen Kompaktwagenmarktes aus dem Stand überzeugen – hoffte man bei Pontiac. Schon bald jedoch zeigte sich, dass so viel Technologie in einem Kleinwagen des Jahres 1961 keinen Durchschnittsamerikaner interessierte – zumindest keinen, der den Wagen dann auch gekauft hätte. Kleinwagenkäufer, so sollten Pontiac (und Chevrolet) lernen, kaufen kompakte Autos nicht aus technischem Interesse.

1964 wurde der revolutionäre Tempest durch einen konventionellen Tempest im Midsize-Format ersetzt und Pontiac blieb vorerst von weiteren Kleinwagenabenteuern verschont. Doch dann nahm die Marke 1971 eine Version von Chevrolets X-Body Nova ins Programm – unter der Bezeichnung Pontiac Ventura II, nach einer vergangenen Hochpreisversion des Pontiac-Fullsizes Catalina. Wie der Name von der Fullsize- in die Compact-Klasse wandern konnte, ist einfach erklärt: Die Konzern-Geschwister des X-Body Nova hießen Oldsmobile Omega, Pontiac Ventura und Buick Apollo... Nova, Omega, Ventura, Apollo – N-O-V-A.
Schon im nächsten Jahr wurde aus dem Ventura II der weniger prätentiöse Ventura, der wiederum nach dem Downsizing der X-Plattform zum Pontiac Phoenix wurde. 1980 ersetzte ihn ein vorderradgetriebener Chevrolet Citation mit Pontiac-Emblem, der ebenfalls Phoenix hieß. Zu diesem Zeitpunkt hatte es Chevrolet nicht mehr nötig, seine Dominanz auch noch zu buchstabieren.
Natürlich darf man ein weiteres Chevrolet-mit-Pontiac-Grill-Kleinstwagenabenteuer nicht vergessen. Ab 1981 wurde in den USA der Pontiac T1000 verkauft, eine umgelabelter Chevrolet Chevette, der seine Herkunft offen im Namen trug: Das »T« stand für T-Plattform, die deutsche Opel-Kadett-Plattform, auf der in den Achtzigern alle Träume und Hoffnungen der Marke Pontiac zu Grabe getragen wurden. Abgesehen vielleicht von dem ungewöhnlichen Sunbird, der von 1976 bis 1980 auf Chevrolets Vega-H-Body Hoffnungen weckte, bevor er nach einjähriger Pause 1982 zum Pontiac J2000 wurde. »J« natürlich für den »neuen« J-Body, die internationale GM-J-Plattform, die in Deutschland vom vorderradgetriebenen Opel Ascona C vertreten wurde.

Von 1960 bis 1970 nutzte Pontiac den Namen »Ventura« für Fullsizes, bis Chevrolet ein »V« brauchte, um »Nova« zu buchstabieren und der Name in die Compact-Klasse umzog. (Foto: © dave_7, CC BY 2.0)

Auch die Flucht nach Kanada half in den Achtzigern nicht mehr: Der Pontiac T1000, der eigentlich eine Chevette war, lauerte dort bereits als Pontiac Acadian. (Foto: © Bull-Doser)

Der kompakte Pontiac Ventura ab 1971 mag treuherzig dreinblicken – aber die Dachlinie verrät sofort die X-Body/Nova-DNA des Kleinwagens. (Foto: © Eric Friedebach, CC BY 3.0)

Organisierter Rennsport war eine Seite der automobilen Begeisterung in den USA. Hier ist NASCAR-Legende Richard Petty mit Pontiac-Rennwagen und republikanischem Präsident vor dem Weißen Haus zu sehen. (Foto: © GM)

Pontiac hatte sich zweimal in der Vergangenheit mit Rennsport-PR aus Krisen gerettet, in den Achtzigern ging dieses Konzept jedoch nicht mehr auf. »Win on Sunday, sell on Monday« funktionierte ohne Street-Racer-Kultur nicht mehr. (Foto: © dave_7, CC BY 2.0)

STREET RACING

Das erste Autorennen soll stattgefunden haben, unmittelbar nachdem das zweite Automobil gebaut worden war – so oder so ähnlich soll es Henry Ford gesagt haben. Die Gründe, warum europäischer Automobilrennsport sich fundamental von amerikanischem unterscheidet, sind vielfältig – unter anderem ein verheerender Weltkrieg und damit einhergehende fehlende finanzielle Mittel sowie deutlich andere geografische Gegebenheiten.

Also war Rennsport in Europa nach dem Zweiten Weltkrieg ein meist gesetzestreues Vergnügen für Besserverdienende. Amerikaner hingegen, gesegnet mit erheblich mehr ungenutztem Land, traditionell nicht besonders obrigkeitsfreundlich, in weiten Landstrichen nur vage gesetzlich überwacht und mit deutlich höherem Motorisierungsgrad, begannen Rennen zu fahren, wo auch immer zwei Autos nebeneinander passten. Absolut logischer, wenngleich grober Unfug. In den USA befanden sich um 1900 etwa 8000 Automobile auf der Straße, 1913 wurde bereits die Million überschritten, schon knapp 30 Millionen waren zu Beginn des Zweiten Weltkriegs in den Staaten unterwegs, und 1950 waren es 40 Millionen. In der Automobilnation Deutschland befanden sich so kurz nach dem Krieg immerhin schon 700.000 Pkw im Einsatz, bei denen es sich zum Großteil um VW Käfer gehandelt haben dürfte.

Europa verfügte noch über keinen nennenswerten Pkw-Bestand, als Chevrolet in den USA schon begann, günstige V8-Limousinen für den schmalen Geldbeutel anzubieten. Vielleicht hat die kalifornische Surfband »The Beach Boys« in ihrem Stück »Surfin USA« die beste aller denkbaren Erklärungen geliefert: »Wenn jeder einen Ozean hätte ... dann würden alle surfen« (If everybody had an ocean / across the USA / then everybody'd be surfing / like Californi-A). In den USA hatte jeder eine Straße und beinahe jeder ein Auto – also fuhren alle Rennen. Amerikas beliebteste Renndistanz, die »Viertelmeile« (402,34 Meter), soll ihren Ursprung im Mangel an echter Rennstrecken-Infrastruktur und der dafür überall verfügbaren Distanz »von einer Ampel bis zur nächsten« haben. Tatsache ist jedenfalls, dass »Drag Racing« in den Fünfzigern zu einem organisierten Volkssport geworden war, mit Vorschriften, Regeln und Öffnungszeiten.

Weshalb das Spiel von neuem begann, schließlich hatten Autofahrer ohne Interesse an Regelwerken und festen Veranstaltungstagen trotzdem noch Autos und immer noch Straßen, und so wurden weiterhin Rennen außerhalb der etablierten Organisationen gefahren. In den Sechzigern hatte sich die »Street Racing«-Szene so sehr etabliert, dass einzelne Autohersteller, teilweise auch nur deren lokale Niederlassungen, damit anfingen, aktiv »auf der Straße« mitzumischen.

Und nicht nur das, auch Automagazine, Rennteams, Aftermarket-Hersteller – die Anziehungskraft spontaner, illegaler Rennveranstaltungen von, für und mit jedermann, der gerade vorbeikam und ein Auto dabei hatte, war enorm. Ende der Sechziger lieferten sich in Großstädten erfolgreiche Rennteams aus dem organisierten Rennsport öffentlich beworbene, aber illegale Rennen um sechsstellige Dollar-Summen auf offener Straße und noch in den kleinsten Dörfern des mittleren Westens fand sich ein »Hotspot«. Sei es der lokale Burgerladen, eine Straßenkreuzung oder ein Parkplatz am Waldrand, auf dem zu jedem erdenklichen Zeitpunkt junge Menschen mit gut motorisierten Fahrzeugen Straßenrennen gegen Geld anboten.

In Europa blieben Autorennen weitgehend ein Zuschauersport. In den USA war jeder ein Rennfahrer, der ein Automobil steuern und den lokalen Hotspot finden konnte. Mit dem Ende der Performance-Ära verschwand Street Racing wieder aus dem öffentlichen Fokus. Zumindest so lange, bis eine neue Generation von Performance-Autofahrern, die in den organisierten Drag-Racing-Veranstaltungen keine Heimat gefunden hatten, ab den Neunzigern wieder öffentliche Straßen unsicher machten – in Ermangelung entsprechender amerikanischer Automobile mit importierten, oftmals japanischen Fahrzeugen.

Street Racing war eine unorganisierte Angelegenheit. Kein kompliziertes Regelwerk und nur ein Ziel: über die Quartermile die Schnauze vorn zu haben. In den Sechzigern begann sich die Szene zu etablieren. Als 1967 dieses Bild bei den San Antonio Drag Races entstand, waren die wilden Zeiten beinahe schon vorbei. (Foto: © JOHN LLOYD, CC BY 2.0)

PONTIAC

PONTIAC MIDSIZE

Pontiacs Midsize-Geschichte begann im Modelljahr 1964, als GM die gesamte Modellpalette konzernweit neu ordnete und das Chaos, das Chevrolets unkonventioneller kleiner Corvair, der ihm zu Hilfe eilende Chevy II und die kompakten Technologieträger von Pontiac, Oldsmobile und Buick auf dem Y-Body verursacht hatten, endgültig beseitigte. Ab da herrschte wieder Ordnung – die »mittleren« Marken Pontiac, Oldsmobile und Buick hängten ihre Kleinwagenabenteuer an den Nagel und konzentrierten sich auf Midsizes (den A-Body) und ihre jeweiligen Fullsizes (B- und C-Body). Im Falle von Buick und später Oldsmobile zusätzlich noch auf die exklusive Personal-Luxury-Klasse (E-Body). Kleinwagen waren ab 1964 ausschließlich Chevrolet vorbehalten. Mit anderen Worten: Pontiac musste sich, nachdem man zwischen 1961 und 1963 mit dem erstaunlichen Y-Body Tempest experimentiert hatte, für 1964 mit einem größeren, schwereren, wesentlich konventionelleren Midsize arrangieren. Dieser neue Wagen behielt der Einfachheit halber den Modellnamen Tempest bei. Auch wenn der Y-Body Tempest sich letztlich keinerlei Teile mit der »Konzernplattform« des A-Body Tempest teilte. 326 cui (5,3 Liter) als größte Motorisierung schien zu diesem Zeitpunkt angemessen.

Der erste Pontiac Tempest war ein exotischer Y-Body mit ungewöhnlicher Technik. Grund genug für den Massenmarkt, einen Bogen um ihn zu machen.
(Foto: © sv1ambo, CC BY 2.0)

Wer mehr als den Standard-Tempest wünschte, konnte einen gehobenen »Custom« oder den Top-of-the-Line-»LeMans« bestellen. Unerschrockene Käufer konnten den mittels Kreuz auf dem Bestellformular zum Tempest LeMans GTO mit 389 cui (6,4 Liter) machen. Dieses Optionspaket, heute oft als »das erste Muscle Car« bezeichnet, sollte Geschichte schreiben und binnen zwei Modelljahren zum eigenständigen Modell, dem Pontiac GTO, avancieren.

Wie erfolgreich der mittelgroße Tempest auch immer war, es gelang ihm nie, aus dem Schatten seines bösen Zwillings GTO zu treten, auch wenn Pontiac die Modellreihe in bester Y-Body-Tradition ab 1966 mit einem äußerst fortschrittlichen SOHC-Reihensechszylinder bedachte, der bei Licht betrachtet allerdings hauptsächlich dazu geeignet war, Europäer zu faszinieren. Nach einer kurzen Namensverwirrung verschwand die Modellbezeichnung Tempest schließlich nach 1970. Ab Modelljahr 1972 trugen alle A-Body-Pontiacs die Modellbezeichnung »LeMans«. Zum selben Modelljahr stellte man die GTO-Baureihe ein. Der legendärste Midsize-Name aller Zeiten war 1972 und 1973 nur noch als Schatten seiner selbst als »LeMans GTO«-Ausstattungspaket erhältlich – ganz so, wie es '64 angefangen hatte.

Zu diesem Zeitpunkt hatte sich der kompakte X-Body Ventura II, später nur Ventura, in das ehemals klar strukturierte Modellportfolio eingemischt. Gefolgt vom Grand Am, der ab 1972 die sportlichen und die luxuriösen Midsizes in einem Modell vereinen sollte und zwar auf der gleichen Variante des A-Bodys, der auch Chevrolets Monte Carlo zugrunde lag. Außerdem kam 1969 der kurzlebige G-Body Grand Prix hinzu, ein verlängerter A-Body, der der sinkenden Popularität der »echten« Fullsize-Modelle vorgreifen sollte, bevor er für 1972 mit dem A-Body verschmolz.

Der Grand Am sollte das Downsizing zum Modelljahr 1977 schon nicht mehr erleben, der LeMans als A-Body existierte immerhin bis 1981, bevor Pontiac sich im schwarzen Jahrzehnt verlor und begann, Modellnamen und Plattformen wild durcheinander zu würfeln. Diese orientierungslose Modellpolitik erlebte einen denkwürdigen Tiefpunkt, als Pontiac für das Modelljahr 1988 mit einem »neuen« LeMans aufwartete – den GM auch unter den »Marken« Passport (als Passport Optima) und Asüna (als Asüna GT und SE) zu vermarkten versuchte. Einen LeMans, der mit dem Daewoo LeMans identisch war, der wiederum dem in Europa bekannten Daewoo Nexia entsprach, welcher wiederum ein umgelabelter deutscher Opel Kadett gewesen ist – der Urvater der globalen General-Motors-T-Plattform. Der Grand Prix blieb bis 1987 erhalten und auch der Grand Am kehrte noch einmal zurück, aber in besserer Gesellschaft: Bevor er nach 1985 als frontgetriebener N-Body verkümmerte, wurde mit dem Grand Am von 1978 bis 1980 ein letztes Mal die alte G-Plattform wiederbelebt.

Der zweite Pontiac Tempest war ein konventioneller, markenübergreifender Konzern-A-Body mit solider, bekannter Technik, die bis in die Neunziger weiterentwickelt wurde. (Foto: © sv1ambo, CC BY 2.0)

Zwischen seinen Anfängen als exotischer Technologieträger und seinem Ende als verkleideter Kadett machte der Midsize-Pontiac Chrom-Brillen-Grill und -Nasen populär. Diese Ideen wurden besonders von der Chrysler Corp. enthusiastisch aufgegriffen. (Foto: © Sicnag, Slg. CC BY 2.0)

Obwohl der Lufteinlass auf der Haube serienmäßig nicht funktional war, bedeuteten 389 cui in einer Midsize-Karosserie beeindruckende Beschleunigungswerte. Der Tempest wurde zum GTO, und die Muscle Car Wars begannen. (Foto: © Slg. Sönke Priebe)

Mit der zweiten Generation rückte der GTO näher an die Chevelle und deutlich näher an die Siebziger – auch wenn der geteilte Kühlergrill noch immer beibehalten wurde. (Foto: © Slg. Sönke Priebe)

Es spielt keine Rolle, ob man sich auf der falschen Seite das Atlantiks aufhält, ob der Wagen ein Dach hat oder bis zur Unkenntlichkeit modifiziert ist – die drei Buchstaben am Kühlergrill sind auch heute noch geeignet, Ehrfurcht bei Dragstrip-Kontrahenten zu erzeugen. (Foto: © allen watkin, CC BY-SA 2.0)

GTO

Die Diskussion um das erste Muscle Car der Geschichte ist Jahrzehnte alt. Welcher Hersteller hatte den ersten hochmotorisierten Straßenkrieger? Chrysler ist ein Kandidat mit dem 300C, andere wollen einen Lincoln ausgemacht haben oder den ersten V8-Ford, oder, oder, oder ... Wer sorgfältig hinschaut, wird feststellen, dass die Definition von »Muscle Car« unumstößlich an ein anderes Wort geknüpft ist: »Midsize«. Niemand hat je versucht, den High-Performance-Fullsizes der frühen Sechziger den Begriff »Muscle Car« anzuhängen, obwohl jeder namhafte Hersteller Fullsizes mit über 400 PS im Angebot hatte. Solche Fahrzeuge und solche Leistung entsprachen einer langen Tradition und überraschten niemand, außer vielleicht ein paar Luxus-Marken, die keine Low-Price-Konkurrenz auf diesem Feld erwartet hätten.

Midsize-Autos hingegen – kleiner, leichter, billiger – hatten keinen traditionellen Anspruch auf Pferdestärken. Schlimmer noch, Midsize-Autos hatten keinerlei Tradition an sich. Bis 1964 beschränkte sich die amerikanische Modellhierarchie auf große und größere Autos, einen Sportwagen (die Corvette), ein Personal Luxury Car (den Thunderbird) und seit grob 1960 auf diverse Kleinwagenabenteuer. Erst zum Modelljahr 1964 hatten GM und die FoMoCo (Chrysler war noch in der Orientierungsphase) eigenständige mittelgroße Fahrzeugbaureihen vorgestellt. Noch wurden Fullsizes eher als »Regular Size« – Normalgröße – bezeichnet. Regular Size – alles andere war in der Vorstellung großer Teile der Autoverkäufer und -käufer nicht vollständig. Ein Kompromiss, eine halbe Sache, geeignet allenfalls für in welcher Form auch immer benachteiligte Autofahrer. Zwar hatte GM einiges versucht, um Kleinwagen der Modelljahre 1960 bis 1963 zu einer Identität und Ansehen zu verhelfen, aber ohne echten Erfolg. Der kleine Pontiac Tempest der Modelljahre '61 bis '63 etwa war ein revolutionäres, neuzeitliches, geradezu europäisches Automobil mit vier Zylindern und Transaxle-Antrieb. Leider ließ sich mit revolutionärer Technik die Begeisterung von Käufern, die in erster Linie budgetorientiert waren, kaum entfachen. 1964, als fast alle GM-Compact-Versuche einschließlich des Tempest durch den neuen Midsize-A-Body ersetzt wurden, hatte Midsize-Fahren wenig bis gar kein Prestige. Wer Midsize fuhr, konnte sich nichts besseres leisten oder war irgendwie unamerikanisch veranlagt.

In den Köpfen ernsthafter Schnellfahrer (wie dem Tempest-Designer John Z. DeLorean) hingegen hatten Midsizes sehr wohl einen Vorteil: Sie waren deutlich leichter als ihre großen Fullsize-Brüder, je nach Marke und Modell etwa 250 bis 400 Kilogramm. Ernsthafte Autonerds waren bei Pontiac am Werk, wo man sich 1963 ausrechnete, das 400 Kilo Gewichtsvorteil in einem deutlichen Leistungsvorteil resultieren würden, wenn man die neue Midsize-Karosserie mit etwas anderem als dem Kompromiss-Achtzylinder kombinieren würde.
Den neuen 1964er Pontiac Midsize, der immer noch Tempest hieß, hatte es eigentlich maximal mit Pontiacs 326 cui (5,4-Liter) V8 geben sollen. Recht kurzfristig entschied man sich bei Pontiac jedoch dazu, den neuen Tempest als Tempest GTO anzubieten. Mit einem Performance-Paket, das im Wesentlichen aus dem größeren 389 cui (6,e4 Liter) V8 aus der Fullsize-Klasse bestand. Das Resultat war ein gefährlich schneller Midsize und ein riesiger Image-Gewinn für alle Midsizes des GM-Konzerns. Nicht groß, nicht luxuriös, nicht teuer – aber schnell.

Alle Hersteller sprangen nach und nach auf den Zug auf, Performance-Versionen von Midsize-Autos wurden zum Maßstab der Sechziger und verdrängten die Fullsize-Klasse aus ihrer Position als Sport- und Leistungsklasse. Diese Fahrzeuge, erschaffen als emotionslose Kompromissmobile, die ihren Platz in der Automobilgeschichte durch brachiale Leistung erkämpfen mussten, bezeichnete man später als »Muscle Cars«. Und in dieser Klasse besteht kein Zweifel daran, wer der allererste war: Pontiacs Tempest GTO, aus dem schon 1966 der eigenständige Pontiac GTO wurde. Ein Auto, das nicht nur als Urvater der Muscle Cars bekannt wurde, sondern auch die Ehre genießt, der einzige Performance-Pkw in der US-Geschichte gewesen zu sein, der vorwiegend mit Viergang-Schaltgetrieben anstelle der üblichen Automatik ausgeliefert wurde.

Der GTO des Modelljahres 1973 ist bis heute so unbekannt, dass sich um die verbleibenden Exemplare offenbar noch niemand Sorgen macht. (Foto: © PD)

PONTIAC

PONTIAC FULLSIZE

Pontiac hatte es mit den Fullsizes nicht ganz einfach. Während es bei Chevrolet völlig ausreichte, Chevrolet zu sein (was mit »immensen Stückzahlen« gleichbedeutend ist) und Oldsmobile einen konservativen Markt bediente, auf dem »Fullsize« schlicht Teil der Käufererwartung war, hatte sich Pontiac einen Namen mit High Performance gemacht, zu deren Attributen Leistung zählte. Zumindest seit Pontiac ab 1956 auf solche Werte gesetzt hatte, um sich von den erfolgreichen Chevrolet-Modellen der Modelljahre 1955 bis 1957 abzuheben.
1958 war der Markt in Bewegung, nicht nur wegen des Erfolgs der »Tri-Fiver«, sondern auch wegen der neuen B-Plattform, auf der von Chevrolet bis Buick alle GM-Divisionen ihre neuen Fullsize-Modelle aufbauten. Außerdem standen die Sechziger vor der Tür, eine neue Ära des Automobilbaus.

1967 ist das Jahr des Pontiac-Fullsize-Grills. Ein denkwürdiges Modelljahr lang balancierte der große Pontiac erstaunlich elegant zwischen vertikaler und horizontaler Scheinwerferanordnung. (Foto: © GPS 56, CC BY 2.0)

Für 1959 konsolidierte Pontiac seine Fullsize-Modelle: Aus dem Pontiac Bonneville Catalina wurden ab 1959 der Catalina und der Bonneville (ausgesprochen Bann-e-will, nach der Salzsee-Rennstrecke in Utah). Der Catalina war der günstigere Fullsize, der Bonneville der teurere, sportlichere. Und das, obwohl beide Autos, anders als Oldsmobiles 88- und 98-Fullsizes, auf derselben Plattform basierten.
Die großen Pontiacs waren nicht etwa nur Chevrolets mit anderem Blechkleid (wie in den späten Jahren), sondern eigenständige Pontiac-Interpretationen der B-Plattform mit Pontiac-Motoren, Pontiac-spezifischen Getrieben und Pontiac-eigenen »Wide Track«-Achsen mit optionalen 8-Bolzen-Rädern. Natürlich konnte Pontiac mit optionaler Einspritztechnik oder Sechsfach-Vergasern aufwarten. Und nicht nur das: Pontiacs V8 hatte mehr Hubraum (389 cui oder 6,5 Liter) als Chevrolets großer 348 cui (5,7 Liter) W-Block. So ließ es sich auf dem Performance-orientierten Fullsize-Markt der frühen Sechziger aushalten. Zumindest bis die Günstig-Marke Chevrolet 1961 die Stirn hatte, den W-Block auf 409 cui (6,7 Liter) und 360 PS zu erweitern, woraufhin Pontiac den 389 auf 421 cui (6,9 Liter) brachte und mit 405 PS als »Super Duty 421« anbot. Chevrolet antwortete mit einem PS pro Kubikzoll aus dem 409... Wahrscheinlich wäre dieses Wettrüsten weitergegangen, aber dann verschob sich der Performance-Fokus mit dem Corporate Racing Ban nach 1963 abrupt auf die Midsize-Klasse. Pontiacs Fullsizes waren plötzlich gezwungen, sich nach einem neuen Tätigkeitsfeld umzusehen.

Das Modelljahr 1967 brachte den zumindest äußerlich wohl beeindruckendsten Full-size-Pontiac aller Epochen, aber schon 1968 begann das »Markenerscheinungsbild« alle Pontiacs langsam zu vereinheitlichen. 1971 wurde den Pontiac-B-Bodys ein neues Spitzenmodell übergeordnet, der Grand Ville (auf einer verlängerten B-Plattform, ähnlich der von Oldsmobile und Cadillac verwendeten C-Plattform für ganz große Fullsizes). Ansonsten blieben die Fullsizes genau das, was sie seit spätestens 1965 gewesen waren: große, stattliche Autos für große, stattliche, angejahrte Fans. Noch immer hatten die Pontiacs ihre eigenen Motoren und ihre spezifischen Getriebe, was aber in einer Ära, in der Chevrolets Small- und Big-Block-V8 zunehmend zu »Konzernmotoren« wurden, kein uneingeschränkter Vorteil mehr war. Mit der Ölkrise verlor die Marke ihre 455 cui (7,5 Liter) V8 und mit dem »Downsizing« der GM-Modelle im Jahr 1977 den größten Teil ihrer technischen Eigenständigkeit.

1960 verbrachte der große Pontiac ohne den typischen zweigeteilten Grill. Derart durchgehend zeigte sich die Fullsize-Klasse erst 1976 wieder. (Foto: © Zwiadowca21, CC BY-SA 4.0)

Bis 1981 lebten Bonneville und Catalina auf dem neuen verkleinerten B-Body weiter, auch wenn sie dem Chevrolet Caprice zum Verwechseln ähnlich sahen, dann stellte GM den Catalina ein und verschob den Namen Bonneville auf die neue Midsize-Plattform, während der B-Body-Fullsize unter dem Namen des kanadischen Exportmodells Parisienne noch bis 1986 weiterverkauft wurde. Den Parisienne überlebte dann – ähnlich wie bei Oldsmobile – nur noch ein von der Baureihe losgekoppeltes Station-Wagon-Modell mit dem Namen Pontiac Safari, das bis 1989 erhältlich blieb, bevor die Fullsize-Klasse von Pontiac zugunsten von Minivans aufgegeben wurde.

1966 trug der große Pontiac noch eine gewisse Familienähnlichkeit mit den Midsize-Pontiacs, an der die Marke in den folgenden Jahren aber kräftig rüttelte.
(Foto: © Dennis Elzinga, CC BY 2.0)

Niemand weiß, was die beiden Herren auf dieser Aufnahme antreibt, oder warum sie dafür ausgerechnet einen Pontiac brauchen – aber sie wirken wie typische Vertreter der alten Pontiac-Käuferschaft: weiße untere Mittelklasse, nicht konservativ genug für ein Oldsmobile.
(Foto: © Michael Homan, CC BY 2.0)

Der Catalina war der günstigste Fullsize, den Pontiac anzubieten hatte – und der sportlichste. Einer davon, der Pontiac 421 Super Duty, gebaut nur 1962 und 1963, war mit seinen 421 cui V8 (6,9 Liter mit 405 PS) der stärkste aller Pontiacs jener Jahre und trug Haube und Kotflügel aus Aluminium. In den Siebzigern indes war das Triebwerk längst schon Nostalgie, das sportlichste an dem abgebildeten 4-Door Sedan des Modelljahres 1976 war der Modellname: »Catalina«. (Foto: © GM)

2-seat Vista-Cruiser

Vista-Cruiser for 1969 is what we call catering to the carriage trade. In style!

There's almost enough simulated-wood-grain elegance gracing its sides and tailgate to start your own simulated forest.

And if you thought wagons were just work, work, work. Meet the one that's pleasure, pleasure, pleasure.

If you didn't know better, that smooth, quiet ride could lull you into thinking it's an Oldsmobile Sedan. But one look at Mammoth Cave behind you—and you know different!

There's over 100 cu. ft. of anything-you've-a-hankering-to-haulspaceback there. So everything goes!

And that goes for 2-seat or the 3-seat model. Either way you'll have more pulling power than a mile-long mule train. From a standard Rocket 350 V-8 . . . to a 400-cu.-in. job you can order with special axle ratio for turnpike cruising. So start packin', pardner!

Olds offers, at modest extra cost, a variety of options and accessories, many of which are shown in the car illustrations, and are also described on pages 41, 44, 45 and 46.

GENERAL MOTORS

OLDSMOBILE

Oldsmobile war die »mittelgroße« Marke des GM-Konzerns – in der Preisgestaltung und meist auch in den Stückzahlen. Oldsmobile war edler als Pontiac und sehr viel exklusiver als Chevrolet, sehr nahe an Buick und deutlich unter Cadillac. Eben eine konservative Marke für gehobene Ansprüche.

Innerhalb seines Mehrmarken-Konzerns positionierte General Motors Oldsmobile deutlich über Chevrolet. Die Technik stammte aus dem Konzernbaukasten und auch die Werbung ließ keinen Zweifel an der Zugehörigkeit zu GM aufkommen. (Foto: © GM)

Nur wenige Automobilhersteller können ihren Modellstammbaum auf etwas zurückführen, das so verdächtig nach Pferdekutsche aussieht wie dieses Oldsmobile von 1902.
(Foto: © allen watkin, CC BY-SA 2.0)

Der 1949er Oldsmobile »Rocket«-V8 trug seinen Namen nicht von ungefähr, die Autos der Marke waren eine ernstzunehmende Größe im Motorsport – und sind es heute noch im historischen Wettbewerb. (Foto: © Brian Snelson , CC BY 2.0)

1966 machte der neue Oldsmobile Toronado Amerika mit dem Vorderradantrieb bekannt. Wie es sich in den Sechzigern für ein Automobil mit zukunftsträchtiger Technologie gehörte, erhielt der Toronado eine aufwendige, extravagante Karosserie. (Foto: © Michel Curi, CC BY 2.0)

Der 55er Chevrolet, der in Europa fälschlicherweise oft für ein Oberklasse-Automobil gehalten wird, würde vor diesem 55er Oldsmobile Ninety Eight verblassen, an dem alles größer, hochwertiger und eleganter ist. (Foto: © Infrogmation, CC BY-SA 3.0)

OLDSMOBILE

Oldsmobile war die »mittlere« Division des GM-Konzerns zwischen Pontiac und Buick – wobei man sich die fünf GM-Divisionen nicht als gleichmäßig geteilt vorstellen darf. Vielmehr nahm Chevrolet das gesamte »untere« Segment ein, Pontiac formte die Mitte und Oldsmobile war die günstige der drei »Luxus«-Marken Oldsmobile, Buick und Cadillac. So oder so ähnlich hätten die Divisionsaufstellungen aller US-Autokonzerne ausgesehen, wenn es der FoMoCo und Chrysler gelungen wäre, langfristig mehr als ihre Kerndivisionen am Markt zu halten.

Tatsächlich aber hatte GM als einziger Konzern fünf Divisionen im Rennen, und so fehlte Oldsmobile oftmals ein direkter Marktgegner und damit häufig auch ein klar definiertes Image. Tatsächlich war Oldsmobile – gegründet 1897 – eine der ältesten Automobilmarken der Welt. 1908 wurde das Unternehmen von GM aufgekauft. In den Dreißigern hatte Oldsmobile sich am oberen Ende des Vorkriegsmarkts positioniert, bevor der Zweite Weltkrieg den US-Automobilbau auf Eis legte.

1949, mit dem Erscheinen der ersten Nachkriegsmodelle, kehrte auch Oldsmobile zurück. Allerdings mit mehr als nur einem neuen Blechkleid. Die »mittlere« Division hatte auch einen neuen V8. Den ersten in einer langen Reihe von Oldsmobile-Motoren, die unter der Bezeichnung »Rocket« verkauft wurden. In den Fünfzigern gehörten Leistung und Luxus noch zusammen und Oldsmobile hatte beides. Der Rocket-V8 machte die Oldsmobiles zu den schnellsten Autos der Fünfziger. So schnell sogar, dass die schnellste Polizeieinheit der USA, die Pasadena Freeway Interceptors, für ihre Arbeit auf der ersten richtigen Schnellstraße der USA (dem Arroyo Seco Parkway, auch als Pasadena Freeway bekannt) Oldsmobiles auswählten. Oldsmobiles mit Überrollbügeln und Sechspunktgurten, wohlgemerkt.

In den Sechzigern war High Performance kein exklusives Territorium der teuren Marken mehr. Chevrolets Small-Block-V8 war ab 1955 wie ein wildes Tier über die heiligen Kühe des amerikanischen Motorenbaus hergefallen. Es war schwierig geworden, Leistung teuer zu verkaufen, wenn Chevrolet das Doppelte bieten konnte – und zwar zum halben Preis! Als fast schon alle Hoffnung dahin war, mussten die Luxushersteller erkennen, dass der »SBC« nur den Weg geebnet hatte: Hinter dem Small Block folgte Chevrolets unbesiegbarer 409 cui W-Block.

Und trotzdem blieben die Rocket-Motoren konkurrenzfähig. Oldsmobile hatte mit dem 442 ab 1964 sogar ein Modell im Lineup, das sich mit den Besten der Muscle-Car-Ära messen konnte. Allerdings war Leistung nicht alles und auch wenn Oldsmobile über eine loyale, performance-orientierte Gefolgschaft verfügte, konnten die teuren Olds-Muscle-Cars nicht im Ansatz mit den Stückzahlen der »Econoracer« von Chevrolet und Plymouth und auch nicht mit Pontiacs GTO mithalten.

1966 machte Oldsmobile sich deshalb auf zu neuen Ufern. Mit dem Toronado wagte sich die Marke an den Vorderradantrieb heran – samt 425 cui (7,0 Litern), 385 PS und einer Beinahe-Fullsize-Karosserie. Als sich der US-Markt Anfang der Siebziger neu aufteilte, um Importfahrzeugen und Landyachten Platz zu machen, da fand Oldsmobile eine unerwartete Nische: Das mittelgroße Midsize-Modell der mittleren Marke, mit einem mittelgroßen Rocketmotor, wurde zu einem der erfolgreichsten Fahrzeuge des Jahrzehnts. Ganz so, als hätte sich ein Teil der Käufer inmitten der Krise auf die grundsätzlichen traditionellen Werte der Marke besonnen. Oldsmobile behielt seine eigenen Motoren bei, auch als Ende der Siebziger die Plattformgleichschaltung weiter voranschritt, die auf die Bedürfnisse von Chevrolet zugeschnitten war. In den Achtzigern erlitt die Marke eine finale Identitätskrise. Alte Werte hatten ausgedient, es war kaum noch Platz für viele verschiedene Marken mit vielen verschiedenen Lösungen für das immer gleiche Problem.

Oldsmobile war die erste der GM-Kernmarken, die dem Fortschritt geopfert wurde. Im Modelljahr 2004 stellte Oldsmobile den Betrieb ein, Pontiac folgte 2010 – am Ende war aus GM dann doch noch ein Drei-Marken-Konzern geworden.

OLDSMOBILE

OLDSMOBILE COMPACT / MIDSIZE

In einer perfekten Welt hätten amerikanische Hersteller niemals angefangen, Kleinwagen zu bauen, schon gar nicht die gehobenen, konservativen Marken wie Oldsmobile. Aber ab den 1940ern wollten zusehends auch weniger betuchte Menschen Teil der Automobilwelt werden, denen daran gelegen war, günstig und unkompliziert zwischen Punkt A und Punkt B zu verkehren, die für die Feinheiten des Autofahrens jedoch wenig übrig hatten. Darauf mussten die Firmen reagieren.

Aber der Reihe nach: In den späten Fünfzigern planten alle großen US-Hersteller ein kleineres Pendant für die Modelle ihrer Ein-Modell-pro-Marke-Angebotsstruktur. Zu den gängigen großen »Regular Size«-Autos sollte ein kleines Modell für den Minimalistenmarkt hinzukommen. Im Falle von Ford führte das zum Falcon und zum Mustang, Chrysler gebar den Valiant, der nirgendwohin führte und Chevrolet baute den Corvair, den die US-Kundschaft nicht ernsthaft annahm. Dabei hatte GM eigentlich einen soliden Plan: Chevrolet sollte als »kleines Modell« den Corvair bekommen, während Pontiac, Oldsmobile und Buick sich eine andere, eigene Kleinwagen-Plattform teilen würden, den Y-Body (nicht zu verwechseln mit dem späteren Y-Body, der Corvette).

Nach dem Y-Body-Abenteuer bekam auch Oldsmobile 1964 den A-Body als Basis für einen Midsize – F-85 und Cutlass waren das Resultat. Wie alle GM-Midsizes der ersten Generation ähnelte der Olds seinen Fullsize-Geschwistern. (Foto: © dave_7, CC BY 2.0)

Doch dieser Plan hatte einen fatalen Fehler: Er fußte auf der Annahme, dass es langfristig für einzelne Marken möglich sein würde, etwas auf eine andere Art zu tun, als es Chevrolet tat. Von 1961 bis 1963 produzierten Pontiac, Oldsmobile und Buick jeweils eigene Y-Bodys, fortschrittliche Kleinwagen mit selbsttragenden Karosserien, Aluminium-Motoren und Turboladern. Pontiac hatte sogar einen Vierzylinder. Der Oldsmobile-Y-Body hörte auf die militärisch anmutende Modellbezeichnung F-85, das höchste Trimlevel war der F-85 Cutlass. Turbo-Versionen hießen Jetfire und wer wollte, konnte den Wagen mit der gefürchteten vierstufigen Dreigangautomatik (!) mit dem Namen Roto-Hydramatic bestellen, die heute als »Slim Jim« bekannt ist. Alles in allem war der kleine Olds für minimale Fortbewegung üppig ausgerüstet – offenbar wollte GM die Kleinwagenkäufer von den Tugenden der Technik überzeugen. Leider – leider für Oldsmobile – wurde Chevrolets Corvair nicht zum Millionenseller, und Chevrolet begegnete diesem Problem mit einem weiteren Compact, dem Chevy II, der den Y-Bodys nicht unähnlich war, wenngleich deutlich konventioneller. Dabei hatten sich die höheren GM-Marken doch eigentlich von Chevrolet abheben sollen...

GM begegnete dem Dilemma mit einer bewährten Technik: Standardisierung. Ab 1964 bauten Chevrolet, Pontiac, Oldsmobile und Buick jeweils einen Midisze-Pkw auf der neuen A-Plattform, während Chevrolet auf der ganz kleinen X-Plattform weiterhin den Chevy II produzierte. Die innovative Y-Plattform wurde eingestellt, alle A-Body-Midsizes waren Body-on-Frame-Autos. Der Markt war wieder geradegerückt – und Oldsmobile vorerst um ein ganz kleines »Compact«-Modell herumgekommen. Olds-Midsizes hießen weiterhin F-85 oder Cutlass für die günstigen bis teuren Ausstattungslevel und erst 1973, im Ölkrisenjahr, musste Oldsmobile dann doch ein Compact-Modell anbieten: den Oldsmobile Omega. Der war ironischerweise auf dem X-Body aufgebaut, gegen den sich Oldsmobile ein Jahrzehnt vorher abgrenzen wollte. Die Modellbezeichnung F-85 fiel zugunsten des Cutlass weg.

Durch die Downsizing-Jahre blieb Olds seinen Plattformen und Modellbezeichnungen treu, aber mit dem Ende der A-Body-Ära hielten Ford-ähnliche Zustände bei Oldsmobile Einzug: Der Cutlass war gleichzeitig als vorderradgetriebener Kleinwagen (Cutlass Ciera) und als traditioneller Midsize-Heckantrieb G-Body (Cutlass Supreme) erhältlich, bevor auch der Supreme zum vorderradgetriebenen W-Body wurde.

Die letzten traditionellen Oldsmobiles waren, vom Diesel-V8-Abenteuer abgesehen, ohnehin wenig mehr als Chevrolets mit Oldsmobile-Grill und Emblemen. Dass das Oldsmobile-Lineup am Ende nur noch aus einem Gemisch aus kompakten Midsizes , Compacts und Midsizes bestand, ist noch nicht einmal ein schwacher Trost – machte Oldsmobile aber in den Achtzigern zu einer der größten Automarken in den USA.

Ab Mitte der Siebziger trug der mittelgroße Oldsmobile eine Reihe von Fronten, bei denen die »Wasserfall«-Optik der Grill-Elemente immer stärker in den Vordergrund rückte. 1978 verschwanden die typischen Doppelscheinwerfer. (Foto: © Joost J. Bakker, CC BY 2.0)

Als Oldsmobile Cutlass Ciera erreichte der Cutlass sogar noch die Neunziger, wenn auch als frontgetriebener Sechszylinder. Tatsächlich war Oldsmobile zu diesem Zeitpunkt noch sehr erfolgreich. (Foto: © dave_7, CC BY 2.0)

In der G-Body-Ära ab 1982 war der Midsize-Olds kaum mehr als ein besser ausgestatteter Chevrolet – auch in seinen Absatzzahlen. Hohe Verfügbarkeit, geringe Preise und Chevrolet-Technik machen die letzte RWD-Generation heute in der Lowrider-Kultur äußerst populär. (Foto: © Joe Mabel, CC BY-SA 3.0)

Der 58er Oldsmobile Super 88 erinnert nicht nur zufällig an einen Cartoon-Straßenkreuzer – die opulenten Fronten besonders dieses Modelljahres sind die Vorlage für die moderne Vorstellung vom »Straßenkreuzer«. (Foto: © Sigmund, CC BY-SA 3.0)

Nach 1977 unterschied sich der 88 noch weniger von Chevrolets-Fullsize als zuvor. Angesichts des zusammenbrechenden Marktes für »große« Autos hielt Oldsmobile den B-Body 88 nur bis 1986 am Leben. (Foto: © Alf van Beem)

Niemand sollte den Fehler machen zu glauben, diese Stoßstange würde irgendjemand beschützen. Im Gegenteil, der Bumper dieses 1958er 98 ist Räumschild und Rammbock zugleich. 1958 war Amerika Herrscher der Welt, und amerikanische Autos hatten sichtbar Vorfahrt. (Foto: © Christer Johansson, CC BY-SA 2.5)

OLDSMOBILE

Die Generation 1971 bis 1976 ist die größte Generation des 98, die Oldsmobile gebaut hat. Erst mit der Ölkrise wurden Fullsizes wieder kleiner. Ob das auch ohne Ölkrise passiert wäre, steht in den Sternen. (Foto: © Achird, CC BY-SA 3.0)

OLDSMOBILE FULLSIZE

Oldsmobile war als »niedrigste« der drei am gehobenen Markt angesiedelten GM-Divisionen den traditionellen Werten des US-Automobilbaus verpflichtet. Das bedeutete auf dem US-Markt noch in den Neunzigern in erster Linie »groß«. Deshalb hatte Oldsmobile ein großes und ein noch größeres Modell im Lineup, am einfachsten beschrieben als »88« und »98«. Alle Oldsmobiles mit 88 im Namen basierten (ab 1958) auf der GM-B-Plattform, die unter anderem als Chevrolet-Fullsize-Plattform bekannt wurde, während Oldsmobiles mit 98 im Namen auf der geringfügig größeren C-Plattform aufgebaut waren.

Ursprünglich ergab sich dieser Unterschied schon aus der nüchternen technischen Namensgebung: Oldsmobile-Karosserien waren von »6« (klein) bis »9« (groß) durchnummeriert (die erste der Ziffern in beispielsweise 88 oder 98), während Motoren nach der Zahl ihrer Zylinder in der zweiten Ziffer dargestellt wurden. Ein Oldsmobile 88 war folglich eine große Karosserie (Nummer 8) mit acht Zylindern.
Ein derart einleuchtendes Namensgebungskonzept war langfristig natürlich zu einfach, um damit »Marketing« betreiben zu können. So ist die Liste von »Modellbezeichnungen«, die Oldsmobile zwischen 1948 (dem ersten Nachkriegs-Modelljahr) und 1996 (dem Ende der RWD-Produktion bei GM in Nordamerika) für die großen 88- und 98-Modelle verwendete, nicht nur lang, sondern auch unübersichtlich. Futuramic, Holiday, Super, Jetstar, Starfire, Dynamic, Delta, Delmont, Regency, Fiesta und Custom Cruiser (und einige andere mehr) sind alles Modellbezeichnungen, die entweder ein Ausstattungslevel und/oder eine Karosserieform beschreiben. Glücklicherweise hat Oldsmobile aber den Zusatz 88 beziehungsweise 98 bis zum Ende des 20. Jahrhunderts beibehalten, sodass es einen roten Faden gibt.

Obwohl Oldsmobile ab 1964 einen »echten« Midsize im Programm hatte (den F-85 beziehungsweise Cutlass), wurde die Unterteilung in einen »kleinen« und einen »großen« Fullsize aufrechterhalten, auch wenn sich diese bis zum Ende ihrer Produktion Mitte der 80er technisch immer weiter annäherten. Selbst in der Ölkrisenära ließ sich die Marke auf keine Experimente ein. Sowohl in der Namensgebung als auch hinsichtlich der kontinuierlichen technischen Fortentwicklung der B- und C-Plattformen blieb das Oldsmobile-Konzept absolut geradlinig. Erst 1984 zog der C-Body auf eine neue, kleinere, frontgetriebene Bodengruppe um (die weiterhin als C-Body bezeichnet wurde). Der B-Body 88 wurde ein Jahr später zugunsten des wesentlich kleineren und ebenfalls frontgetrieben H-Bodys aufgegeben.
Im Kontrast zur einheitlichen Modellpolitik der vergangenen 40 Jahre behielt Oldsmobile trotzdem ein »echtes« Fullsize-Modell im Programm, den Custom Cruiser. Diese Bezeichnung war ursprünglich für den allerersten C-Body 98 verwendet worden und hatte ab 1971 Oldsmobile C-Body Station Wagons geschmückt. 1977, im ersten Jahr der GM-»Downisizing«-Kampagne, war der Custom Cruiser Station Wagon auf die kürzere B-Plattform umgezogen und blieb als Station Wagon über das Ende der B-Body-Limousinenproduktion hinaus im Oldsmobile-Lineup erhalten. Sogar den letzten B-Body-Modellwechsel im Jahr 1991 durfte der Custom Cruiser miterleben, bevor er im Modelljahr 1992 vom Markt genommen wurde.

Eine bizarre Würdigung erfuhr die Fullsize-Baureihe des konservativen Upmarket-Herstellers Oldsmobile kurz vor ihrem Ende, als die »Propheten des Zorns«, die New Yorker Hip-Hop-Guerillas »Public Enemy« 1987 den ersten Track ihres allerersten (und bahnbrechenden) Albums dem Oldsmobile 98 widmeten: »You're gonna get yours« heißt das Stück, in dem Oldsmobiles ehrwürdige Fullsize-Limousine als »ultimate homeboy car« bezeichnet wird. Bis in die Siebziger waren Songs über Autos fester Bestandteil der amerikanischen Musikkultur – der 98 ist aber vielleicht das einzige Auto der Achtziger, das in seiner eigenen Zeit besungen wurde. Auch wenn diese Gruppe nicht weiter neben der eigentlichen Oldsmobile-Demographie hätte liegen können.

442

Der Oldsmobile 442 ist ein Exot unter den Muscle Cars der Sechziger. Nicht, weil er sich in seiner Entstehungsgeschichte oder von seinem Typ her wesentlich von der gängigen Definition abheben würde. Nein, wie beinahe jedes Muscle Car entstand auch der 442, der auf der GM-A-Plattform und dem Oldsmobile Cutlass aufgebaut ist, weil Oldsmobile einen Gegner für Pontiacs skandalös erfolgreichen GTO brauchte. Einfachste Lösung: Im Modelljahr 1964 konnte das Oldsmobile-Midsize-Spitzenmodell Cutlass mit einem zusätzlichen Performance-Paket bestellt werden, hinter dem sich wenig mehr verbarg als eine »zivilisierte« Version des Oldsmobile Police Packages. Dieses Prinzip war in der Muscle-Car-Welt allgegenwärtig. Selbst Pontiacs GTO war so entstanden und noch am Ende der Sechziger waren unter anderem die Bremsanlagen der längst eigenständigen »R/T«-Modelle der Chrysler Corp. in den Produktionsunterlagen als »Police«-Teile ausgewiesen. Auch der Name »442« war nicht ungewöhnlich für eine Zeit, in der Performance-Marketing noch keine Kunst für sich war: Pontiac hatte sich »GTO« bei Ferrari (Gran Tourismo Omologato) ausgeliehen, bestimmte Mustangs wurden nach der Distanz zwischen Produktionshalle und Büro des Konstrukteurs benannt (GT350), und Chevrolet hatte aus dem einfachen Bestellcode Z28 den Namen Z-28 kreiert. Bei Oldsmobile wurden einfach die herausragendsten Eigenschaften des Performance-Modells gezählt: Vergaser vierfach (4), Schaltgetriebe mit vier Gängen (4), Doppelrohranlage (2). 4-4-2. Fertig war das Performance-Modell.

Aber es war ein anderer Umstand, der den 442 hervorhob: Sein Stammbaum. Die Muscle Car Wars waren nicht nur eine Ära, in der »Performance« zum nationalen Trend in den USA wurde, sondern markieren auch einen Wendepunkt im amerikanischen Automobilbau. Weg von den etablierten alten Prestige-Marken der Vorkriegszeit, hin zu den ehemals günstigen, glanzlosen Transportmittelherstellern. Chevrolet hatte 1954 als einziger Hersteller noch keinen Achtzylinder gehabt. Zehn Jahre später dominierten Chevrolet-Achtzylinder den Markt. Chevrolet, Pontiac und Plymouth beherrschten den neuen Performance-Markt, Ford das Pony-Car-Segment. Die Fullsize-Klasse, der traditionelle Markt für Oldsmobiles, wurde immer mehr zur Klasse der älteren, konservativen Käuferschaft. Noch in den Fünfzigern hatten Oldsmobiles zu den schnellsten Autos auf den Straßen Amerikas gehört, aber in den Sechzigern war »schnell« keine Anforderung mehr, die ältere Käufer an teurere Autos stellten.

Für den neuen, im Trend liegenden Jugendmarkt hatte Oldsmobile ab 1964 die »One Size Fits All«-Universallösung des GM-Konzerns im Sortiment, den brandneuen Midsize-A-Body. Der war mehr oder weniger das gleiche Auto, von dem Chevrolet als Chevelle pro Modelljahr mehr als 500.000 Stück absetzte. Oldsmobile hingegen verkaufte von allen seinen Modellen weniger als eine halbe Million Fahrzeuge. Aber Oldsmobiles F-85 und Cutlass waren keine 1:1-Kopien der Chevelle in dem Sinne, denn Oldsmobile hatte Geschichte – und einen eigenen legendären Achtzylinder.
Diese Motorenfamilie, entworfen für das Modelljahr 1949 unter dem damaligen Chefingenieur Charles F. Kettering, hatte die Oldsmobiles zu den schnellsten Automobilen der Fünfziger gemacht – und diese Motorenfamilie gehörte noch in den Sechzigern zum leistungsstärksten, was der Markt zu bieten hatte. Oldsmobiles 442 war kein Konzern-Klon, sondern dank eigenständiger Oldsmobile-Motorentechnik eins der schnellsten Fahrzeuge der gesamten Kategorie. Aber Oldsmobile war eben Oldsmobile, der damals zweitkleinste unter den amerikanischen Herstellern unterhalb der Luxus-Klasse. Mit 442-Verkaufszahlen von durchschnittlich nur etwa 25.000 Fahrzeugen pro Modelljahr – oder meist nicht ganz ein Viertel von dem, was Chevrolets Chevelle SS und Pontiacs GTO jeweils erreichten. So blieb dem 442 (und seinem Ultra-High-Performance-Cousin, dem 442 W-30) die Mainstream-Bekanntheit und spätere Popularität als Klassiker verwehrt. Zu den schnellsten Muscle Cars der Ära gehörte er dennoch.

Trotz seiner Nähe zu Chevrolets Chevelle umgab den A-Body Oldsmobile Cutlass 442 immer ein Hauch von erwachsener Ernsthaftigkeit – vielleicht, weil der 442 auf eine lange Ahnenreihe von hochmotorisierten Oldsmobiles zurückblicken konnte. (Foto: © Bob P. B., CC-BY-2.0)

Die Dachlinie des Coupés zeigt deutlich, wie sehr sich die verschiedenen GM A-Bodys 1970 schon ähnelten. Technik war zu diesem Zeitpunkt allerdings noch reine Markensache. (Foto: © allen watkin, CC BY 2.0)

Ähnlich wie Pontiacs GTO ist der 442 nicht nur eine Erinnerung auf den Dragstrips der heutigen Zeit. Noch immer tragen die drei Zahlen eine leise Drohung in sich, ganz so, wie es Oldsmobile 1964 wollte. (Foto: © Trekphiler, CC BY 3.0)

GSX
1970

GSX
BUICK
1970
GSX

GENERAL MOTORS BUICK

Buick war die »höchste« GM-Marke unterhalb des konzerneigenen Flaggschiffs Cadillac. Die Stückzahlen lagen in der Nähe von Oldsmobile und selbst als »kleine« GM-Divisionen war man immer noch größer als fast alle Hersteller aus den Häusern der Konkurrenz. Innerhalb von GM nahm Buick den Platz des sportlich orientierten Technologieträgers für Käufer mit größerem Budget ein.

Buick war die sportlichste Marke im Konzern. Unter diesem Label erschienen auch die von GM-Töchtern importierten Fahrzeuge, wie beispielsweise von Opel. (Foto: © GM)

BUICK

BUICK

»Würden Sie nicht lieber einen Buick fahren?«, fragte die Buick-Werbung der Sechziger und wer ehrlich war, musste sich eingestehen: Er würde. Buick ist vieles – unter anderem die älteste noch aktive Automobilmarke der USA. Und ähnlich wie das US Marine Corps älter ist als die Vereinigten Staaten von Amerika, ist die GM-Marke Buick älter als General Motors. Gegründet 1903 in Detroit, geriet Buick 1905 unter die Kontrolle von William C. Durant, der 1908 mehrere Automobilmarken unter dem Dach eines neugegründeten Konzerns namens »General Motors« zusammenschloss. Durant versuchte 1910 die Marke Ford zu kaufen, wurde dann von General Motors entlassen, um sich 1911 mit dem zusammen mit Louis Chevrolet neu gegründeten Unternehmen »Chevrolet« zurückzumelden. Als Chevrolet 1918 von General Motors übernommen wurde, gelangte Durant wieder an die Spitze von GM.

In den Sechzigern konnte GM mehr als 50 Prozent Pkw-Marktanteil für sich behaupten und Chevrolet allein über 50 Prozent Anteil an der GM-Gesamtproduktion. Buick hingegen rangierte in der Nähe der Spitze: Über Oldsmobile, aber unter Cadillac. Etwa da, wo die gegnerische Chrysler Corp. ihre Marke Chrysler gerne gesehen hätte und etwas über dem Marktsegment, das der Ford-Konzern mit Mercury abdecken wollte. Buick hatte, ähnlich wie Oldsmobile, aufgrund der 5-gegen-3-Marken-Aufstellung von GM keinen wirklich direkten Marktgegner, aber während Oldsmobile einfach niemand hatte, gegen den es hätte antreten können, verhielten sich die Dinge bei Buick etwas anders: Niemand wagte, gegen Buick anzutreten.

Irgendwie war Buick etwas Besonderes, und das lag nicht allein an der Tatsache, dass Buick die »erste« GM-Marke gewesen war. Eigentlich liest sich die Geschichte der »ersten Marke« gar nicht viel anders als die der meisten US-Automarken: William Durant hatte Buick als höherwertigen, aber dennoch stückzahlenorientierten Hersteller ersonnen. Diese Rolle füllte Buick hervorragend aus, bis Autofahren an sich vom Luxus zur Alltäglichkeit wurde und günstigere Marken einen immer größer werdenden Markt zu bedienen begannen.

In der Zeit des Zweiten Weltkriegs produzierte Buick einen Jagdpanzer namens »Hellcat«. Ein Umstand, den Chrysler viele Jahre später offenbar übersah, als der Konzern 2014 eine Performance-Version des Challenger-Coupés »Challenger Hellcat« taufte. Nach dem Krieg, in der beginnenden Neuordnung des Automobilmarktes, blieb Buick genau dort, wo Durant die Marke einst platziert hatte: In der Nähe von Cadillac – aber eben nicht Cadillac. Während andere Hersteller, etwa die FoMoCo-Marken Edsel und Continental oder die Chrysler-Corporation-Unternehmungen Imperial und DeSoto, die bittere Erfahrung machen mussten, dass der Markt kein Interesse an Zwischenpositionen jenseits der Günstig-Mitte-Teuer-Aufstellung der traditionellen Marken hatte, gedieh Buick genau in diesem Zwischenraum bestens.

Buicks waren nicht ganz so luxuriös wie Cadillacs, was aber niemand als Nachteil sah. Buicks waren, oder wurden zumindest von den Käufern so wahrgenommen, die schlankere, jüngere, hungrigere Inkarnation eines Cadillacs. Und wären sie nicht selbst lieber schlanker, jünger, hungriger? Durch die Sechziger und die erste Hälfte der Siebziger blieb Buick seinem Image treu und verzichtete auf Kleinwagenabenteuer. Bis 1973, als der auf dem X-Body des Chevrolet Nova aufgebaute Buick Apollo erschien, hatte die Marke ausschließlich Fullsizes, große Personal Luxury Cars und als kleinstes Familienmitglied Midsizes auf der GM-A-Plattform produziert.

Auf den X-Body folgten der H-Body und die dunklen Jahre des US-Automobilbaus und immer noch war Buick auserwählt: 1987 verpasste die Marke der gesamten nationalen und internationalen Automobilwelt, ob vergangen, gegenwärtig oder zukünftig, 547 schallende, pechschwarze High-Performance-Ohrfeigen mit dem Namen Buick GNX. Dann folgte 1994 mit dem LT1-Roadmaster das letzte traditionelle High-Performance-Luxus-Automobil des 20. Jahrhunderts. Der LT1 mag ein Chevrolet-Motor gewesen sein – aber die Käufer wollten noch immer lieber einen Buick fahren.

Mit diesem Buick von 1938 brachte sich die Familie des Großherzogs von Luxemburg vor den Nazis in Sicherheit. Auch nach dem Zweiten Weltkrieg blieben die BeNeLux-Länder betont amerikanerfreundlich. (Foto: © MMFE, CC BY-SA 3.0)

Bis in den Zweiten Weltkrieg hinein baute Buick Oberklasse-Automobile. Dann überfiel Japan Pearl Harbor und der 1940er Buick wurde zum letzten eigenständigen Jahrgang vor der kriegsbedingten Produktionseinstellung. (Foto: © Rex Gray, CC BY 2.0)

1959 hatte der Buick allen Grund, zornig zu schauen: Chevrolet hatte sich gerade darangemacht, die traditionelle GM-Markenhierarchie, in der Buick fast ganz oben stand, gehörig durcheinanderzubringen. (Foto: © Kamillo Kluth, CC BY 2.0)

Buick ist ein weiterer Hersteller mit Wurzeln in der Kutschenzeit, auch wenn dieses Modell von 1909 schon mehr an ein Automobil erinnert – oder an Fords Model T. Was daran liegt, dass sich die US-Hersteller immer schon gegenseitig über die Schulter geschaut haben. (Foto: © J.-H. Janßen, CC BY-SA 3.0)

Auch Buick blieb von einem Midsize-Modell nicht verschont. Ab 1964 produzierte die zweithöchste GM-Division auf dem A-Body den Special und den Skylark – heute als obskurere GM-Midsizes immer noch sehr günstig. (Foto: © dave_7, CC BY 2.0)

1961 beschritt Buick mit dem Y-Body Buick Special erstmals Kleinwagenpfade – ohne langfristigen Erfolg. Und das trotz Aluminium-V8 und dem futuristischen V6, der im Modelljahr 1962 folgte. (Foto: © GM)

1970 rüstete Buick den Skylark zum GSX hoch – mit 691 Nm Drehmoment aus 7,5 Litern Hubraum. Wer weiß, was noch alles passiert wäre, wenn die automobile Hierarchie Buick gestattet hätte, sich offen mit Chevrolets jugendlichen A-Body-Straßenkriegern zu messen... (Foto: © GM)

1976 schickte Buick einen Century mit Turbolader als Pacecar auf den Rundkurs von Indianapolis und legte damit den Grundstein für den Aufstieg der »Dark Side« Buick GNX mehr als zehn Jahre später. (Foto: © GM)

BUICK COMPACT / MIDSIZE

Buicks Midsize-Geschichte begann, nicht ungewöhnlich für eine Marke vom obersten Ende der Preishierarchie, erst im Modelljahr 1964 mit dem Buick Special, aufgebaut auf dem GM-Universalprodukt für alle Marken, dem A-Body. Bereits für das Modelljahr 1961, als in der Industrie noch angenommen wurde, mit einem kleinen Modell neben dem üblichen Fullsize-Lineup seien alle Bedürfnisse des Marktes abgedeckt, hatte GM mit einem Compact für seine gehobenen Marken experimentiert. Das war der sportlich-fortschrittlichen Y-Body, der in seiner Buick-Version als günstiger Special und später als teurerer Skylark angeboten wurde.

Doch der Markt befand sich im Wandel, und GMs Markenportfolio war schlecht sortiert: Chevrolet hatte zwar den europäisch anmutenden Heckmotor-Corvair, aber noch 1961 keinen Kleinwagen mit traditionellem Layout. Und die gehobene Käuferschaft wünschte kleinere, nicht kleine Alternativen zu den althergebrachten Fullsize-Baureihen. GM löste dieses Problem für 1964 im Rundumschlag und stattete alle seine Marken (exklusive Cadillac, wo »klein« weiterhin aus dem Sprachgebrauch verbannt blieb) mit der universellen mittelgroßen A-Plattform aus, auf der Chevrolet die Chevelle, Pontiac den Tempest, Oldsmobile den F-85 (und den höher ausgestatteten Cutlass) und Buick schließlich sein eigenes Midsize-Modell in den Varianten Special und Skylark produzierte.

Für eine Zeit, in der »High Performance« das Marktgeschehen zu beherrschen begann und immer größer werdende V8-Motoren eingesetzt wurden, um die Käuferfantasien zu befeuern, verhielt sich Buicks neuer Midsize erstaunlich trendwidrig. Die Buick-A-Bodys hatten einen V-Motor mit sechs statt acht Zylindern. Dieser V6 (mit 225 cui oder 3,7 Litern) sollte bis 1980 einzigartig für den amerikanischen Markt bleiben, der sich traditionell auf Reihen-Sechszylinder und V8-Motoren konzentrierte. Der günstige Special blieb bis zur Einstellung der Modellvariante in der undankbaren Position, das am spärlichsten ausgestattete Modell der größten und erfolgreichsten »gehobenen« Marke zu sein. Dem Skylark hingegen wurde eine Sportversion unter der Bezeichnung Skylark Gran Sport zur Seite gestellt, die wiederum im Modelljahr 1970 im Gran Sport 455 (für 455 cui oder 7,5 Liter) ihre höchste Ausprägung erfuhr, überboten nur noch von den knapp 678 produzierten Buick GSX dieses Modelljahres. Die 691 Nm Drehmoment des 455 cui-GSX blieben auf dem amerikanischen Markt für mehr als drei Jahrzehnte unübertroffen.

1970 aber befand sich der US-Markt erneut im Wandel und die klare Linie der Buick-Midsize-Modelle sollte in Unordnung geraten. 1973 hatte Buick erstmals seit dem Y-Body Special auch wieder einen Kleinwagen im Programm – den Buick Apollo auf Basis des Chevrolet Nova. Die Coupé-Varianten des Apollo hießen ab 1975 Skylark. 1970 war das letzte Jahr für den A-Body Special gewesen, 1972 das letzte Jahr für den A-Body Skylark, obwohl Buick weiterhin einen A-Body-Midsize produzierte – den Buick Century. An dieser Stelle wird die Buick-Midsize-Modellgeschichte fast so undurchsichtig wie die der FoMoCo, denn Buick fasste beide Varianten des A-Bodys, kurz und lang (die bei Chevrolet als die universelle Chevelle und als exklusiver Personal-Luxury-Midsize Monte Carlo als zwei verschiedene Modellreihen geführt wurden) als eine Modellreihe – den Century – zusammen, um sie dann 1975 wieder in die beiden Modellreihen »Regal« und »Century« aufzusplitten.

Und als wäre nicht schon genug Verwirrung gestiftet worden, wurde zu diesem Zeitpunkt der Century Regal zum Century Special. Nach dem Downsizing schließlich wurde aus dem Century ein vorderradgetriebener Kleinwagen, während der Regal in der Personal-Luxury-Nische bis 1987 auf dem A-Body-Nachfolger, der G-Plattform weiterlebte. In seinem allerletzten Jahr als heckangetriebenes Body-on-Frame-Automobil schrieb er 1987 Ultra-High-Performance-Geschichte – mit ganzen 547 Exemplaren des turbogeladenen V6 G-Body Buick GNX, dem late-model HEMI-Killer, nur in Schwarz erhältlich und heute beinahe besser bekannt als »The Dark Side«.

BUICK

PERSONAL LUXURY

Der Begriff »Personal Luxury« ist mindestens so alt wie Fords Thunderbird, aber wahrscheinlich hat ihn kein anderes Automobil jemals so treffend verkörpert wie der Buick Riviera in seiner ersten Generation von 1963 bis 1965. Er vereinte all die Zutaten, die ein besonderes Automobil auszeichnen und machte keinen der Kompromisse, die so viele Automobile zu ganz gewöhnlichen machen.
Zunächst einmal war der Riviera anders. Kein anderer Buick, kein anderes GM-Modell teilte sich die Karosserie mit Buicks zweitüriger Personal-Luxury-Ikone. Und selbst seine Plattform war nicht identisch mit anderen GM-Produkten: Der E-Body, auf dem der Ur-Riviera aufgebaut war, wurde nur von zwei anderen GM-Modellreihen verwendet: dem Cadillac Eldorado und dem Oldsmobile Toronado. Beide waren frontgetrieben, der Riviera dagegen verfügte über traditionellen Heckantrieb.

1971 verschaffte Buick dem etwas dicklich gewordenen RIviera frischen Wind mit neuem Design. Das Heck der 71er bis 73er Rivieras erhielt prompt den Beinamen »Boat Tail« (Bootsheck) und sollte an die 30er-Jahre Roadster erinnern. (Foto: © GM)

Und die Unterschiede gingen sogar noch weiter, denn zwischen 1957 und 1964 hatten alle GM-Divisionen (sogar einschließlich Cadillac und, widerwillig, Oldsmobile) mit Fahrzeugrahmen gearbeitet, die einem »X« ähnlicher sahen als einer gewöhnlichen Leiter. Zum Modelljahr 1965 wurden alle wichtigen GM-Plattformen überarbeitet, außerdem erschien der A-Body, GMs Midsize-Konzernplattform. Die technische Eigenständigkeit der Divisonen wurde weiter zugunsten von kosteneffizienter »Konzerntechnologie« eingeschränkt und ab 1965 waren alle GM-Fahrzeuge echte Leiterrahmen-Konstruktionen, während der X-Frame aus dem US-Automobilbau verschwand – mit einer Ausnahme: Der Riviera blieb bis ins Modelljahr 1970 ein X-Frame.
Und auch äußerlich war das große Coupé anders. Rivieras der Modelljahre '63 bis '65 wirkten europäisch. Nicht wie europäische Autos der Sechziger, sondern in dem Sinn, der dem Wort seinen ehrfürchtigen Unterton gegeben hat. »Europäisch« wie die großen Tourenlimousinen der Frühzeit des Automobils, die aussahen, als sei ihr Design jeglicher technischer Notwendigkeit entbunden, ohne dass sich dabei die Funktion der Form hätte unterordnen müssen.
Man kann auch heute noch einmal ganz um einen Riviera der ersten Generation herumgehen, ohne genau sagen zu können, ob man die Vergangenheit oder die Zukunft des Automobildesigns betrachtet. Gleiches gilt für den Innenraum, von seinem 2+2-Layout bis hin zu der ins Armaturenbrett übergehenden Mittelkonsole.

Unter der langen Haube des Coupés aber tat traditionelle amerikanische Motorenbaukunst ihren Dienst: Buicks »Nailhead«-V8 in seinen 401- oder 425-cui-Ausführungen (6,6 und 7,0 Liter) sorgte dafür, dass sich »Luxus« und »Sport« die Waage hielten. Ganz so, als hätte es nicht ausgereicht, Exot in einem auf Standardisierung und Massenproduktion ausgelegten Riesenkonzern zu sein. Als wäre eine völlig zeitlose Karosserie und ein zukunftsweisendes Interieur nicht genug, als wäre ein 425 Nailhead nicht das schlagendste Argument, beschenkte Buick den Riviera des Modelljahres 1965 noch mit traumhaften Designmerkmalen. In die hintere Stoßstange integrierten Heckleuchten sowie eine Klappentechnik für die vier Hauptscheinwerfer, deren Eleganz und technische Effizienz bis heute niemand überboten hat. Der 65er Riviera zeigte seine Scheinwerfer wie ein Raubtier seine Zähne – die äußeren Segmente des Kühlergrills zogen sich nach unten und oben zurück. Nach 1965 blieb der Riviera ein echtes Personal Luxury Car – allerdings optisch erst näher am Toronado, dann näher am »Markengesicht« von Buick. Mit dem Heraufziehen der Siebziger hielt mehr Verspieltheit Einzug, weiter entfernt von den Ehrfurcht gebietenden, aristokratischen Linien der ersten Generation.
Für das Modelljahr 1971 wurde ein ganz neuer Riviera entworfen. Einer, der nicht mehr europäisch wirkte, ob nun im positiven oder im negativen Sinne. Der neue Riviera der Generation '71 bis '73 ist als »Boattail«, Bootsheck, bekannt. Läuft man heute um ihn herum, wird man mit Sicherheit sagen, dass man es mit der Zukunft des Automobilbaus zu tun hat. Warum? Weil bis heute Autos eher wie Autos als wie Raumschiffe aussehen – nur nicht der Riviera.

Als General Motors seine Bodys einheitlich auf echte Leiterrahmen-Konstruktionen umstellte, machte Buicks Riviera diesen großen Umbruch innerhalb des Konzerns bis 1971 nicht mit. Dieser 1965er hatte also folglich noch den X-Frame. (Foto: © Charles01, CC BY-SA 3.0)

Niemand kann ernsthaft behaupten, dass der 63er Riviera aussieht wie ein amerikanisches Auto. Abgesehen von seiner schieren Größe wäre der Buick E-Body überall auf der Welt unter den Besten zu Hause gewesen. (Foto: © GM)

Die Riviera war in den Sechzigern der Treffpunkt der Schönen und der Reichen. Kein anderer Name klang für den Durchschnittsamerikaner so europäisch-mondän, abgesehen vielleicht von Monaco, das seit der Märchenhochzeit von Grace Kelly mit Fürst Rainer bekannt war. Auf jeden Fall passte der Name perfekt zu diesem 66er Buick. (Foto: © Harleyriv, CC BY-SA 3.0)

Nur 547 Exemplare des Buick GNX (Grand National Experimental) wurden 1987 gebaut. Unter der Haube lauert ein V6-Turbo mit 276 PS und 488 Newtonmeter, was ihn stärker machte als eine Corvette aus dieser Zeit. (Foto: © ilikewaffles11, CC BY 2.0)

Die G-Body Grand Nationals mögen sich äußerlich kaum von den G-Bodies der übrigen GM-Marken unterschieden haben, aber Buick verfolgte mit dem letzten Midsize tatsächlich so etwas wie Zukunftspläne. (Foto: © ilikewaffles11, CC BY 2.0)

Günstiger, großzügig dimensionierter Zweitürer, werksseitig mit mehr als 200 PS? In den Achtzigern konnte man in Europa so etwas lange suchen. (Foto: © Travis Isaacs, CC-BY-2.0)

GNX

Die Siebziger waren keine gute Zeit für den amerikanischen Automobilbau: 1975 wurden der Katalysator und das unverbleite Benzin Vorschrift in den USA, zeitgleich wurden in kurzer Folge verschiedene Insassen- und Konsumentenschutzvorschriften erlassen. Am berühmtesten ist wohl das sogenannte »5-Mile-Impact«-Gesetz, dem US-Fahrzeuge der Modelljahre um 1975 ihre gewaltigen Stoßstangen verdankten.

Zu allem Übel – und weitgehend unvorhergesehen – platzte in die ohnehin schon angespannte Lage im Oktober 1973 der Yom-Kippur-Krieg, der zwar nicht in der atomaren Zerstörung des Nahen Ostens endete, aber ein Ölembargo der Organization of Petrol Exporting Countries (OPEC) gegen die USA zur Folge hatte. Das wiederum zwang den Gesetzgeber, den Autoherstellern ohne Vorwarnung strikte Flottenverbrauchsvorschriften aufzuerlegen.

Zu Beginn der Achtziger begann der Durchschnittsverbrauch amerikanischer Automobile erstmals ernsthaft zu sinken, aber um einen hohen Preis. Big-Block-Motoren, echte Fullsize-Autos, Kompression – innerhalb einer Dekade hatte der amerikanische Automobilbau alles eingebüßt, was ihn die letzten 60 Jahre ausgezeichnet hatte. Geblieben waren verkleinerte Fullsizes, eine Handvoll Small-Block-Motoren, generelle Orientierungslosigkeit, verstärkte Import-Bemühungen und komplett verunsicherte Kunden. Chevrolet-Verkaufszahlen hatten sich innerhalb von fünf Jahren halbiert, der Chrysler-Konzern war bereits in ernsten finanziellen Schwierigkeiten. Automobil-Amerika stand kurz vor der Kapitulation. Die Geschichte des einen einsamen Helden, der die versprengten Performance-Kräfte der Nation einte und in die letzte Schlacht um Automobil-Amerika führte, ist heute gut dokumentiert: Ford war 1979 mit dem Foxbody-Mustang zu uralten Werten zurückgekehrt. Mit so durchschlagendem Erfolg, dass der Abwärtstrend der gesamten Industrie abgebremst wurde.

Während Ford in der Vergangenheit nach Lösungen gesucht und diese gefunden hatte, schauten andere Hersteller in die Zukunft. Buick tat beides. Als erster amerikanischer Hersteller hatte der Konzern in den frühen Sechzigern mit V6-Motoren experimentiert und jetzt, 1975, mitten in der Krise, besann man sich auf diese Technik. Auch die neuen verkleinerten Midsizes der Marke für das Modelljahr 1978 waren als V6 mit 196 und 231 cui (3.2 und 3,8 Liter) erhältlich. Und als V6 mit Turbolader, gut genug für 165 PS.

1982, da war der Regal gerade auf den A-Body-Nachfolger, die G-Plattform umgezogen, produzierte Buick eine Sonderserie des Regal Coupés unter der Bezeichnung Regal Grand National, in Anlehnung an die NASCAR-Rennserie, in der der Buick Regal in diesen Jahren antrat. 1984 wurde das Grand-National-Konzept erneut aufgegriffen, nur war der 3,8-Liter jetzt mit einer Einspritzanlage statt des Vergasers ausgerüstet und seine Leistung auf 200 PS angewachsen. Erhältlich waren die Grand Nationals des Modelljahres in einer einzigen Farbe: Schwarz.

1986 hatte sich der »GN« auf 235 PS und 481 Nm Drehmoment gesteigert – fast 20 PS mehr als ein Katalysator-Porsche 911 des gleichen Modelljahrs (der aber ohne Aufladung auskommen musste) und über 200 Nm (!) mehr Drehmoment. Grand Nationals waren weiterhin nur in Schwarz erhältlich. Dann kam 1987, das letzte Modelljahr, in dem Buick jemals einen traditionellen Body-On-Frame-Midsize produzierte. Und mit ihm kam der finale Grand National, der Buick Grand National Experimental. »GNX« wird der Wagen genannt oder auch »The Dark Side«. Denn was aussah und sich anhörte wie ein TIE-Fighter auf Rädern, drohte das Gleichgewicht des Performance-Universums der Achtziger zu zerstören. Mit 276 PS und 488 Nm Drehmoment, schneller auf der Viertelmeile als die Chrysler-HEMI-Legenden der Sechziger, stärker als eine 87er Corvette und gleichauf mit einem um ein Vielfaches teureren Porsche 911 Turbo (930). Insgesamt 547 der pechschwarzen Turbokrieger ließ Buick auf die Welt los, bevor das Buick-Midsize-Business für immer endete. Fast 40 Jahre später haben die GNX ihre europäischen Gegner endlich auch im Sammlerwert eingeholt.

BUICK

BUICK FULLSIZE

Dass Buick ursprünglich eine reine Fullsize-Marke war, versteht sich schon durch die Nähe zu Cadillac. Teure Hersteller bauten große Autos, dieses Prinzip zeigte sich auch in der Buick-Modellpalette. Die moderne Buick-Geschichte begann mit dem Umstieg der Marke auf die GM-C-Plattform zum Modelljahr 1954. Der C-Body war die größere und vor allem längere Fullsize-Plattform des GM-Konzerns, die sich Buick sonst nur mit Cadillac und dem großen Oldsmobile 98 teilte. Der C-Body-Buick lief unter der Modellbezeichnung Electra.
1959 wurde dem Electra ein kleineres Modell zur Seite gestellt. Ein kleineres Fullsize-Modell, kein Midsize wohlgemerkt, auf der Basis der GM-B-Karosserie, auf der auch die großen Chevrolets und Pontiacs sowie der »kleine« Oldsmobile 88 aufgebaut waren. Neben dem C-Body Electra konnten Buick-Käufer fortan zwischen zwei B-Bodys wählen, dem LeSabre und der kurzlebigen Performance-Variante Invicta.

1963 fügte Buick dem Lineup ein weiteres großes Auto hinzu, ein eigenständiges »Personal Luxury«-Coupé mit der Bezeichnung Riviera, die anfänglich das C-Body Spitzenmodell Electra 225 Riviera geschmückt hatte. Der neue Riviera war auf dem E-Body aufgebaut, GMs spezieller großer Personal-Luxury-Plattform, welche die einmalige und entsprechend merkwürdige Berühmtheit genießt, gleichzeitig für front- und heckgetriebene Fahrzeuge verwendet worden zu sein. Ab 1963 konnten Buick-Käufer so unter drei verschiedenen großen Buicks auf der E-, B- und C-Plattform wählen – im Prinzip einer kurzen, einer normalen und einer langen Version des Fullsize-Konzepts. Plus einer High-Performance-Variante des B-Bodys, dem Buick Wildcat. Trotzdem musste sich auch Buick in den frühen Sechzigern dem sich im Wandel befindlichen Pkw-Markt stellen, weshalb ab 1961 als Alternative zu den großen, größeren und größten Buicks der Compact Special auf der Y-Plattform angeboten wurde, die sich Buick mit Oldsmobiles F-85 und Pontiacs Tempest teilte. Bis GM beschloss, mit dem A-Body eine Mittelklasse für alle Marken zu schaffen und das Compact-Feld der günstigen Marke Chevrolet zu überlassen.

Ab 1964 bot die Buick-Modellpalette wieder einen einheitlicheren Anblick, mit dem Midsize-A-Body Skylark neben den drei großen Modellen, ohne einen störenden Kleinwagen. Zu diesem Zeitpunkt war Buick der größte der »gehobenen« US-Hersteller, auf Platz 5 der Stückzahlen-Rangliste direkt nach den »Low Priced Three« Chevrolet, Ford und Plymouth und der nicht ganz so günstigen Marke Pontiac auf Platz vier.
Diese beachtliche Leistung für eine Marke am oberen Ende der Preisskala wird etwas geschmälert, wenn man bedenkt, dass Buick durch die gesamte Automobilgeschichte eigentlich zur Spitzengruppe gehört hatte. Aber der Markt entwickelte sich stetig hin zu kleineren, schnelleren Autos und die loyalen Käufer, die Buick in den Vierzigern und Fünfzigern Verkaufsrekorde beschert hatten, wurden langsam immer älter. Dennoch war das Marktinteresse groß und Buicks Ruf als Hersteller sportlicher Fullsizes stark genug, dass der Konzern die B-/C-Body-Aufstellung durch die Midsize-Ära beibehalten konnte. Riviera, LeSabre und Electra, blieben bis zur allgemeinen Verkleinerung der GM-Fahrzeuge 1977 (und durch das Downsizing hindurch) erhalten, mit Ausnahme des Midsize-Skylarks.

Der Electra zog 1985 auf die neue frontgetriebene C-Plattform um, die B-Body-Buicks folgten 1986 und wurden kleine H-Bodys mit Frontantrieb. Buicks Geschichte als Fullsize-Marke war beendet. Aber anders als die Traditionsautos nahezu aller US-Marken schieden die Buicks des 20. Jahrhunderts nicht still und leise aus der Welt: 1991 kehrte Buick als einziger Hersteller jemals auf eine traditionelle Plattform zurück und produzierte bis 1996 den Roadmaster Wagon, und von 1992 bis 1996 sogar eine Roadmaster-Limousine auf der altehrwürdigen heck- und V8-angetriebenen B-Plattform. So wie es sich gehörte, war der letzte echte Buick ein schneller, LT1-angetriebener Roadmaster, von seinen Anhängern als »Roadmonster« verehrt.

Die Heckpartie des 59er Buicks wäre die spektakulärste aller GM-Marken gewesen, hätte Chevrolet nicht just zu diesem Modelljahr mit dem »Gullwing«-Chevrolet beschlossen, aus der Reihe zu tanzen. (Foto: © GM)

Der 55er Buick – eine Stufe unter Cadillac, aber Welten über Chevrolet. Die Buick-typischen »VentiPorts« an den Flanken verrieten dem Betrachter bis 1958, wie viele Zylinder unter der Haube stecken. Hier also zwei mal vier, sprich acht. (Foto: © GM)

Auffällig unauffällig: 1962 war ein nüchternes Jahr für den US-Automobilbau, entsprechend schlicht präsentierte sich Buicks kleiner Fullsize, der LeSabre. Mit dem riesigen Riesenrad im Hintergrund fällt da kaum noch auf, welche fantastischen Ausmaße der elegante Zweitürer tatsächlich hat. (Foto: © GM)

1974

GENERAL MOTORS CADILLAC

Cadillac war nicht nur die ranghöchste Division im GM-Konzern, sondern auch die Spitzenmarke des amerikanischen Automobilmarkts des 20. Jahrhundertes. Die Marke, an der bis in die Sechziger jeder Autohersteller der Welt gemessen wurde. Innerhalb von General Motors nahm Cadillac eine Sonderstellung ein – an Regeln, die für Buick, Oldsmobile und Pontiac galten, musste sich die Super-Marke selten halten.

Mit den Landyachten der Siebziger verabschiedete sich Cadillac vom traditionellen US-Automobilbau. (Foto: © GM)

Auch Cadillac hat seine Wurzen in der Pferdekutschen-Ära. Im August 1902 entstand die Cadillac Motor Company, dieses Modell hier stammt von 1903. (Foto: © GM)

1918 hatte Cadillac schon seit vier Jahren einen V8 – und war damit bestens für den Militärdienst in der noch jungen US-Armee geeignet. (Foto: © GM)

1931 führte Cadillac die Automobilhersteller der Welt an – nicht nur in Größe, Ausstattung und Fertigungsqualität, sondern mit dem V16-Motor auch in Sachen Performance. Anders als nahezu alle Hochpreishersteller dieser Zeit baut Cadillac bis heute Autos. (Foto: © GM)

Der 1927er LaSalle entstand bei Cadillac und sollte die Lücke zwischen Cadillac zu Buick schließen. Die Marke wurde von GM 1940 wieder aufgegeben. (Foto: © GM)

CADILLAC

Ahhh, Cadillac. Die Spitzenmarke des GM-Konzerns muss eigentlich nicht vorgestellt werden, denn sie vereint das Beste vom Besten in sich: Hervorgegangen aus den frühen Unternehmungen von Henry Ford, groß geworden unter William C. Durants General Motors und benannt nach dem Gründer der Stadt Detroit. Außerdem darf die Marke den großen Charles F. Kettering (»Ich interessiere mich für die Zukunft, weil ich den Rest meines Lebens in ihr verbringen werde«) zu ihren frühen Vordenkern zählen.

Cadillac war, was Rolls-Royce in Europa gerne gewesen wäre: Die Marke, die so klar besser war, dass die verhinderte Konkurrenz respektvoll den Hut zog, statt sich ernsthaft konkurrierenden Tätigkeiten hinzugeben. Anfang des 20. Jahrhunderts galt Cadillac als »Standard of the World« (Messlatte der Welt) – ein Titel, der dem Unternehmen vom führenden britischen Automobilclub seiner Zeit verliehen worden war. Cadillac hatte den ersten Serien-V8 (und den ersten Serien-V16), Cadillac hatte Automatikgetriebe, Sitzheizungen und hydraulische Fensterheber zu einem Zeitpunkt, als die meisten Menschen in Europa froh waren, überhaupt ein Auto zu besitzen. Und Cadillac hatte Charles F. Ketterings »Selbststarter«, Servolenkung, Klimaanlagen und den größten Pkw-Produktionsmotor des 20. Jahrhunderts mit 500 cui (8,2 Liter). Während in Europa Luxusautomobile für die obersten 10.000 handgefertigt wurden, denen man auf der Straße kaum begegnete, fertigte Cadillac Luxusfahrzeuge in Serie.

In den Dreißigern und Vierzigern produzierte Cadillac die edelsten US-Serienfahrzeuge der Ära, während des Zweiten Weltkriegs rollten M24-Panzer von den Cadillac-Fließbändern. Nach 1945 erlebte das »handgefertigte« Marktsegment seinen endgültigen Niedergang. Autofahren war jetzt Sache des Volkes, nicht mehr der oberen Zehntausend. Und Cadillac war vorbereitet. Im Jahr 1948 begann die moderne Ära der ersten Nachkriegsdesigns und der allerersten Heckflossen. Durch die Fünfziger führte Cadillac die Automobilbauer der Welt in Sachen Design und Technologie an. Und natürlich in Sachen Heckflossen, die jedes Jahr größer und größer wurden, die von Mercedes-Benz genauso aufgegriffen wurden wie von Opel. Cadillac hatte sogar ab 1957 ein handgefertigtes Modell im Lineup, natürlich mit Heckflossen.
Heckflossen sind nicht nur ein Symbol der Ära Cadillac – sie markieren auch den exakten Moment, in dem eine neue Zeit anbrach: 1959. Der 59er Cadillac hatte die gewaltigsten vertikalen Flossen aller Zeiten. Vertikale Flossen waren etwas, das die günstige Schwestermarke Chevrolet nicht haben durfte, um auch optisch (durch Flossenlosigkeit) gebührenden Abstand zur Top-of-the-Line-Marke Cadillac zu wahren. Allerdings war Chevrolet mit den Modelljahren '55 bis '57 nicht nur sehr, sondern extrem erfolgreich gewesen. Genauso mit dem 1955 erschienen Small-Block-V8. Chevrolet hatte keine Lust mehr, sich Konzerndiktaten zu unterwerfen.

Keine vertikalen Flossen? Chevrolets 59er-Modell hatte größere Flossen als der 59er Cadillac – nur eben horizontal. Heckflossen verschwanden danach aus dem US-Automobildesign. Keine Prestigemarke, gleich welchen Konzerns, konnte oder wollte es sich erlauben, von Chevrolet vorgeführt zu werden. Die Ära Cadillac wich der Ära Chevrolet, die strikte Hierarchie der Marken begann langsam zu bröckeln. Durch die Sechziger baute Cadillac weiterhin Automobile, die ihresgleichen suchten, aber der Schwerpunkt des seriengefertigten Luxus begann sich von Luxus in Richtung Serienfertigung zu verschieben. Eine Richtung, in der sich schon etliche der geringeren Luxusmarken tummelten. Als die Landyacht-Ära anbrach, produzierte Cadillac Landyachten und als die Downsizing-Welle kam, downsizete Cadillac. Bis 1975 hatte die Marke auf jede Art von kleineren Modellen verzichtet und erst 1982 erschien erstmals ein wirklich kleiner Cadillac. Beinahe hätte die Marke mit dem LT1-Fleetwood von 1994 bis 1996 das Jahrhundert doch noch zu einem guten Ende gebracht, wäre da nicht der Versuch gewesen, den Käufern 1997 einen Opel Omega mit Cadillac-Emblemen anzudrehen.

CADILLAC

CADILLAC I

Auf ihre eigene Art und Weise ist die Modellstruktur der Marke Cadillac für weite Teile des 20. Jahrhunderts schnell erklärt: Ein großes Modell mit mehreren Radständen. Cadillac war Cadillac. Nicht irgendeine dahergelaufene Feld-Wald-und-Wiesen-Marke, die es nötig hatte, kleine Autos für kleine Bürger mit kleinen Geldbeuteln zu bauen. Cadillac machte keine Kompromisse. Ab der Gründung der Marke im Jahr 1902 bis zur Wiederaufnahme der Pkw-Produktion nach dem Zweiten Weltkrieg war das einzige Experiment, auf das sich die solideste Automarke der Welt einließ, die Namensgebung der Cadillac-Modelle gewesen.
Hatte der erste Cadillac noch mehr eine Beschreibung als einen Namen gehabt, folgten ab 1903 die Bezeichnungen »Model A«, »Model B«, »Model C« bis hin zu »Model T«. Da muss aufgefallen sein, dass die gewöhnliche Automarke Ford ein Modell mit demselben Namen vertrieb. Danach hießen Cadillacs »Model 1913« oder »Model 1914« (in den Jahren, wer hätte es gedacht, 1913 und 1914) oder Type 55, was heute wie ein chinesischer Panzer klingt, damals aber nach britischem Luxus.

1926 wurde die Series-Bezeichnung eingeführt. Etwa »Series 355« oder »Series 370«. Cadillac hatte eine Nomenklatur entwickelt, die den kundigen Beobachter wissen ließ, dass er aus drei Motoren (V8, V12 und V16) wählen konnte und ihm zwischen drei und fünf Radstände zur Verfügung standen – mehr als genug, um alle anderen Automobilhersteller der Ära in ihre Schranken zu verweisen. Bis in den Zweiten Weltkrieg entwickelte sich die Nomenklatur weiter. »Series 36-90« etwa verrät das Modelljahr 1936 (noch weitgehend identisch mit dem Kalenderjahr) und den V16 mit langem Radstand. Von 1925 an mischte sich ein weiterer Begriff in die Cadillac-Namensgebung: Fleetwood – nach der Fleetwood Body Company aus Fleetwood, Pennsylvania, einem Unternehmen, das eine optionale, (noch) höherwertige Karosserie für die meisten Cadillac-Modelle fertigte. Die »Serien«-Karosserie kam vom Karosseriebauer Fisher Body, zu diesem Zeitpunkt schon unter der Kontrolle von General Motors, und nicht ganz zufällig wiederum Eigner der Fleetwod Body Co.

Nach dem Zweiten Weltkrieg zeigte sich das Cadillac-Line-up aufgefrischt: Series 61, 62 und 75 standen in den Verkaufsräumen, im Prinzip die kurze, die »normale« und die lange Variante des einen Cadillacs. Und der »60 Special«, der seine Wurzeln in den Dreißigern hatte. Statt langfristig das »mittlere« Trimlevel zu sein, hatte sich der Name zu einer eigenen Modellreihe weiterentwickelt. Mehr oder weniger behielt Cadillac die Serien 60, 61, 62 und 75 bis 1964 bei, streckenweise ergänzt um die Serie 70. Ein weiterer klassischer Cadillac-Name tauchte erstmals in dieser Ära als Sonderkarosserie auf: Der Eldorado.

1965 gab Cadillac das mehr als 50 Jahre alte Nomenklatursystem auf und gab seinen Fahrzeugen Namen. Calais, DeVille, Coupé de Ville, Fleetwood – die grundsätzlich »nur« Ausstattungsvarianten und Karosserieformen vom immer gleichen ein- und demselben Cadillac-Modell beschreiben. Erst 1967 erschien der Eldorado, jetzt nicht länger eine Modellvariante, sondern ein eigenständiges Fahrzeug, völlig anders als die altehrwürdige Cadillac-Linie. Der Eldorado von 1967 ist frontgetrieben, eine futuristische und bis dato unbekannte Technik. Und es blieb nicht beim Eldorado allein: Selbst die Cadillac-Käufer verlangten in den krisengeschüttelten Siebzigern nach einer kleinen Alternative zu den Standard-Cadillacs und dem futuristischen, aber dennoch gewaltigen Eldorado. Cadillac stellte deshalb 1975 den Seville vor (nach einem weiteren historischen Sonder-Trimlevel). Um ein Haar wäre dieser Krisen-Cadillac auf der Basis eines deutschen Opels entstanden, aber dann entschied sich GM doch für eine an der kleinen X-Body angelehnten Plattform. In anderen Worten: Der Seville ist klein. Und der er wurde mit Chevrolet-Komponenten konstruiert. Sein Erscheinen markiert präzise den Moment, in dem die über 75 Jahre aufgebaute Markenhierarchie der US-Pkw-Hersteller im Krisenjahr 1975 endgültig ihre Bedeutung verlor.

1959 war das Jahr der Heckflossen. Cadillac setzte auf vertikal, Buick diagonal und Low-Prioce-Chevrolet auf horizontal. Danach kam das Flossenwettrüsten abrupt zum Erliegen. (Foto: © GM)

Cadillac war »Standard of the World«, so der Werbeslogan. Und keine Baureihe bot mehr Prestige als die Serie 75 mit ihren 3,46 Meter Radstand. Hier Präsident Harry S. Truman vor seiner 1947er Staatslimousine. (Foto: © GM)

Cadillac stellte 1967 vom X-Frame auf den Leiterrahmen mit Quertraversen um. Zwei Jahre darauf erhielten alle Fahrzeuge des Herstellers vordere Scheibenbremsen, so auch dieser 71er Cadillac Coupe de Ville. (Foto: © Greg Gjerdingen, CC BY 2.0)

Der Seville erschien 1975 und war unterhalb des De Ville angesiedelt. Für einen Cadillac sowieso schon klein, verkürzten ihn manche Customizer, verwandelten ihn in einen Zweisitzer und behängten ihn mit Ersatzrädern. (Foto: © that hartford guy, CC BY 3.0)

Anfang der Sechziger umfasste die Serie-62-Familie die zwei- und viertürigen Hardtops als Standard und De Ville, das Hardtop Seville und das Cabriolet Biarritz. Für Vortrieb sorgte der 6,4-Liter-V8 mit 330 SAE-PS. Der Radstand lag bei 3,29 Metern, die Länge bei 5,70 Metern. (Foto: © Cjp24, CC BY-SA 4.0)

ELDORADO

»Eldorado« als Modellbezeichnung begleitet Cadillac seit 1953. Ursprünglich geht der Name auf eine kolumbianische Legende zurück, auf »den Vergoldeten«. Dabei handelt es sich einen sagenumwobenen, von Goldstaub bedeckten Herrscher über ein unbekanntes Land tief im Inneren Südamerikas. Auf der Suche nach diesem goldenen König und seinem Land verwüsteten europäische Invasoren ab dem 15. Jahrhundert weite Teile des zweiten amerikanischen Kontinents, ohne seiner aber jemals habhaft zu werden. Ein paar hundert Jahre später, 1953, befand sich Cadillac in einer ähnlichen Weltherrschaftslaune: Die Marke war »Standard der Welt«, der Cadillac das beste Automobil überhaupt. Da lag es nur nahe, dass die Luxusmarke den Cadillac zum Herrscher über alle Herrscher krönen wollte: Unter dem Namen »Eldorado« wurde im Modelljahr '53 ein Spitzen-Cadillac angeboten, der selbst das normale Cadillac-Sortiment in den Schatten stellte.

Nur 532 der allerersten Eldorados – Convertibles mit einer speziell für den Eldorado modifizierten Serienkarosserie – wurden verkauft. Über eineinhalb Jahrzehnte hatte Cadillac danach verschiedene »vergoldete« Modelle im Programm, aber ab '59, dem Höhepunkt der Heckflossen-Ära, begann die Exklusivität des Namens zu verblassen. Der einst mystische Eldorado war zum regulären Bestandteil des Cadillac-Portfolios geworden. Mitte der Sechziger – Midsizes beherrschten die Straßen, der Jugendmarkt war zur Lieblingskäuferschaft der Autohersteller geworden – sah sich Cadillac gezwungen, neue Wegen zu gehen und zum ersten Mal mehr als eine Modellreihe anzubieten. Cadillac zog einmal mehr aus, um neue Welten zu erobern, und einmal mehr schuf die Marke einen goldenen König: 1967 stand der neue Eldorado in den Verkaufsräumen, Cadillacs Version eines »Personal Luxury«-Coupés auf dem GM-E-Body. Halb Raumgleiter, halb Sportboot und halb Muscle Car, ganz so, wie eben nur ein Cadillac drei Hälften haben kann.

Der neue Eldorado hatte aber sogar noch eine vierte Hälfte: Unter der Haube des Coupés tat nicht nur der 429 cui (7,0-Liter) Cadillac-V8 seinen Dienst, sondern auch noch das TH425-Automatikgetriebe, mit dem die Vorderräder des E-Bodys angetrieben wurden. Cadillacs zweites Modell war gleichzeitig eins der ersten vorderradgetriebenen Fahrzeuge Nordamerikas. Und das zu einem Zeitpunkt, als Vorder- und Hinterradantrieb noch zwei widerstreitende Glaubenssysteme im Automobilbau waren und lange bevor die theoretischen Vorteile des Vorderradantriebs den Notwendigkeiten der billigen Fortbewegung in kleinsten, eigenschafts- und gesichtslosen, sich selbst fortbewegenden Raumkabinen geopfert wurden.

50 Jahre nach dem FWD-Eldorado (FWD für Front Wheel Drive) steht zumindest fest, dass Vorderradantrieb am besten für freudlose Fortbewegung, Hinterradantrieb dagegen am besten für sportliches Autofahren geeignet ist, während Allradantrieb beide Glaubensrichtungen in den Schatten stellt. Aber der Eldorado von 1967 ist immer noch einzigartig: Die Passagierkabine des FWD-Rennboots hatte keinen Mitteltunnel wie konventionelle RWD-Fahrzeuge der Ära (RWD für Rear Wheel Drive), nur eine unerhörte Menge Fußraum. Und überhaupt ließ sich das Fahrgefühl des FWD-Eldorados vielleicht am besten mit den herrschaftlichen Pferdegespannen der alten Zeit vergleichen: Vorne galoppiert der 429 cui V8 samt der Vorderachse und dem TH425, hinten folgt das Passagierabteil. Steuern kann der Chauffeur des Gefährts nur das vorausstürmende Aggregat – der Rest des 5,60 m langen Coupés wird einfach hinterhergezogen.

1973, auf dem vielleicht merkwürdigsten Höhepunkt seiner Karriere, wurde der Eldorado zum Pace Car für das Indianapolis-500-Rennen gewählt und bis ins 21. Jahrhundert produzierte Cadillac vorderradgetriebene Coupés unter der Bezeichnung Eldorado. Aber bereits in den Siebzigern begann Vorderradantrieb immer mehr zur Antriebsart der Desinteressierten, Mittellosen und Benachteiligten zu werden, nach der Ölkrise sogar zum Symbol des Niedergangs des amerikanischen Automobilbaus. Bis zum Ende blieb der FWD-Cadillac verhältnismäßig erfolgreich, auch wenn er nie wieder wie eine neue, gute Idee wirkte.

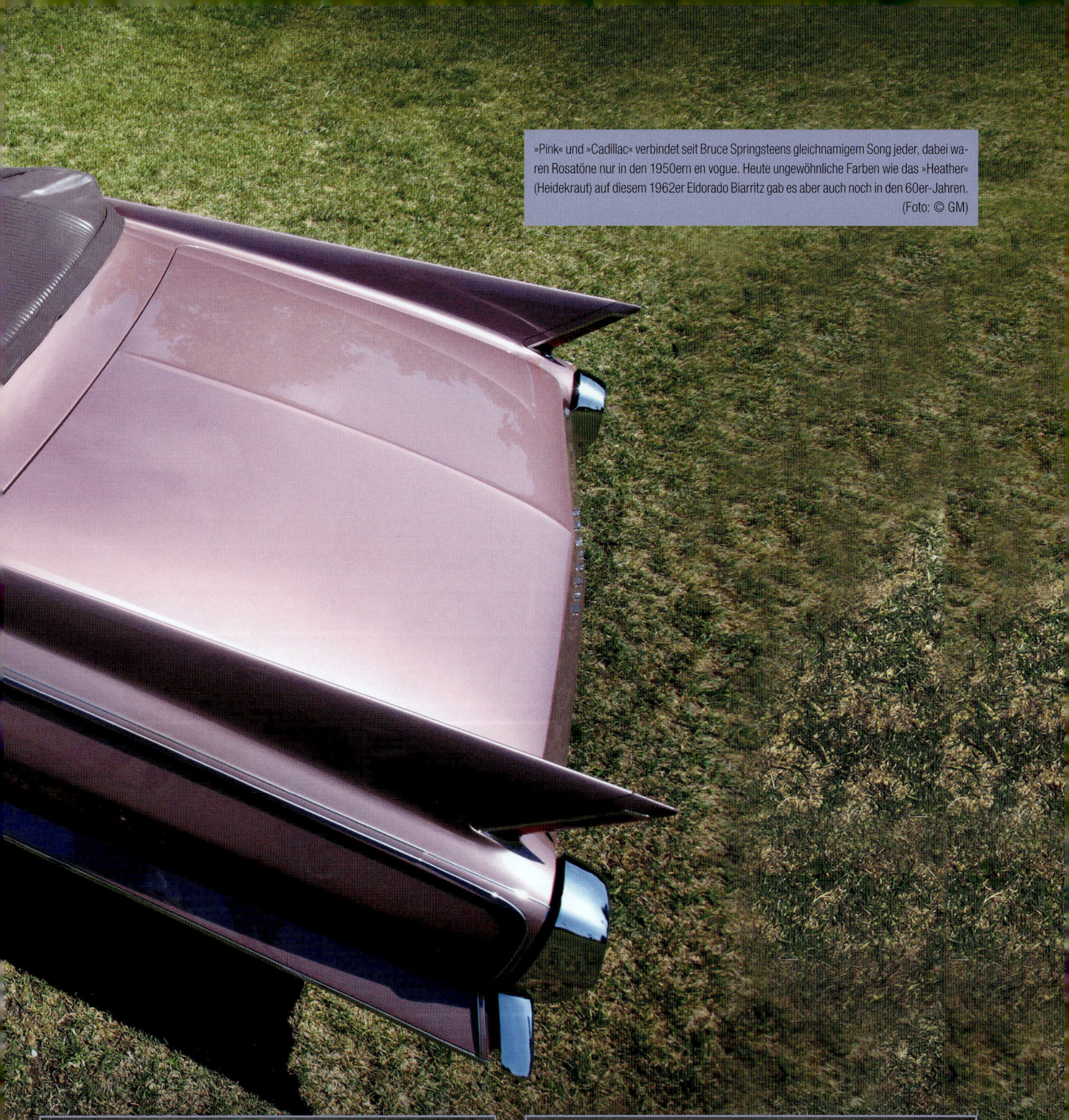

»Pink« und »Cadillac« verbindet seit Bruce Springsteens gleichnamigem Song jeder, dabei waren Rosatöne nur in den 1950ern en vogue. Heute ungewöhnliche Farben wie das »Heather« (Heidekraut) auf diesem 1962er Eldorado Biarritz gab es aber auch noch in den 60er-Jahren. (Foto: © GM)

1953, als der erste Eldorado erschien, hatten große Teile der Menschheit noch kein Automobil gesehen, geschweige denn eins gefahren – was Cadillac nicht daran hinderte, den Eldorado mit optionaler Klimaanlage anzubieten. (Foto: © GM)

Die letzte Generation der großen Eldorados von 1971 bis 1978 überragt sogar den Ur-Eldorado noch um rund zehn Zentimeter in der Länge. Anders als der Urvater aber war die Eldorado-Reihe seit 1967 vorderradgetrieben. (Foto: © GM)

CADILLAC II

Während der amerikanische Automobilbau eine gewaltige Bandbreite an Formen, Größen und Ausführungen mit sich brachte, folgte Cadillac schon früh einem einfachen Rezept: Einen Cadillac gab es nur in groß. Von den verschiedenen Plattformen des GM-Konzerns nutzte Cadillac nur eine, nämlich die größte, den C-Body. Und wo andere Hersteller große, kleine und mittlere Motoren für jede Nische anboten, hatte Cadillac nur einen Motor, den größten.

Vom Beginn der »modernen« Ära im Jahr 1949 an entwickelte Cadillac eine einzige Motorenfamilie weiter, deren Karriere mit 331 cui (5,4 Liter) begann und im Jahr 1964 429 cui (7,0 Liter) erreichte, bevor sie nach dem Modelljahr 1967 zugunsten eines neuen, größeren Cadillac-V8 aufgegeben wurde. Zu einem Zeitpunkt, als andere, weniger renommierte Hersteller gerade erst begannen, in diese Kubikzoll-Sphären vorzustoßen. Der neue V8 (weiterhin nicht nur der einzige V8, sondern der einzige Motor im Cadillac-Angebot) wurde 1968 mit einem Hubraum von 472 cui – das sind 7,7 Liter – vorgestellt. Schon 1970 wurde aus dem 472 ein 500 cui (8,2 Liter), der parallel angeboten wurde, aber, um Verwirrungen vorzubeugen, einzig im frontgetriebenen E-Body Eldorado erhältlich war.

Cadillac hatte sich seit jeher einer kurzen oder gar nicht vorhandenen Optionsliste erfreut. Wer den Cadillac kaufte, brauchte sich keine Zusatzwünsche mehr zu erfüllen und bis in die Siebziger fuhr die Traditionsmarke mit dieser geradlinigen Modell- und Ausstattungspolitik hervorragend. Durch die gesamten Sechziger lag Cadillac bei den Gesamtstückzahlen vor allen anderen gehobenen US-Marken. Oftmals mit dem drei- bis fünffachen Produktionsvolumen von Lincoln, dem zehnfachen von Imperial, vergleichbar höchstens mit Chrysler, die zwar faktisch die Spitze der Chrysler-Modellpalette innehatten, aber in der Realität mehr mit Buick und Oldsmobile konkurrierten. Dann kam das Krisenjahr 1975, der Niedergang der eigenständigen Markentechnik, der Fall der Markenhierarchien und schließlich das Ende der »Big Car«-Ära. Zwar hatte Cadillac immer noch ein großes Modell auf dem gedownsizedten C-Body, immer noch nur einen Motor (jetzt zwar mit weniger Hubraum, aber – einzigartig in der Nach-Ölkrisen-Ära – immer noch auf demselben riesigen Block-Design) und ebenfalls immer noch echte Spitzentechnologie (wie etwa die Zylinderbankabschaltung des Modelljahres 1981), aber keine Richtung oder erkennbare Zukunft mehr.

Durch die Achtziger irrte Cadillac wie jede andere US-Automobilmarke: Hungrig, durstig, orientierungslos. Mit dem neuen kleinen Seville des Modelljahres 1975 hatte obendrein die Umkehr einer 75 Jahre alten Hierarchie begonnen: Traditionelle Autokäufer, die »Luxus« mit großen, heckgetriebenen, amerikanisch aussehenden Achtzylindern verbanden, entdeckten im boomenden Klein- und Kleinstwagenmarkt der späten Siebziger, dass ausgerechnet die volksnahe Massenmarke Chevrolet große, heckgetriebene, amerikanisch aussehende Achtzylinder im Programm hatte! Und nicht nur das, diese Chevrolets teilten sich neuerdings die Technik mit Cadillac – obwohl Cadillac nach wie vor Cadillac-Preise aufrief. Vielleicht hätten die Käufer das noch verziehen, aber 1982 beleidigte die Marke ihre loyale, traditionsbewusste Kundschaft mit dem Cadillac Cimarron, einem dünn verschleierten günstigen Chevrolet, welchen die Marke mit Cadillac-Emblem zu Cadillac-Preisen anzubieten wagte. Cadillac verbrachte den Großteil des restlichen 20. Jahrhunderts damit, nach einer neuen Identität in Design, Namen und Antriebstechnik zu suchen.

Für einen grandiosen Moment allerdings durfte die alte Glorie noch einmal aufblühen: Als die großen Cadillacs 1985 auf den neuen, vorderradgetrieben C-Body umzogen, wurden die traditionellen Modelle auf dem ehemaligen »langen« C-Body (dem D-Body) unter dem ehrwürdigen Namen Fleetwood fortgeführt. Und der D-Body-Fleetwood erhielt 1994 den »LT1« 5,7-Liter aus Chevrolets B-Body. Niemand nahm daran Anstoß, denn 1994 war der LT1 »Standard of the World«. Das Beste, was Chevrolet und Cadillac zu bieten hatten, war endlich auf Augenhöhe zusammengetroffen.

1980 erschien die zweite Seville-Generation. Vor allem in der Heckpartie war von Bill Mitchell, dem legendären Chefstylisten von GM, unverwechselbar gestaltet worden. Technisch brachte der neue Jahrgang Frontantrieb und einen optionalen V6-Motor. (Foto: © GM)

Eldorados der Modelljahre '67 und '68 sind die einzigen Cadillacs mit Scheinwerfertüren. Vielleicht waren sie damit zu futuristisch geraten – jedenfalls verschwanden die Klappen schon 1969 wieder. (Foto: © That Hartford Guy, CC BY-SA 2.0)

Ganz am Ende, als das Jahrhundert fast überstanden war, erschien mit dem Fleetwood ('92 bis '96) – auf einer gestreckten Chevrolet-Plattform und mit einem Chevrolet-Antriebsstrang – einer der schnellsten Cadillacs der Geschichte. (Foto: © Bull-Doser)

Der STS erschien 2005 und löste den Frontantriebs-Seville ab. Er basierte auf der neuen Sigma-Plattform, die wahlweise Heck- oder Allradantrieb zuließ. Grundmotorisierung war ein 3,6-Liter-V6 mit 260 PS, Topmotorisierung der 4,6-Liter-Northstar-V8 mit 360 PS. Er wurde auch in Europa angeboten. (Foto: © GM)

Miller-Meteor-Rettungswagen wie dieser 1968er auf Cadillac-Basis dehnten das Fassungsvermögen einer Pkw-Plattform bis an die absoluten Grenzen des Möglichen aus. Cadillac-Größe und Cadillac-Motorisierung waren da keine Prestige-Frage mehr, sondern reine technische Notwendigkeit. (Foto: © Greg Gjerdingen, CC BY 2.0)

AMBULANCE / HEARSE

Bemerkenswerterweise hat sich Cadillac als Marke im 20. Jahrhunderts nicht nur mit einer exklusiven Modellpalette der größten und besten Automobile der Welt einen Namen gemacht, sondern auch noch mit einer ganz anderen Art der automobilen Fortbewegung, dem horizontalen Transport. Das Bestattungs- und Rettungswagengewerbe in Nordamerika erfreute sich über weite Strecken des 20. Jahrhunderts einer engen Verbindung mit dem Luxushersteller, und zumindest das Bestattungsgewerbe ist bis heute Cadillac-nah geblieben.

Der Grund, warum der prestigeträchtigste unter den großen Luxusherstellern auch gleichzeitig der größte Hersteller von Bestattungsfahrzeugen war, ist nicht schwer herauszuarbeiten: Verstorbene Familienmitglieder mit einem gewissen Prunk zu ihrer letzten Ruhestätte zu begleiten, ist in nahezu allen Kulturen der Welt üblich. Ganz besonders in Nordamerika, wo die Städte weitläufig und die Friedhöfe befahrbar sind, ist die Funeral Procession, die Anfahrt zum Friedhof in der Fahrzeugkolonne, ein wesentlicher Bestandteil von Bestattungsritualen. So wesentlich, dass Funeral Processions insbesondere in den nördlichen Staaten der USA teilweise Sondersignale und Wegerechte in Anspruch nehmen dürfen und dass in den Kolonnen neben dem eigentlichen Bestattungsfahrzeug zwei weitere Bestattungs-Fahrzeugtypen mitfahren: Flower Cars, »Blumenautos«, deren Namen sich selbst erklärt, und formelle Limousinen, die die Angehörigen befördern.

Weniger einleuchtend ist da schon, warum Cadillac bis weit in die Siebziger hinein auch der erste Name im Rettungswesen war. In Unglücks-, Not- oder Katastrophenfällen ist »Luxus« üblicherweise selten ein Anspruch, den Betroffene an das zügige Transportmittel zum nächsten Krankenhaus stellen. Und dennoch beherrschte die GM-Luxusmarke den Markt bis 1974, als der Gesetzgeber begann, den Rettungswagenmarkt weg von Pkw-, hin zu Nutzfahrzeug-Chassis zu steuern.

Tatsächlich ist die Grundlage für Cadillacs Erfolg in beiden Gebieten ein wenig nüchterner, als man zunächst annehmen könnte: Cadillac war seit jeher ein Hersteller von gewaltigen Fahrzeugen, auch oder besonders in einer Zeit, als die Grenze zwischen Pkw und Nutzfahrzeug oftmals noch fließend war. Schon in den Dreißigern bot Cadillac sein Modell mit dem längsten Radstand auch als »Commercial Chassis« an, also mit einer auf dem vollständigen Rahmen montierten vorderen Hälfte der Karosserie und im hinteren Bereich für die Aufnahme von universellen, individuellen Aufbauten vorbereitetem abgeflachten Rahmen. Die tatsächlichen Bestattungs- oder Rettungswagenaufbauten hinter der Cadillac-Fahrerkabine stammen bis heute von spezialisierten Fahrzeugbauern, nicht vom Cadillac-Fließband.

Einige diese Fahrzeugbauer, Superior Coach oder Miller-Meteor zum Beispiel, wurden zu festen Größen im Rettungs- und Bestattungswagenbau. Superior ist bis heute ein Synonym für Cadillac-Hearses. Zwar wurden auch die Fahrzeuge etlicher anderer Hersteller für solche Zwecke umgebaut und auch Versuche weniger renommierter Marken, ihre Station Wagons als Rettungswagen (für reine Transportaufgaben) zu vermarkten oder als Commercial Chassis anzubieten, blieben nicht aus. Aber die Einzigartigkeit und die Vorteile der von Cadillac bereits vorbereitet angelieferten »halben« Basisfahrzeuge, insbesondere in Sachen Radstand und Zuladung, konnte keiner der großen Pkw-Hersteller vorweisen.

Im Modelljahr 1979 endete die Geschichte der Pkw-Rettungswagen in Nordamerika mit dem Inkrafttreten gesetzlich vorgegebener Innenraumgrößen und Gewichtsvorschriften für Rettungswagen. Jetzt waren vollwertige Nutzfahrzeug-Chassis erforderlich, um die gesetzlichen Mindestanforderungen zu erfüllen. Am Ende des Modelljahres 1996 stellte GM die Produktion der letzten Leiterrahmen-Plattformen des Konzerns ein, auf der Superior Coaches (zu diesem Zeitpunkt Eigner von Miller-Meteor und der bekannten S&S Coach Company) noch 1996 die beiden letzten großen RWD-Bestattungsfahrzeuge des 20. Jahrhunderts produziert hatte: den Cadillac Fleetwood und, ironischerweise vom entgegengesetzten Ende der Luxusskala, den allgegenwärtigen Herrscher über Nordamerikas Straßen nach 1960, Chevrolets mächtigen Caprice.

Cadillacs kamen immer schon als Bestattungsfahrzeuge zum Einsatz – egal, ob ein Normalbürger beigesetzt wird, oder wie hier, Ex-Präsident Ronald Reagan. (Foto: ©GM)

Der Superior Rescuer auf 69er Cadillac-Basis ist dem Miller-Meteor nicht unähnlich. Die Aufnahme lässt die Außmaße der Seitentür erkennen. (Foto: © sv1ambo, CC BY 2.0)

LATE MODEL

1975 endeten die goldenen Zeiten des amerikanischen Automobilbaus abrupt in der Öl-, Katalysator- und Verbrauchsgrenzenkrise. Bis in die Neunziger backen die US-Hersteller kleine Brötchen, während sie versuchen, den Verbrennungsmotor ökologisch und ökonomisch in den Griff zu bekommen. Fast 20 Jahre müssen vergehen, bis sich General Motors als erster Hersteller mit einem sauberen, effizienten Achtzylinder wieder auf Vorkrisen-Leistungsniveau zurückkämpft und fast exakt 30 Jahre, bis das Horsepower-Wettrüsten der Sechziger im neuen Jahrtausend eine Wiederauflage erfährt.

Eine Gallone Benzin kostete in den USA im Jahr 2023 im Schnitt etwa 3,68 Dollar, was rund einem Euro pro Liter entspricht. (Foto: © Clemens v. Vogelsang , CC-BY-SA-2.0)

Der erste Dodge Challenger von 1970 war auf der Straße und der Rennstrecke gefürchtet – als er 2008 nach 25 Jahren zurückkehrte, änderte sich nichts daran.
(Foto: © FCA)

Von 1967 bis 2002 produzierte GM den Chevrolet Camaro. Nach einer siebenjährigen Unterbrechung kehrte das legendäre Coupé von 2009 bis 2024 auf den Markt zurück.
(Foto: © GM)

Keine Pause für das Pony: Der Ford Mustang ist seit April 1964 durchgehend im Dienst. Zweimal zettelte er in dieser Zeit die amerikanischen PS-Schlachten an, zuletzt 2005, als er die Horsepower Wars des 21. Jahrhunderts entfachte.
(Foto: © Ford)

LATE MODEL

1975 - 2000

Mehr als hundertdreißig Jahre nach der Erfindung des Automobils neigt sich die Ära des Verbrennungsmotors langsam dem Ende zu. Der Beginn des Niedergangs aber, die erste – und wahrscheinlich einzige – echte Krise des Automobils hat schon viel früher stattgefunden: Mitte der Sechziger hatte die Jahresproduktion der US-Autoindustrie zehn Millionen Pkw überschritten, die großen Städte versanken im Abgas und mehr als 50.000 Menschen wurden jedes Jahr bei Unfällen getötet. Zum ersten Mal regte sich organisierter Widerstand, der Sicherheitsstandards und Abgasvorschriften verlangte.

Die in den Siebzigern erlassenen Abgas- und Verbrauchsvorschriften galten nicht für Lkw – und so begann der Aufstieg der Kleinlastwagen vom reinen Nutzfahrzeug zum Individualverkehrsmittel. Heute gehört Fords F-Serie zu den meistverkauften Fahrzeugen der USA. (Foto: © Ford)

Heute erinnert man sich in erster Linie an einen Anwalt und späteren US-Präsidentschaftskandidaten namens Ralph Nader, der es sich zur Aufgabe gemacht hatte, der zügellos voranstürmenden Autoindustrie eine Leine anzulegen. Ralph Naders Buch »Unsafe at any Speed«, erschienen am 30. November 1965, beginnt mit den Worten »Für mehr als ein halbes Jahrhundert hat das Automobil Tod, Verletzungen, unabschätzbare Sorgen und Entbehrungen über Millionen von Menschen gebracht«. Und Nader war, wie sich zeigen sollte, mit dieser Ansicht nicht alleine. 1966 beschloss die US-Bundesregierung, die Automobilindustrie im Lauf der kommenden 15 Jahre schrittweise mit Abgasvorschriften zu belegen, ab 1968 mussten die Hersteller Sicherheitsgurte in ihren Fahrzeugen verbauen, 1972 griff der Gesetzgeber erstmals direkt in das Design neuer Modelle ein und zwang die Hersteller, ihre Fahrzeuge mit »Sicherheitsstoßstangen« auszustatten.

Am härtesten aber traf der Katalysator die US-Autoindustrie: Schon am 1. Januar 1975 mussten alle Neuwagen in den USA mit Katalysatoren ausgerüstet sein und durften nur noch bleifreies Benzin tanken. Die Hersteller, allen voran GM, begannen ab 1970 mit den Vorbereitungen und reduzierten unter anderem die Kompression ihrer Motoren, um auf das weit weniger klopffeste bleifreie Benzin und die für den Katalysatorbetrieb erforderlichen Verbrennungstemperaturen vorbereitet zu sein. Damit begann denn auch die Leistung der meisten Performance-Modelle in den USA zu fallen, zum ersten Mal in der Geschichte. Die Hersteller wussten, dass sie die Rekord-Motorleistungen des Jahres 1969 angesichts des Katalysators mittelfristig nicht wieder überbieten konnten. So ersannen sie für die Siebziger eine andere Verkaufsstrategie: Große Autos und opulenter Luxus kombiniert mit Small-Block-Motoren in der 400-cui-Klasse (6,5 Liter).

Was zum bequemen Jahrzehnt der Landyachten hätte werden können, stürzte aber im Oktober 1973 in eine völlig unerwartete Katastrophe: Die USA unterstützten Israel im Yom-Kippur-Krieg und die Organisation Ölexportierender Länder (OPEC) verhängte dafür ein Ölembargo gegen die USA. Der führenden Automobilnation ging sprichwörtlich der Sprit aus.

So erschüttert war das Land, dass der Kongress fast ohne Widerstand einen Notfallplan verabschieden konnte, der den Autoherstellern eine drastische Reduzierung der Verbrauchswerte ihrer Neuwagen vorschrieb. 1976 waren die Firmen über Nacht gezwungen, auf große Motoren zu verzichten. Als einzige schnelle Lösung blieb die Fahrzeuge dramatisch zu verkleinern. 1977 und 1978 »downsizeten« (verkleinerten) die »Großen Drei« ihr gesamtes Lineup. 1980, 20 Jahre vor Europa, waren die USA ein Land mit strikten Verbrauchs- und Emissionsvorschriften, das Sicherheitsgurte und bald auch Airbags und ABS vorschrieb. Ohne jeden Zweifel waren die Achtziger die dunkelste Periode des US-Automobilbaus, in der die schlechtesten Wagen aller Zeiten gefertigt wurden. Die amerikanische Autoindustrie hatte zu dieser Zeit weder die Technologie, noch die Infrastruktur und auch nicht den Willen, moderne Autos zu konstruieren und herzustellen. So wurden dann sehr schnell die langlebigen und sparsamen japanischen Autos populär bei amerikanischen Autokäufern.

Als Leistung und Hubraum nur noch in Nutzfahrzeugen erlaubt war, wurden diese plötzlich sportlich: Sports Utility Vehicle, kurz SUV, bedeutet nichts anders als »Sportliches Nutzfahrzeug«. (Foto: © GM)

Im neuen Jahrtausend haben »Trucks« den herkömmlichen »Sedan« als Massentransportmittel fast völlig verdrängt. Große Motoren, so scheint es, sind in den USA aber ein menschliches Grundbedürfnis. (Foto: © FCA)

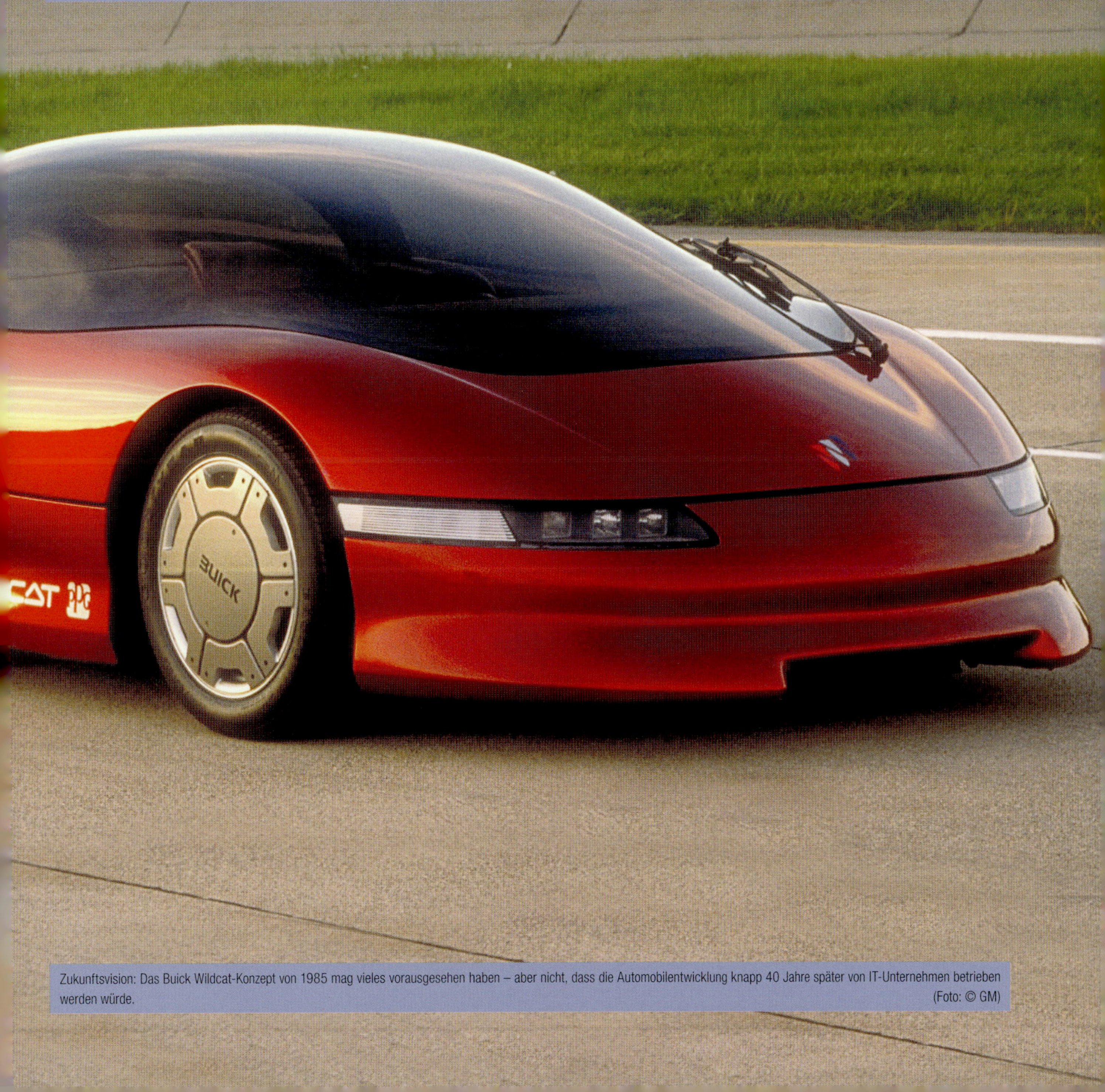

Zukunftsvision: Das Buick Wildcat-Konzept von 1985 mag vieles vorausgesehen haben – aber nicht, dass die Automobilentwicklung knapp 40 Jahre später von IT-Unternehmen betrieben werden würde. (Foto: © GM)

DMC-12

Nicht jeder kann sich an ein amerikanisches Automobil namens DMC-12 erinnern. Zum einen liegt es daran, dass der DMC-12 das einzige Fahrzeug ist, das in der zweiten Hälfte des 20. Jahrhunderts in nennenswerten Stückzahlen von einem Unternehmen produziert wurde, das nicht einem der großen drei Konzerne angehörte (wenn man AMC ignoriert) und zum anderen daran, dass der DMC-12 heute eher unter dem Namen seines Konstrukteurs bekannt ist: DeLorean.

Der DeLorean, wie der flügeltürige, edelstahlhäutige Keil heute genannt wird, geht zurück auf John Z. DeLorean, den GM-Ingenieur, der den ersten Pontiac Tempest erschuf und für den Pontiac GTO verantwortlich zeichnete. Nach seiner Zeit bei Chevrolet verließ er 1972 GM, um in Eigenregie ein Auto zu bauen, das seinen ethischen, moralischen, ökologischen und ökonomischen Standards entsprach. Dieses Auto, effizient motorisierte, mit einem hochmodernen Fahrwerk, einem untypischen Chassis-Layout und einer rostresistenten Karosserie, sollte auf dem US-Markt auch noch für konsumentenfreundliche 12.000 Dollar zu erstehen sein (daher der Name DMC-12). Ungeachtet der Tatsache, dass selbst die FoMoCo mit dem Edsel daran gescheitert war, eine neue Marke auf dem US-Markt zu etablieren, und ungeachtet des kommerziellen Untergangs des dem DMC-12 ähnlichen Bricklin SV-1, setzte DeLorean seine Vorstellungen in Taten um. In einem extra für den DMC-12 errichteten Werk in Nordirland, mit der Hilfe des britischen Lotus-Konstrukteurs Colin Chapman und mit staatlicher Millionenhilfe.

1981 erschien der DMC-12 auf dem amerikanischen Markt – zu spät, zu langsam, zu teuer und in bemitleidenswerter Qualität. Zusehends stellte sich heraus, dass DeLorean sich bereits zu GM-Zeiten in ein undurchsichtiges Netz aus Betrügereien, Patentdiebstählen und fragwürdigen Geschäftspraktiken verstrickt hatte. General Motors, so will es die Legende, soll mindestens einen Teil dieser Vorwürfe aus Rache erhoben haben für DeLoreans 1979 unter dem Titel »On A Clear Day, You Can See General Motors« erschienene Aufarbeitung seiner Zeit bei GM.

Ungeachtet des Wahrheitsgehaltes der Vorwürfe gegen DeLorean verschlang die Nachbearbeitung der DMC-12 in Amerika ein Vielfaches des angestrebten Profits, während gleichzeitig angestrebte Absatzziele weit verfehlt wurden. 1982 beschlagnahmte die britische Regierung das Werk in Nordirland und alle dort verbliebenen Fahrzeuge. Man versuchte mehr als 100 Millionen Britischer Pfund zu retten, die in das Unternehmen investiert worden waren. Ein Großteil der Konkursmasse wurde von ehemaligen Mitarbeitern ersteigert, die sich fortan mit der Erhaltung der Fahrzeuge und der Versorgung mit Ersatzteilen befassten.

Obwohl der DMC-12 in jeder Hinsicht zur Katastrophe geworden war, begann er unmittelbar nach dem Zusammenbruch des DeLorean-Imperiums einen langsamen, stetigen, unaufhaltsamen Aufstieg zu einer Ikone des Automobilbaus. Das lag aber weniger an DeLorean oder seinem Produkt, sondern vielmehr an einem der erfolgreichsten Kinofilme dieses Jahrzehnts: »Zurück in die Zukunft«.

In diesem 1985 lancierten Blockbuster erhielt der silberfarbene Edelstahl-Flügeltürer die Rolle der Zeitmaschine und damit unfreiwillige Unterstützung bei der Legendenbildung. Was als Scherz beabsichtigt war (»Are you teling me that you built a time machin ... out of a DeLorean?«), ging am Publikum vorbei und irgendwie wirkte der DMC-12 auf einmal viel futuristischer, als er es zuvor gewesen war. Bis zum heutigen Tag wächst die Popularität des »DeLorean«, dessen Schöpfer und Namensgeber 2005 im Alter von 80 Jahren in New Jersey verstarb.

Willkommen in der Zukunft: Der DMC-12 ist zeitlos. Beinahe wäre er auch nachhaltig, käuferfreundlich, ökologisch und sicher gewesen. DeLorean hatte ein Auto für die Zukunft bauen wollen, und fast wäre ihm das gelungen. (Foto: © Lee Haywood, CC BY-SA 2.0)

Kehrseite: Am Ende der DMC-12-Geschichte waren 100 Millionen Pfund verschwunden, der Konstrukteur saß im Gefängnis und die Produktionsanlagen ruhten auf dem Grund der Nordsee. (Foto: © Duke of W4 , CC BY-SA 3.0)

Niemand weiß, wie viele der ungefähr 9000 gebauten DMC-12 von Fans der »Zurück in die Zukunft«-Reihe zu Zeitmaschinen umgebaut wurden – aber ohne Zweifel verdankt DeLoreans gescheiterter Sportwagen einen Großteil seiner Popularität seinen Kinoauftritten, nicht seinen sonstigen Qualitäten. (Foto: © JMortonPhoto.com & OtoGodfrey.com, CC BY-SA 4.0)

LATE MODEL

LATE MODELS I

1975 ist das Jahr, ab dem im amerikanischen Automobilbau alles anders wurde. Der nun vorgeschriebene Katalysator hatte zu dramatischen Leistungseinbußen geführt, der Gesetzgeber hatte in kurzer Folge Anschnallgurte und Sicherheitsstoßstangen erzwungen und schließlich Verbrauchsvorschriften erlassen, die nur mit kleinen Motoren eingehalten werden konnten. Obendrein sollte bald der »Federal Rollover Protection Standard« verabschiedet werden, im Prinzip eine Überrollbügelpflicht für alle Pkw.

Die Auswirkungen dieser Vorschriften und Gesetze waren bis nach Europa zu spüren. Porsche 911 der sogenannten G-Modellreihe mit Faltenbalg-Stoßstangen und Targa-Dach verdanken ihre Entstehung der »Five-Mile-Impact«-Stoßstangengesetze und des erwarteten Rollover Protection Standards. Für die US-Hersteller waren die Konsequenzen gravierender: Große Motoren waren ungeeignet, um die Flottenverbrauchsvorschriften zu erfüllen, traditionelle Cabrios und Coupés und ganz besonders viertürige »Hardtop«-Limousinen ohne B-Säulen waren nicht in der Lage, Überschlagschutz zu bieten.

Innerhalb von nur zwei Jahren – mehr Zeit hatte der Gesetzgeber nicht eingeräumt – musste die Automobilindustrie ihre Produktpalette mit drastischen Maßnahmen zukunftsfähig machen. Big-Block-Motoren wurden fast ohne Ausnahme bis zum Modelljahr 1976 von allen US-Herstellern aus dem Pkw-Programm genommen, genauso wie alle Cabrios und Hardtops. 1977 und 1978 folgt die gravierendste aller Maßnahmen: Marktführer GM reduzierte die Größe – und damit das Gewicht – aller traditionellen Plattformen von einem Modelljahr auf das nächste. Den Anfang machte 1977 die Fullsize-Klasse. Die uramerikanische Fahrzeugklasse zog über den Modellwechsel '76/'77 auf eine neue Plattform, den neuen B-Body, der eigentlich eine Midsize-Plattform war. Die Midsize-A-Bodys folgten ein Jahr später und zogen von ihrer angestammten Plattform auf eine neue, kleinere Bodengruppe um.

In der Krise war weder die Zeit noch das Geld verfügbar, um die Technologie aller Marken des Konzerns zukunftstauglich zu machen. Die wenigen verfügbaren Rettungsboote mussten für alle reichen. Chevrolet-Technik wurde mit wenigen Ausnahmen zur Konzerntechnik, die ohnehin schon schwachen Unterschiede zwischen den Marken verschwammen bis zur Unkenntlichkeit. B-, C- und D-Bodys, also die GM-Fullsize-Plattform in verschiedenen Radständen – behielt der Konzern bis 1996 im Programm, der verkleinerte A-Body wurde 1982 zum G-Body und verschwand nach 1988, die X-Plattform der seit 1962 fortentwickelten Kompaktklasse wurde zwar nicht gedownsized, aber dafür schon 1980 durch eine hausgemachte FWD-Plattform ersetzt. 1990 hatte der Konzern außer den zum Verwechseln ähnlichen B- und C-Bodys keine Plattform und bis auf Limousine und Station Wagon auch keine Karosserieformen mehr.

Die FoMoCo folgte der GM-Verkleinerungspolitik nach anfänglichem Zögern. Für das Modelljahr 1979 reduzierte der Konzern seine Modellpalette im Wesentlichen auf zwei Plattformen, die konzernweit zum Einsatz kommen, eine kleinere, selbsttragende Plattform, die die Bezeichnung »Fox Body« trug und eine große Leiterrahmen-Karosserie, die Panther-Plattform. Der Fox Body wurde im gleichen Jahr zur Basis des neuen Mustang-Modells, dem einzigen Hoffnungsträger des US-Automobilbaus inmitten der gewaltigen Öl-, Katalysator- und Verbrauchskrise, während die traditionelle Panther-Plattform als einzige das neue Jahrtausend erlebte.

Wie bei GM waren die Unterschiede zwischen den Marken nach dem Downsizing nahezu ausgelöscht, auch wenn Lincoln sich noch vier Modelljahre Zeit ließ, bis auch die ehemalige FoMoCo-Luxusmarke ihr letztes Fahrzeug an die neuen Zeiten anpasste. Ab 1986 feierte Ford neue Erfolge mit dem vorderradgetriebenen Taurus – einem der wenigen kontroversfreien Wagen dieser Ära.

International: Der zuletzt verwirrend europäisch dreinblickende »Foxbody«-Mustang von Ford blieb bis 1993 in Produktion – dann folgten etliche ruhige Jahre für Fords Superstar, bis mit dem »neuen« Mustang von 2005 die ersten PS-Kriege des 21. Jahrhunderts ausbrachen. (Foto: © Ford)

Neuzeit: Chevrolets aerodynaisch optimierter Caprice (1991 bis 1996) war das letzte wirklich erfolgreiche Fullsize-Modell der Geschichte. (Foto: © Mario Brunner)

Last Man Standing: 1979, als der amerikanische Automobilbau verloren schien, hauchte Ford dem alternden Mustang neues Leben und alte Werte ein. Klein, leicht, schnell und günstig. Mit diesem Rezept war bereits der Ur-Mustang 1964 zum Erfolg geworden und die Geschichte wiederholte sich tatsächlich. (Foto: © Ford)

Das Los Angeles Police Department (LAPD) erfreut sich bis heute eines zweifelhaften Rufes. Der Crown Victoria Police Interceptor hingegen ist über alle Bedenken erhaben, auch wenn er unter etlichen Namen bekannt ist, darunter »Crown Vic«, »P71« oder »CVPI«. (Foto: © John Liu, CC BY 2.0)

CROWN VICTORIA

Die FoMoCo hatte es nicht leicht in der zweiten Hälfte des 20. Jahrhunderts – die Herrschaft über den Pkw-Markt war schon lange an GM verloren gegangen und nach der Ölkrise war der Konzern mehr denn je gezwungen, GM zu kopieren, um am Markt bestehen zu können. Erst in den Neunzigern gelang es, mit neuen vorderradgetriebenen Plattformen die Spitze der Verkaufsstatistiken zurückzuerobern. Dementsprechend liest sich auch die Geschichte des letzten großen Fords, der erst LTD und dann Crown Victoria hieß (ein Name, der auf eine Ausstattungsvariante von 1953 zurückging).

Ursprünglich hatte Ford das »Downsizing« von Erzfeind Chevrolet nicht mitmachen wollen, die großen LTDs blieben bis 1979 echte Fullsizes, während GM zum Modelljahr 1977 auf kleine, eigentlich mittelgroße »Fullsizes« umstellte. Ford musste nachziehen, das zeigten die Verkaufszahlen. Von 1979 an war der LTD in vielerlei Hinsicht eine Kopie des großen Chevrolets (der als Impala und als Caprice angeboten wurde) – mit einem erheblichen Unterschied: Fords 5,0- und 5,8-Liter begannen, hinter Chevrolets 5,0- und 5,7-Liter-Motoren zurückzufallen, besonders nachdem GM diese Motoren mit der richtungsweisenden TBI-Einspritztechnik ausrüstete. Für das Modelljahr 1991 wartete GM mit dem letzten B-Body auf, jetzt in aerodynamischem Blechkleid und ab 1994 mit dem uneinholbaren Generation II LT1-Small-Block.

Beinahe hätte man meinen können, Ford habe den Anschluss verloren. Trotz des 1992 erschienenen neuen Fullsize, der jetzt Crown Victoria hieß, trotz des neuen 4,6-Liter-V8 mit oben liegenden Nockenwellen. Aber GM gab den B-Body am Ende des Kalenderjahres 1996 auf und obwohl Ford bequem auf den Crown Victoria hätte verzichten können, überarbeitete der Konzern den letzten traditionellen US-Pkw ein letztes Mal für 1998 – und behielt dessen finales Erscheinungsbild fast unverändert bis ins Modelljahr 2011 bei.

2003 erhielt der Wagen sogar ein signifikantes Fahrwerks-Update, ab 2008 wurde er E85-fähig. Am Ende seiner Karriere – da war der Wagen nur noch für den Flottenmarkt unter der Bezeichnung »Police Interceptor« oder als Taxi-Paket erhältlich – war der »Panther«-Plattform-Fullsize der letzte Leiterrahmen-Pkw der Welt, geschätzt für seine Haltbarkeit, für seine schiere Größe, für seine einfache Technik. Aber auch für seine vier Scheibenbremsen, seine präzise Zahnstangenlenkung, sein Wattgestänge/Vier-Lenker-Hinterachsfahrwerk, seinen unkomplizierten 4,6-Liter-V8 sowie für seine geringen Anschaffungskosten, für seinen riesigen Kofferraum und – durchaus bemerkenswert für einen überholten Body-on-Frame-Pkw – für sein 5-Sterne-Ergebnis in den Crashtests der National Highway Traffic Safety Administration (NHTSA). Kurz: Der Crown Victoria wurde geschätzt für all seine amerikanischen Qualitäten.

Vielleicht war der Crown Victoria nie so schnell wie Chevrolets letzter Fullsize, vielleicht hatte er nie das Haudegen-Image, das die Chrysler Corp. bis zuletzt für ihre heckgetriebenen Limousinen gepflegt hatte (die ebenfalls hauptsächlich für die Polizei produziert wurden), aber ganz sicher war er noch über 20 Jahre nach Chryslers M-Body und 15 Jahre nach GMs B-Body verfügbar. Und ohne jeden Zweifel hat er zwischen 2000 und 2011 fast ganz alleine den Streifenwagenmarkt in den USA abgedeckt!

Bis heute ist es niemandem gelungen, den letzten amerikanischen Pkw, den letzten echten Fullsize, wirklich zu ersetzen. Automobilkäufern mit einem Faible für große US-Limousinen werden seit 2012 nur noch große SUV und Trucks angeboten, die kurzlebige neue Fullsize-Plattform von GM (ein australischer Holden mit Chevrolet-Emblemen) fand wenig Anklang, und selbst der spektakuläre Beitrag der Chrysler Corporation (der »neue« Dodge Charger) ist ein rundum selbsttragendes Produkt der Neuzeit. Ford, so scheint es, darf sich der Ehre rühmen, den modernen amerikanischen Automobilbau des 20. Jahrhunderts ab 1908 mit dem legendären Model T und der Fließbandproduktion begonnen, mit dem Fox-Body-Mustang 1979 in seiner dunkelsten Stunde verteidigt und schließlich mit dem letzten Panther 2011 zu einem ehrenvollen Ende gebracht zu haben. Eine bemerkenswerte Leistung in einem Automobiljahrhundert, das so sehr vom ewigen Konkurrenten Chevrolet dominiert wurde.

Bis heute hat die Taxiindustrie in New York keinen adäquaten Ersatz für den 2011 eingestellten Taxi-Paket-Crown Victoria mit dem verlängertem Radstand gefunden.
(Foto: © Ad Meskens, CC BY-SA 3.0)

Schlaglöcher, umgeben von hohen Häusern: Schichtdienst in New York City ist für Automobile die Hölle auf Erden, hier überleben nur die Härtesten unter den Harten.
(Foto: © Massimo Catarinella, CC BY-SA 3.0)

Der Nachfolger des »Crown Vic« trägt zwar auch den Namen Police Interceptor, aber haben will ihn dennoch kaum jemand. Mit dem »Vic« endete die Ford-Sedan-Ära bei der Polizei.
(Foto: © Ford)

LATE MODEL

LATE MODELS II

Während GM und die FoMoCo das jeweilige Portfolio verkleinerten und zusammenstrichen, war die Chrysler Corporation bereits ins Straucheln geraten. Ohne Big Blocks und große Fullsizes fehlte dem Konzern alles, was seine Marken in den letzten 50 Jahren populär gemacht hatte. Französische Kleinwagen für den US-Markt und eine bis an die Schmerzgrenze zusammengesparte frontgetriebene Rettungsboot-Plattform (der K-Body) brachten Chrysler durch die Achtziger, während die traditionellen Fahrzeugplattformen rasant zusammengeschrumpft wurden. Nach 1983 stand mit dem M-Body nur noch eine einzige heckangetriebene Plattform für alle Marken des Konzerns zur Verfügung. Auf der wurden mit identischer Technik Fahrzeuge produziert, die sich nur noch in ihren Emblemen unterschieden und die bestenfalls noch als Midsizes eingestuft werden konnten – als kleine Midsizes.

Rollenverteilung: Auch heute noch ist der Mustang der internationale Bestseller von Ford und der einzige echte Export-Erfolg des traditionellen amerikanischen Automobilbaus. (Foto: © Ford)

1989 stellte die Chrysler Corp. die Produktion von heckangetriebenen, traditionellen Pkw in Amerika zugunsten von kleinen Fronttrieblern und dem Zukunftsprodukt »Minivan« ein und überließ GM und der FoMoCo ab 1990 das gesamte Spielfeld. 25 Jahre nach Ralph Nader, 15 Jahre nach der Öl- und Katalysatorkrise zeigte sich, dass der Durchschnittsverbrauch der Automobile in Nordamerika nur leicht zurückgegangen war – genau wie die Zahl der Verkehrstoten. Verbessert hatte sich dagegen die Qualität der Atemluft in Nordamerika als Resultat der Katalysatoreinführung (die in Europa zu diesem Zeitpunkt immer noch auf sich warten ließ). Ernstzunehmende Soziologen wollen heute den Rückgang von gewalttätigen Straftaten in den USA ab Mitte der Neunziger mit der dramatisch reduzierten Bleibelastung der Stadtbevölkerung nach 1975 erklären.
Am 13. Dezember 1996 stellte GM die Produktion der letzten Nader-Ära-Pkw-Plattform ein, das Lineup des Konzerns bestand danach in erster Linie aus einem großen SUV und etlichen gesichtslosen Plattformen, die alles in allem hauptsächlich der emotionslosen Fortbewegung von A nach B dienten. Selbst den Camaro warf GM nach 2002 aus dem Programm, einzig die Corvette durfte weiterleben. Die FoMoCo war ebenfalls mit SUVs und großen Pickups beschäftigt, hielt aber gleichzeitig die Legende des Mustangs sorgfältig am Leben. Und produzierte allen Unkenrufen zum Trotz bis 2011 auf der Panther-Plattform große Leiterrahmen-Limousinen.

1998 beschlossen die Aktionäre von Daimler-Benz und der Chrysler Corporation die beiden Unternehmen zusammenzuführen. Den Amerikanern stellten die Deutschen die Plattform des Mercedes W210 zur Verfügung, die – modifiziert – als LX-Plattform in den US-Konzern hielt.
2004 kehrte diese obsolete deutsche Plattform zunächst als Chrysler 300 auf die Straße zurück und feierte als Limousine und Kombi großen Erfolg. Sogar in Europa kam der große Chrysler mit seinem Retro-Design an und gilt generell als besonders zuverlässiges Auto. Auf derselben Plattform basierte auch der Dodge Charger, der 2005 als Viertürer mit grimmigem Blick und einem urgewaltigen 5,7-Liter-HEMI-Triebwerk frohe Urstände feierte. Ford ließ sofort den für diesen Ernstfall bereitgehaltenen Mustang von der Leine (ebenfalls mit neuem Gesicht) und offenbarte plötzlich Leistungsreserven, die vorher sorgfältig geheim gehalten worden waren. Chrysler legte 2008 einen neuen Dodge Challenger nach. Angesichts dieser Marktlage reaktivierte GM in aller Eile den Camaro und dann, vierzig Jahre nach der Katalysatorkrise, stiegen die Leistungszahlen amerikanischer Automobile wieder rasant nach oben.

Bis heute hat der europäische Automobilbau keine Antwort auf amerikanischen Hubraum, amerikanische Leistung und amerikanisches Flair. Große, hoch motorisierte, emotionale und gleichzeitig günstige Automobile gibt es für europäische Autofahrer nicht. Sie haben lediglich die Wahl zwischen sehr teurer Größe und sehr teurer Leistung auf der einen und Autoenthusiasten-unfreundlichen Mini-Fortbewegungsmitteln auf der anderen Seite.

Als wären sie nie weg gewesen: Anders als die bunten Vierzylinder der Achtziger greift die neueste Generation der Detroiter Straßenkrieger nicht nur das farbenfrohe Erscheinungsbild ihrer Urväter (im Hintergrund) auf – sondern auch deren aberwitzige Leistungsentwicklung. (Foto: © FCA)

Wenns etwas mehr sein darf: Der Camaro war nie so günstig wie der Mustang und auch bis Januar 2024 bekämpft GM den Mustang nicht direkt in seiner Preisklasse, aber dafür oft mit mehr Leistung – genau wie schon vor über 50 Jahren. (Foto: © GM)

Besessen: Auch heute noch kann man sich auf Dodge verlassen, wenn es darum geht, die Dinge auf die Spitze zu treiben. Anders als der Demon von 1971 trägt der Demon für 2018 diesen Namen möglicherweise zu Recht. 840 PS und weniger als zehn Sekunden auf der Viertelmeile markieren jedenfalls das Ende aller bisher gültigen Leistungsvergleiche. (Foto: © FCA)

Autor Sönke Priebe mit seinen Lieblings-Chevrolets, den Fullsize-Modellen der 1990er-Jahre. (Foto: © Mario Brunner)

NEVADA
ELVIS